新乡村主义

——乡村振兴理论与实践（第二版）

The Neo-Ruralism

A Theory and Practice of Rural Revitalization

周武忠 著

中国建筑工业出版社

自序

拙著《新乡村主义——乡村振兴理论与实践》于2018年8月12日在北京举行首发式。第十一届全国政协副主席、中国人口福利基金会会长李金华，第九届全国工商联副主席程路，第十一届全国人大外事委员会副主任马文普，国务院参事刘秀晨，中国建筑工业出版社原社长沈元勤，中国农业出版社社长孙林，中央统战部《中国统一战线》杂志社原社长兼总编辑邢福有，中国绿色发展基金执行理事长桂振华，中国对外贸易理事会副理事长郎晓雷，中国前驻南苏丹共和国特命全权大使马强，中国常驻联合国代表团高级参赞、中国联合国协会副会长张小安，中国优质农产品开发服务协会副秘书长、《世界农业》杂志执行主编徐晖，宁阳县委常委、组织部长周鹏飞，全国人大代表、江苏省宜兴市西渚镇白塔村党总支书记欧阳华等领导以及我的学生代表共500余人出席相关活动或见证新书首发。

中国建筑工业出版社原社长沈元勤在新书发布会上致辞。他介绍道：新乡村主义，是周武忠教授在大量的乡村规划实践基础上提炼出的设计观，即在介于城市和乡村之间体现区域经济发展和基础设施城市化、产业发展特色化、环境景观乡村化的规划理念。新乡村主义是一个关于乡村建设和解决“三农”问题的系统的概念，就是从城市和乡村两方面的角度来谋划新农村建设、生态休闲农业和乡村旅游业的发展，通过构建现代农业产业体系和打造现代乡村旅游产品来实现农村生态效益、经济效益和社会效益的和谐统一。该书内容丰富，系统梳理了国内外乡村建设的历史、理论和典型案例，总结了中国乡村在生产、生活、生态三方面规划设计和建设管理的成功经验，对美丽乡村、休闲农业、特色小镇建设具有较高的理论价值和现实指导意义。

这部责任编辑原本担心卖不出去的学术专著，没想到在首发式后的当月，首次印刷的几千本书全部售罄；当年九月就第二次印刷。该书的热销并不能说明拙著的学术水平有多高，高调的首发式也起到了一定的作用，但关键的还是在乡村振兴刚刚被中央提到国家战略的高度还不到一年时间的节骨眼上，推出有关乡村振兴理论与实践的读物，可以说是雪中送炭。不仅李金华副主席看到拙著很高兴，陈宗懋院士拿到书后也很兴奋，我的博士后合作导师王建国院士也给予高度肯定。尽管学界对“新乡村主义论”的提出也有存疑，认为过于理想化，但扪心自问，如果作为一名大学教授和规划设计工作者都不能奋勇当先，有一些超前的设计思想和理念，怎么去引领时代的发展和社会的进步呢？

新乡村主义设计理念肇始于 1994 年的江阴市农村园林化实验，提炼于 1998 年的《中国乡村景观建设展望》，正式发表于 2008 年的《南京社会科学》，直至 2018 年出版专著，迄今已经整整 30 年。从江阴市的农村园林化实践，到无锡新区生态农业示范基地和都市农业旅游点规划、丹阳九里村社会主义新农村建设科技综合示范工程，新乡村主义的“乡村性”核心理念，生产、生活、生态“三生”和谐的发展模式，率先得到实践贯彻。2014 年，“新乡村主义”成为《世界农业》杂志第 9 期的封面主题，引起相关部门的关注。2016 年，浙江省台州市路桥区举行全区“红色引领 美丽村庄”建设动员大会，笔者在大会上做了“新乡村主义与美丽乡村建设”的讲座，并被聘为乡村建设顾问。2017 年，我又先后受邀在海峡两岸农业特色小镇科技研讨会（5 月 24 日，南通）和原农业部与中冶集团组织的“美丽乡村与农业特色互联网小镇”高峰论坛（11 月 10 日，苏州）上宣讲新乡村主义。

早在 2003 年，笔者在主持编制《浙江安吉龙王山自然生态风景区修建性详规》的调研过程中，看到报福镇深溪村农户居住地绵延在山高林密的山沟里，风景优美，而且蜿蜒 20 公里，当场就提出把深溪村建设成为“中华第一长村”。建议在 20 公里的山道旁，因山就势布局建筑；建筑形式采用富有地方特色的山地民居式样；挖掘当地民俗资源，利用重新布局、建设的山地民居，以实物、表演等方式向游客展示安吉的民风民俗；并尽可能设计游客可参与的旅游项目，如水车、碾米、竹编、竹雕、采茶、制茶等一系列农事活动。该项目被纳入规划并获得通过。此后的近20年里，我曾被聘为浙江省旅游发展顾问，参与《浙江省旅游发展规划》的评标，先后在杭州、台州、温州、宁波、丽水、金华、衢州、绍兴、嘉兴、湖州等地举办讲座，评审规划，指导实践，在“七山一水二分田”浙江山乡里，践行“新乡村主义”规划设计观，为浙江大花园建设贡献一己之力。

专著出版后，我先后应邀在北京、上海、重庆、广东、广西、云南、四川、贵州、江苏、浙江、江西、安徽、山东、河南、湖南、云南、青海、宁夏等地宣讲新乡村主义规划设计理念。为便于推广，将“新乡村主义”作了一个“1234”的概括，通过这一理念和整体设计来最终形成城乡之间无差别有差异的社会主义美丽乡村和发达的乡村文明社会。

“1”，乡村建设一定要保持乡村性，乡村性是由乡村环境的自然性和历史文化的原真性来构成，通过这两个方面来构筑乡村设计的底色，就是乡村性。

“2”，就是指城乡互动。任何一个地方搞乡村振兴，都不能够离开城市、离开城镇化来孤立地看待乡村的发展，比如市场、资金、人才，以及其他的好多要素，都会由城市来左右。此外，乡村亦是城市居民最欢迎的一个地方，乡村和城市是一种“双向奔赴”，所以在乡村振兴过程中一定要强调城乡交互、城乡互动、城乡融合。

“3”，是我2005年9月在苏州的海峡两岸生态农业高峰论坛上提出的生产、生活、生态“三生和谐”观，主要强调生产、生活、生态三者之间需要和谐发展，这是“新乡村主义”的一个重要内容，如今已被广泛采纳并应用于乡村振兴实践中。

“4”，“四风”设计，风土、风俗、风物和风景。保持乡村性的关键是小规模经营、本地人所有、社区参与、文化与环境可持续，乡村规划要囊括风土、风物、风俗、风景等四个方面，风土就是特有的地理环境，风物就是地方特有的物产，风俗就是地方民俗，风景就是可供欣赏的景象。一定要保持、促进、提升与大城市的差异，文化差异、景观差异越大，城里人的购买欲望愈强，就能带动农民致富、乡村发展。

目前的乡建过程中，失去“乡村性”不仅是乡村景观建设和乡村旅游开发普遍存在的现象，也是乡村文化与乡村产业振兴面临的核心问题之一。无论是农业的提档升级，工业的资本介入，还是乡村旅游业的蓬勃发展，都应该秉持新乡村主义的原则，适度开发乡村，将土地还给农民，将乡愁还原于农村，将发展和创新根植于农业，让农民重新成为乡村振兴的发起者、扮演者和执行者。乡村文化是乡村振兴的根基，乡村产业是提升经济的硬实力，只有软硬实力并驾齐驱，在乡村地域性、文化性的基础上因地制宜地发展当地创意农业和特色产业，提升地区的产能经济，是助力乡村振兴行之有效的方式。[1] 乡村发展要以市场为导向。乡村建设不要成为资本的奴隶，合理看待乡村旅游市场，按需按能融资发展，进行乡村的“微更新”和“慢更新”，按照需求分期开发乡村，才是我们乡建行动正确的路径。

1 周武忠. 基于乡村文化多样性的创意农业研究 [J]. 世界农业，2020(01):21-25.

回顾我这些年为了推广“新乡村主义”而四处奔波的乡建之路，虽苦犹荣，因为我所有的追求，只是在兑现初心。“我出生在鱼米之乡的江南，所在的自然村三面环山，春天里山花烂漫，秋日里硕果累累，田野里一年两季水稻和冬天绿油油的麦田，还有山坡上一望无际的桃园和玫瑰花。虽然没有工业，但这样的乡村产业让村民们很富足。高考时我以第一专业报考了南京农学院（南京农业大学的前身）园艺系，立志有朝一日能够回到家乡经营这片美好。”这是我在接受中央媒体采访时说过的一段话。

令人欣喜的是，近几年来全国多地建立了“新乡村主义研究与实践基地”。新乡村主义虽然发源于长三角，重点案例也多在长三角发达地区。但不少地方在用这一乡村设计理论指导乡建实践。

例如，在清华大学建筑研究院成都分院主办的“少年老城·海峡两岸高校暑期青年创生工作营”实践项目期间，广州南方学院的陈晨俣、申雨弦研究了成都大邑“幸福公社·福村”的新乡村主义实践[1]，探讨了新乡村主义下乡村振兴“三生”和谐的核心概念和发展模式，并以成都市大邑县“幸福公社·福村”为例，对旅游导向型社区如何在生产、生态、生活方面实现主客共享的实践进行了研究。虽然目前幸福公社在建设方面仍存在问题，但幸福公社及周围村落的创新发展确实有目共睹。通过对幸福公社进行①产业融合，建立社区多产业叠加体系，做到生产和谐；②营造优美生态环境，打造秀丽乡村社区，实现生态和谐；③完善社区服务，保障幸福生活，让和谐的乡村生活逐渐洋溢出幸福感，让曾经落寞的“空心村”一步步走向繁荣。这正是幸福公社构建“福村”的愿景，也是乡村振兴建设的希望。

1 陈晨俣，申雨弦. 新乡村主义下旅游导向型乡村社区实践研究：以成都大邑“幸福公社·福村”为例 [J]. 创意设计源，2022(05):49-53.

周武忠

2024 年 7 月 2 日于扬州迎宾馆

目录

引言

我们的理想家园

图 0-1 麦田守望者

“故人具鸡黍，邀我至田家。绿树村边合，青山郭外斜。开轩面场圃，把酒话桑麻。待到重阳日，还来就菊花。”唐代诗人孟浩然的《过故人庄》以平淡流畅的语言描绘了祥和静谧的田园生活图景，以及乡邻之间真诚质朴的情感关系。然而，在今天这样快速发展的时代里，为了追求更快的步伐，人们在向前赶路的过程中却将这些代表中华文明的乡村文明渐渐忘却。那片绿水青山、那段温暖人心的乡情在高速发展的时代里成为现代人魂牵梦萦的理想家园。为了留住美好，为了梦想的家园，人们呼唤美丽乡村的建设、渴望重构淳朴暖心的乡情。

自党的十八大以来，对社会主义新农村建设提出了很多新的理念和思路，指出“中国要强，农业必须强；中国要美，农村必须美；中国要富，农民必须富”的发展方向，美丽乡村就是要能够“望得见山、看得见水、记得住乡愁”。

在此思路指引下，从政府到民间、从专家学者到普通民众，社会各界以各种方式讨论、探索现代化变迁中的乡村发展路径，并积极投身实践，将美丽乡村建设推向高潮。其中，以关注“三农”问题解决和现代乡村建设为主旨的新乡村主义为美丽乡村建设提供了理论和实践支持，使得农村与城市、传统与现代之间不再有隔阂和壁垒，以共生共赢、和谐发展的方式为人们提供宜居环境。

一、新乡村主义与“三农”问题

新乡村主义（Neo-Ruralism）是笔者提出的以解决乡村建设问题为核心的理论和实践体系，与“三农”问题的讨论有着紧密的联系。在中国城市化进程高速发展的过程中，新乡村主义成为探寻缓解乡村衰落、提升乡村发展竞争力的有效途径。进入21世纪以来，中国农业、农村以及农村人口的相关问题出现了新的变化趋势，这是促成新乡村主义的体系成熟并发挥重要作用的关键因素之一。这种变化趋势主要表现在几个方面：其一，以农业、农村和农村人口为核心内容的“三农”问题已得到一批专家学者的系统化研究；其二，“三农”问题的思考不再局限于政策、经济层面，社会学、人类学、文化学、设计学等多学科都开始从不同角度思考和研究“三农”问题的解决之道，“三农”问题的理论体系逐步成型并完善；其三，近年来对“三农”的讨论不仅仅局限于专家学者的理论思辨，不同领域的学者和专业人士均十分重视身体力行的实践，以民间、非官方的方式践行对“乡村建设”的思考。从这几个方面来看，近年来的“三农”问题思考和实践虽与20世纪80年代以来对农业、农村、农民问题的讨论有密切联系，但是从理论体系、实践经验等方面看也有着极大的不同。故而，当前的乡村理论体系建构和实践可称之为“新乡村主义”。

农业和农村在中国社会的发展进程中有着不可替代的地位。自20世纪中后期以来，中国的改革和发展一直与农业、农村有着紧密的联系，一系列的相关政策和学者论证大多围绕着农业与工业发展之间的关系展开，目的在于强化农业对工业的支撑作用，保障国家工业化进程的发展。然而，当前的“三农”话语则与之截然不同。进入21世纪以来，对“三农”问题的思考、研究逐步成熟，关注点转向农民、农村和农业本身，强调农民权益的保障、农村和农业的发展前景，以及农村改革对中国社会发展的影响。回顾近现代以来中国社会的变迁，乡村建设一直与国家的变革、发展息息相关。20世纪初的中国动荡不安，为了改变当时中国落后贫弱的面貌，乡村建设、乡村改革成为当时政府机构、专家学者、名人乡贤改变国家的途径之一。在当时，一批受到西化教育的知识分子怀抱满腔热情志报效国家，期望通过乡村社会改革、乡村建设带来中国的现代化，一改国家羸弱之态。这种通过乡村社会改造的改良主义并未得到预期的结果。改良主义者的乡村改造策略的初衷和期望并没有问题，但面对中国的落后局面，改变生产关系的方式更能够彻底改变落后的中国，使之获得现代化。因此，新中国成立之后，中国社会的政治、经济格局通过土地改革得到彻底改变。在其后的变革中，乡村建设又成为助力国家发展、走向现代化进程的重要力量之一。回顾以往，无论是乡村改良还是生产关系的变革，现代化一直是主旋律。在此种乡村主义的主导下，改变中国农村的落后面貌是改变国家落后的关键，只有让落后的农村具有现代性的特征，让农村和农村人口不断进行城市化的改造才能令国家强大、人民富足。随着时代的发展，此类观点中存在的片面性和局限性逐渐暴露，同时，也不再符合当前国家发展、农村建设的现实需要。

21世纪以来，农村在国家发展进程中的角色和作用有了与以往截然不同的情况。当前，中国的社会经济格局发生剧变，城市化进程快速推进，工业在国民经济中的地位日益凸显，与之相比，农村经济的优势不再。在国家高速现代化发展的道路上，中国传统的乡村经济只能无奈地服从于工业化和城市化发展的需要。其明显的改变是乡村土地、人口、规模的不断缩减和流失。面对城市规模的扩张和工业化的深化，农村竞争力日渐衰落。农村人口中大量青壮年劳动力流入城市，其他剩余的农村人口则因种种原因沦为社会中的弱势群体。在此情境下，传统的“三农”问题关注点从农业促进国民经济发展迅速演化为以保护农民权益为核心的“新三农”话语。传统“三农”话语追求的现代性已不是“新三农”关注的重点。不断缩小、拉近城市与农村之间的差距，让农村人口享受到国家现代化发展的红利才是当前“新三农”的关注点。从政府层面看，一系列有利于农村发展和农民生计的政策陆续出台，农民权益逐步得到保护，同时，因工业化、

图0-2《难忘乡愁——江阴市城东街道消失自然村图志》封面

城市化发展造成的农村经济、文化、环境的破坏也随乡村建设的步伐得到缓解。

二、新乡村主义的流派

中国农业大学李小云教授认为，伴随着“三农”工作关注点的变化，新乡村主义思潮可大致分为以下几个主要流派：

其一，以国家发展为主的乡村主义。在国家现代化发展的进程中，各种乡村建设规划和工程、新农村运动层出不穷，基于工业支持农业、城市反哺农村的理念，其标志性事件是农村税费改革和一系列惠农政策的出台。可见，从国家层面已经看到，农业和农村不再占据经济主体地位，需要得到国家政策的支持和保护，国家治理策略也从获取乡村资源转向支持乡村发展的方向上。

其二，当国家政策不能够快速应对城市化和工业化发展造成的农村和农民的衰落时，新乡村主义中有相当一部分的关注点开始转向思考和讨论土地、劳动力流失等转型过程中的突出问题，对失地农民、留守人口和城市贫困等大众广泛关注的内容提出了有针对性的解决办法。在学术研究的支持下，通过各类媒体的宣传和推动，“新三农”问题走进公众的视野。这一做法有利有弊，公众关注度的提升的确有利于国家农村政策的改进和实施，但是，也一定程度上加剧了城乡在意识层面上的对立性，助长了社会对立情绪的蔓延。

其三，与前两类新乡村主义的立场不同，去政治化是这类新乡村主义的特点。快速的工业化发展和城市化进程带来的不仅仅是农村土地的缩减和农村人口的流失，同时还带来了文化传承的断裂、古村落建筑的失修、自然环境的破坏，以及农业人才的匮乏等实际问题和困境。减缓、保护并给予农村发展的生命力是这类新乡村主义者们关注的重点。他们并不侧重于舆论媒体层面的宣传和大众的关注度，而是身体力行地通过乡村规划建设等实践活动践行其对“三农”问题的思考。从新乡村主义的几个主要流派的特点看，现如今中国的新乡村主义是现代化引起的城乡政治经济格局变动进程中国家和社会的互动活动，其倡导多样的乡村建设规划思路为乡村的未来发展提供更多可能性，有助于缓解乡村衰落的进程并赋予其在城市化进程中的竞争力。

进入新世纪之后，农村、农业和农村人口所面临的问题以及对未来发展的期望与以往有所不同，新乡村主义的理念在其中发挥的作用日益凸显。以往一味的追求现代性和城市化的乡村发展策略转变为立足乡村自身、挖掘乡村资源特色。自党的十九大以来，从政府层面提出“实施乡村振兴战略”，要坚持农业农村优先发展，建设美丽中国，为休闲农业和乡村旅游的未来发展指明了方向。全国范围内的休闲农业和乡村旅游从初具规模到蓬勃发展，产业结构愈加优化合理，各类资源纷纷涌入，诸如农家乐、乡村休闲度假村等形式的休闲农业呈现井喷式增长。《中国休闲农业与乡村旅游深度调研与投资战略规划分析前瞻》的数据显示，截至2012年底，全国开展休闲农业和乡村旅游活动的村镇已有近9万个，约有170万家专业从事休闲农业和乡村旅游的经营主体，其中150万家专门从事农家乐，行业从业人员约2800万人，约占全国农村劳动力的一成。目前，行业接待能力也有大幅提高，年接待量可达8亿人次，营业收入超过2400亿元。通过对全国专职从事休闲农业经营的经营户的调查可知，农民是整个行业从业人员的主体。在从事休闲农业后，农民的收入、产值均显著提高，与同期农业劳动力人均产值相比，是普通农业劳动力的2.75倍。从休闲农业和乡村旅游产业的发展态势和规模看，目前该产业在近几年的发展中保持着健康快速有序的发展态势。政府正是看到了休闲农业和乡村旅游的良好发展态势，也看到了该产业在促进农民就业增收、达成美丽乡村的建设目标、满足现代人对休闲消费需求上的优势，继而制定出台了一系列推动休闲农业和乡村旅游的政策，投入大量资金扶持产业发展，并积极引导政府和社会

图0-3 上海金山嘴渔村

多方力量的参与和资金投入，以打造品牌的形式，培育发展一批产业典范。经媒体宣传推广，一批具有品牌影响力和知名度的乡村休闲旅游项目不断涌现。与此同时，政府对休闲农业和乡村旅游的发展还注重主体多元化、业态多样化、设施现代化、服务规范化的提升，该产业的发展不仅体现在规模的扩大，同时还表现在质量的提升，旨在为大众提供更多高品质的乡村休闲旅游产品。

三、国内外乡村建设的经验

欧美国家在城镇化进程的发展方面领先于中国，并较早地开展村落景观的研究，从景观营建、发展模式、土地政策、公众参与等诸多方面都作了积极尝试，也取得了不同程度的成果。在这个过程中，尤其以英国、法国、西班牙、德国等为典型，有效推动了世界范围的乡村景观建设与发展。在亚洲，日韩经济在亚洲区域经济中表现相对发达，同样面临在高速发展的城市化进程中如何妥善处理农业与村落发展的关系等问题。这些国家的研究与实践经验主要体现在对耕地的保护、针对传统村落民居的保护修复等方面，对我国的乡村景观发展具有共性参考价值。

英国的乡村田园风光有着悠久的历史，举世闻名，很大程度上得益于政府长期致力于乡村景观的立法与保护。英国设有不少官方机构专门针对乡村景观保护，其中以“乡村委员会”（Countryside Commission）最为突出。在英国环境总署的监督与资助下，乡村委员会主要承担英国境内（包括国家公园在内）乡村景观保护、休憩与规划设计，确保本土景观的完整性、自然特征得到妥善保护与强化。乡村委员会的另一个作用是帮助民众更多地参与、享受、体验本土自然风光和乡村文化生活，同时经过与英国自然遗产署的多年合作研究，于 1997 年完成并颁布了针对英国全境的“整体性乡村保护计划方案”（The Countryside Character Program）。该方案将英国划分为 120 个自然区和 181 个乡村特

图 0-4　英国乡村风光

征区，明确了每个区的景观特征。英国的乡村管理计划最早是由乡村委员会于 1991 年开始推动，后在 1996 年改由渔业部和食品部执行。该管理计划涉及各个层面的目标和内容，包括维护景观美学与环境多样性，保留、扩展野生栖息地范围，保护、保存地域性文化特征，重建过去被忽略的土地景观，创造新的景观与栖息地，增加民众享受乡村生活、乡村景观的体验机会等。这些计划为农业景观的转型与公众参与都提供了发展机会。

德国有近百年的农地再规划的历史。从最近的 40 年来看，德国的乡村景观已经从过去单纯强调自然性保护，逐步发展为今天对整体环境意识、整体质量的改善与提升。提升的内容包括乡村景观的设计必须体现美学、文化与生态性，在制度上则还是由官方主导。从 20 世纪 50 年代以来，德国为了扩大农业规模、提升效率，专门制定并实施了《土地整治法》。该法规的颁布实施，不仅确立了土地的完整性，还对相关村、镇、保护区用地做了明确划分，有效改善了乡村生活与农业生态环境。

美国在推动乡村环境方面也摸索出适用于自身的方式，其中以“乡村环境规划”（Rural Environmental Planning，简称“REP”）为代表。这是一项专门针对小型乡村社区的规划制度，重在发展能够落实于社区行动的营建措施。政府机构认识到土地的承载力有限，希望通过 REP 制订合理规划，根据土地的承载力来建立与环境平衡、协调的乡村发展模式。

日本在 20 世纪 60 年代左右，经历了快速的城镇化与经济增长，也引发了诸多环境与社会问题，在乡村地区体现为人口外流、村庄衰落、自然环境衰败、传统民俗消亡，与今天中国的城镇化有不少相似问题。日本的民间团体发达，为扭转社会问题发挥了强大作用，其中以“造町运动”和“一村一品”最为突出。“造町运动”主要针对传统建筑、聚落的保存，农业产业的振兴和地区环境的改善。这项运动促使日本建设由官方转向民众主导，对保护日本传统景观起到了决定性作用。“一村一品”旨在提高一个地区的活力，推动一个地区发展具有本土标志性、让本地居民引以为豪的项目或特色产品。“一村一品”采用活跃乡村经济的方式，激发了民众的建设热情，从本质上改变了物质与精神面貌。从 20 世纪八九十年代以来，针对乡村景观系统的研究在日本社会全面展开，内容涉及景观资源特性、分析、分类、评价和规划等各个方面。乡村景观的发展不仅从整体上改善了村落社会的面貌，在旅游模式的开发与转型中也取得了成功。

韩国的工业化与城市化过程与日本同期，也是在 20 世纪 60 年代开始经历快速发展，自然也同样面临环境保护与经济增长失衡的状况。韩国政府于 1970 年发起“新村运动”（New Village Movement），旨在改善村庄的生产与生活条件。新村运动的最初目的主要在于提高乡村居民的收入，改善乡村基础设施等硬件环境。随着过程的逐步推进，新村运动越来越多地涉及乡村社会文化的深入层面，并且从根本上改变了村庄过去不合理的布局结构。这一运动不但有效保护了韩国的传统村落景观，还对发展乡村文化旅游、生态旅游都起到了极大的促进作用。

四、国内休闲农业和乡村旅游的发展

为了深入学习践行“绿水青山就是金山银山”的科学论断，扎实推进农业供给侧结构性改革，2017年4月，以“践行‘两山’理论、发展休闲农业”为主题，浙江安吉县举办了首届全国休闲农业和乡村旅游大会，作为一次关注和发展农业及农村经济的会议，社会各界对之表现出极大的热情。

此次行业会议的参与者包括政府职能部门管理者、从业人员以及各类消费者，总计上万人。参与报道的媒体几乎覆盖各类媒体平台。会议立足当前“三农”的核心问题，思考在当前国家经济、社会发展的新格局下，休闲农业和乡村旅游对乡村振兴发挥的作用，达成了“生态环境资源就是经济社会发展优势”等方面的共识，形成倡导绿色发展的氛围。从该会议所总结的经验和提出的意见中不难看到新乡村主义在当前农业、农村发展中产生的作用和具有的意义。当前的休闲农业具有以下几方面的特点：

首先，多元化的农村经济对于城乡一体化发展、农村建设和农民增收有着直接的帮助。不同于以往，休闲农业和乡村旅游开拓了农村经济发展的新思路。现如今，人们已经意识到农村发展中无限度的资源消耗和土地扩张状况必须得到扭转，发展不能以环境破坏为代价。休闲农业倡导立足“农民”为核心，重视“农业”基础地位，以绿色发展为导向、挖掘乡村文化精髓，这是新时代农村发展的新特色。正是基于此，诸如“农家乐”等在全国范围广受欢迎的休闲农业项目，业内人士看到其经济性的同时提出要让农民感受到此类休闲农业带来的经济效益，而不仅仅是项目投资者获得收益。关键得让农民乐，资本下乡要带动农村发展，农民对休闲农业要始终有话语权。不能以牺牲环境为代价，也不能剥夺农民平等参与的权利。只有激发起农民广泛参与的热情，就地就近实现就业增收，才能够体现出休闲农业和乡村旅游对农村发展的益处。

图0-5　上海崇明乡村田园

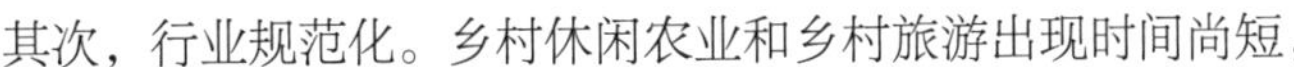

其次，行业规范化。乡村休闲农业和乡村旅游出现时间尚短，

行业发展虽欣欣向荣，但是为了未来的健康发展仍需要有明确的行业规范和清晰的行业发展认识。因而，现今的休闲农业从业者应带头遵纪守法、推进绿色发展、提升服务水平、加强品牌创建、促进合作共赢。

再次，现代乡村发展模式不同于以往农村建设的传统思路。在发展经济的同时，人们更加关注生态环境、社会效益与经济效益之间的和谐统一。因而，在现代农业体系的构建过程中，现代乡村旅游产品的打造和休闲农业的发展除了可以获得良好的经济效益之外，对于乡村生态环境的恢复和保护、传统文化的传承和推广都会有所助益。为了使休闲农业和乡村旅游能够健康有序发展，与之相关的评价体系和机制的建立是不可忽视的重要环节。树立品牌、确立行业制度是新乡村主义影响下休闲农业发展的又一典型特征。成功典型的树立可以为其他从业者提供可借鉴的发展模式，分享示范典型的成功经验可以让其他从业者少走弯路，有经验可循。示范典型之间也可以相互学习、分享，对提档升级、利益共享、机制创新也颇有助益。比如，湖南益阳赫山区的“花乡农家”和内蒙古乌拉特中旗的“瑙干塔拉”，农户挖掘当地的旅游资源，通过树立有地方特色和文化内涵的农家乐项目带动同村、同乡的农民共同开发乡村休闲项目，走上致富之路。

最后，则是媒体的广泛关注。各类媒体的刊发报道会引发社会各界的强烈关注。通过纸媒、电视、网络等渠道可以用综述、联播、报摘、新闻等形式报道休闲农业和乡村旅游获得的成就。在各类媒体的宣传报道下，社会大众对休闲农业将有更多的认识和了解。除了官方媒体之外，如在微信朋友圈、微博等新兴媒体中也能够看到大量有关休闲农业和乡村旅游的信息刷爆网络。

五、新乡村主义实践

新乡村主义并不仅仅停留于理论研究和学术讨论的层面，以实践的方式身体力行地投入和参与到农村改革和乡村建设中，这是当前新乡村主义支持者的典型特征。笔者一直致力于乡村问题研究与实践，旨在通过对乡村景观的规划建设以及农村自然生态的修复改造推动乡村发展。早在 1994 年，笔者在对江阴市的乡村景观改造和自然生态修复实验中提出了“新乡村主义”这一景观设计理念，并对此进行实践，获得较好效果。该理念所提倡的是在规划过程中对城市和乡村的取舍，区域经济发展和基础设施需要向城市化靠近，而环境景观和人居环境则需要保持乡村化的独特性。当然“新乡村主义”的概念应用并不限于景观设计规划领域，比如在乡土文学上曾经出现过“乡村哲学”或“新乡村主义”的提法；在旅游产品和房地产促销上也出现过“新乡村主义”的名字，但这仅仅是一种营销概念。笔者倡导的“新乡村主义”则是面对城市化发展之下乡村建设的系统概念，其核心意图在于解决“三农”问题，勾画乡村未来发展蓝图。因而，该理念在思考“三农”问题、展开乡村建设时，着重于从城市和乡村两方面的角度来谋划新农村建设、推广生态农业和乡村旅游业，通过构建现代农业体系和打造现代乡村旅游产品来实现农村生态效益、经济效益和社会效益的和谐统一。这一思路之于今天的乡村发展，尤其是从乡村旅游规划发展的角度来看，依然具有前瞻性，并且与当下各级地方政府大力推行的有关“产业特色小镇”的开发密切关联。历经多年的实践，笔者的乡村研究将实践经验与理论思考相结合，通过理论层面的提升使乡村规划实践活动更具深度和广度。

在乡村规划建设中引入“新乡村主义”是笔者面对当前农村发展中存在的现实问题而展开的探索。早期的农村建设旨在通过农村助力城市现代化，由于中国城镇化发展过程中的过度扩张，其后果是严重的生态破坏和环境恶化。这种发展思路令城市过度依赖于有限的资源，资源环境问题不断扩大，对生态环境构成了威胁。2013 年 12 月 12 日至 13 日在北京举行了中央城镇化工作会议，会议要求：“在促进城乡一体化发展中，要注意保留村庄原

图 0-6　上海闵行浦江镇的雨水花园（梦花源）

始风貌，慎砍树、不填湖、少拆房，尽可能在原有村庄形态上改善居民生活条件。”这为今后城镇化进程中的村落景观建设的总体方向给出了指导性意见，使“乡愁”这一关键词成为近五年来最高频的词汇之一。

2015 年 12 月底，中央针对率先发展的浙江省“特色小镇”建设作出重要批示：“抓特色小镇、小城镇建设大有可为，对经济转型升级、新型城镇化建设，都具有重要意义。”由此可见，针对村镇聚落进一步发展的可持续模式的探索，将是今后相当长一段时间内整个社会发展的主要关注点之一。这也为今后乡村振兴依托农业体系与旅游开发，打造生态效益、经济效益和社会效益有机结合的转型发展方式，提供了有力的政策支持与更广阔的发展空间。2017 年 10 月 10 日，原农业部发布有关“农业特色互联网小镇”试点建设文件（即：《关于开展农业特色互联网小镇建设试点的指导意见》），今后的乡村振兴实践走向特别是农业特色小镇建设不以物理空间为束缚（不以土地面积为束缚），而是“以产业为核心，以互联网为工具，多种功能叠加，可持续发展的运营方式为主导”的新型发展模式。以上海为例，上海周边近郊的现代乡村，在国际性大都市孕育巨大的农产品市场需求的背景下，具备较好的进一步升级发展为“农业特色互联网小镇”的基础，其发展方式也可以为其他相关地区起到引路石的作用。

党的十九大之后中央进一步明确，将继续深化并落实这一思路，乡村发展已经从过去的“更新”进阶为“振兴”，“乡村振兴”因此成为又一亮点，先前的“美丽乡村建设”也进一步拓展升级到“乡村振兴”的高度。2017 年底召开的中央农村工作会议又再一次强调了实施乡村振兴战略对解决“三农”问题工作推进的重要性。农业农村农民问题是关系国计民生的根本性问题。要坚持农业农村优先发展，按照产业兴旺、生态宜居、乡风文明、治理有效、生活富裕的总要求，建立健全城乡融合发展体制机制和政策体系，加快推进农业农村现代化。在此过程中，乡村振兴的手段频频升级：从农家乐到休闲农业园，从乡村旅游点到乡村旅游度假区，从现代农业产业园到国家农业公园，从特色小镇到田园综合体……当然，还有乡村治理、环境保护、文化复活、乡村教育、社会伦理等，从产业、人才、文化、生态、组织等方面推动乡村振兴健康有序进行，乡村振兴之路漫长。

在展开本书各个章节之前，先与大家分享一下十多年前（2006年）笔者主持编制的《无锡新区现代生态农业园总体规划》，该规划的要点就是我们为无锡新区农业与乡村发展提出的“123666”工程设想。

“1”是一个主题：围绕社会主义新农村建设；

“2”是两大目标：切实解决“三农”问题；建立国际都市农业示范区（新乡村主义理论实践试点）；

“3”是三大景观：农业“生产”景观、农民“生活”景观、农村“生态”景观，整体呈现新乡村主义的乡村性景观形态；

“6”是第六产业：1+2+3 = 6；效益：1×2×3 = 6；

“6”是六大内容：优质粮食产业、高效园艺产业、健康养殖业、农产品加工业、新兴农业产业、农业服务业“六大产业”；

“6”是六大关系：处理好与农民、城市、土地、环境、旅游、遗址之间的关系。

对照现在的田园综合体试点方案，无锡新区事实上就是在新乡村主义规划理念的指导下，以发展现代农业产业为核心、一二三产业深度融合、地域文化遗产复活、乡居生活复兴、乡村生态修复、切实解决“三农”问题的新乡村主义实践区。经过多年的建设，目前无锡新区已经在现代生态农业园的基础上叠合休闲旅游度假和特色小镇等多重功能，发展成为省级旅游度假区，是一个地地道道的田园综合体和乡村振兴范本。

笔者以为，类似无锡新区的乡村将是我们的理想家园。

第一章

新乡村主义论

第一节　新乡村主义概念的提出

新乡村主义（New-Ruralism），是笔者在1994年江阴市的乡村景观改造和自然生态修复实验中提出的景观设计观，即在介于城市和乡村之间体现区域经济发展和基础设施城市化、环境景观乡村化的规划理念[1]。之后，曾有人用过相似的概念，如在乡土文学上，曾经出现过“乡村哲学”或曰“新乡村主义”的提法[2]；在旅游产品和房地产促销上，也有人用过“新乡村主义”的名字，是指介于都市生活和乡村生活之间的新旅游文化[3]，但这仅仅是一种营销概念。笔者在这里提出的新乡村主义是一个关于乡村建设和解决“三农”问题的系统的概念，是指从城市和乡村两方面的视角来谋划新农村建设、生态农业和乡村旅游业的发展，通过构建现代农业体系和打造现代乡村旅游产品来实现农村生态效益、经济效益和社会效益的和谐统一。

1　Zhou Wu-zhong. The Exploration of Rural Landscape in China [C]// XXV International Horticultural Congress, 2-7 August 1998. Brussels, Belgium.

2　万年春. 乡土散文新的审美维度的构建：论刘亮程散文的言说方式 [J]. 南都学坛，2006(04): 65-66.

3　参见《时尚旅游》2006年第1期有关新乡村主义的内容。

20世纪80年代晚期，美国在社区发展和城市规划界兴起了新都市主义（New Urbanism）[4]，其宗旨是重新定义城市与住宅的意义和形成，创造出新一代的城市与住宅。它的出现深刻影响了美国的城市住宅和社区发展，并很快在世界范围内流行，在20世纪90年代末进入中国。新都市主义起源于第二次世界大战前的城市发展模式，即寻求重新整合现代生活诸种因素，如居家、工作、购物、休闲等，试图在更大的区域开放性空间范围内用交通线联系，重构一个紧凑、便利行人的邻里社区。与新都市主义相比，新乡村主义不仅在空间对应上，关于乡村性的强调使其在内容上也与新都市主义有着本质的区别。

4　田先钰，覃睿. 新都市主义与新市镇建设理论：理论演进及其基本涵义 [J]. 天津科技，2007(01): 68-70.

图1-1　2007年8月22日笔者在南京与著名“三农”问题专家温铁军教授讨论新乡村主义

恩格斯认为：“只有通过城市和乡村的融合，现在的空气、水和土地的污毒才能排除，只有通过这种融合，才能使现在城市中日益病弱的群众的粪便不致引起疾病，而是用来作为植物的肥料。”恩格斯对城乡环境问题的分析以及所体现的生态循环思想为新乡村主义提供了理论依据。《中共中央　国务院关于积极发展现

图 1-2　英国考茨沃兹（Cotswords）地区乡村田园风光

代农业扎实推进社会主义新农村建设的若干意见》（中发〔2007〕1号，以下称“中央1号”文件）中指出：“农业不仅具有食品保障功能，而且具有原料供给、就业增收、生态保护、观光休闲、文化传承等功能。建设现代农业，必须注重开发农业的多种功能，向农业的广度和深度进军，促进农业结构不断优化升级。”要“大力发展特色农业。要立足当地自然和人文优势，培育主导产品，优化区域布局……特别要重视发展园艺业、特种养殖业和乡村旅游业。”由此可见新乡村主义理念的提出顺应了“中央1号文件”的思想。

第二节　国外的实践依据

2.1　英国的先例

19 世纪 20—50 年代，英国的 4 种规划类型实例构成了新乡村主义规划的重要先例。第一种类型可用摄政公园来说明，这是一个以风景画方式美化的皇家庄园，它用公园中心的几座独立别墅作装饰，环以长而别致、接连起来的台阶。公园始建于 1811 年，在约翰·纳什（John Nash）几次修改其原始设计以后，于 1832 年建成。1835 年，这块地方曾部分向公众开放。只是到了它发展的后期阶段，评论家们才察觉这座公园是乡村和城市的真正组合；其中最早提出的是詹姆斯·埃尔默斯（James Elmes），他在 1827 年评论说："这是我们大城市中农场似的附属物"，是一种"壮丽、健康、装饰的田园风光和只有这样的大城市才能提供的使生活舒适的事物"的结合。更具特色的是 1823 年纳什为这一公园东北边的公园村（The Park Villages）所做的设计。

第二个有关的规划类型是坐落在旅游胜地城镇的私人住宅区，始于 19 世纪 20 年代。这些庄园的设计者很明显学习了摄政公园和公园村，特别使用了 5 个规划手段，企图创造更具吸引力、更有益的计划——这些手段也形成了乡村和城市之间的有效结合。这些革新技巧第一，包括均匀的低密度的发展，美化并开放"自然"以供游憩的区域；第二，仅容纳同一等级的住宅，以保证这一区域的稳定性和一致性；第三，邻近服务和市场区域，但细心地加以隔离；第四，马厩小巷放在社区边缘；最后，庄园依统一的计划，在一种所有制下发展。一个早期的例子是位于切尔滕纳姆（Cheltenham）的皮特维勒（Pittville）庄园，于 1824 年开始兴建。1827—1828 年由德锡默斯·伯顿（Decimus Burton）规划设计的位于腾布里奇·维尔斯（Tunbridge Wells）的卡尔弗利（Calverley）公园，或许是私家庄园发展的典型例子。这一设计的主要特色是一座小山边上有私人林园，在较高处的四周排列中等别墅。房舍之间的树木和绿篱给人一种自然隔离的感觉，而前面的开敞空间分布着悦人的小径，并可眺望远山的景色。市场位于北边一定距离处，马厩建在西北，靠近城区。约翰·布里顿（John Britton）称此庄园为“一个如此乡村化的时髦小村”，其他人尤其称赞乡村和城市在此得到了成功的综合。与此同时，约翰·纳什和詹姆斯·摩根（James Morgan）合作规划了位于利明顿（Leamington）的纽博尔德·康门（Newbold Comyn）庄园，这是一个由独立的别墅、台地、花园和小径组合起来的，远比纳什早期在摄政公园的作品复杂的城乡结合型庄园。在所有这些情形中，建筑师高度重视寓所和景观在画面上的统一，并保持独特而有别于其他市区的感觉。

到了19世纪30年代，公共汽车、铁路和渡船交通的兴起促进了第三种规划类型——大城市“往返市民”（Commuter，意为经常往来于某两地间——如郊外住所与市内办公的人）郊区的发展。它不像摄政公园，那儿的人自备私人马车；也不像胜地庄园，这种庄园的住宅有季节性的“退休”。大城市的郊区迎合了在城市供职而想体验乡村生活的中等阶层家庭成员。在它们风景画式的形式以及私人公司一样的体制方面，许多大都市郊区很像皮特维勒公园和卡尔弗利公园这样的胜地庄园。19世纪30—50年代规划了许多这样的郊区，其中有两个最好的例子：第一，里查德·莱恩（Richard Lane），一位颇具影响力的地方建筑师，1837年在曼彻斯特成立了维多利亚公园公司。当时设计了一个私人住宅区，整体区域由独立或半隔离的寓所以及4个公园或绿地组成，内部由蜿蜒、循环、弯月状的道路相联系，入口与外面的由门房控制的通道相衔接。规划区域内包括了一个教堂，商业建筑被禁止兴建的。两年后，一个观察者发现该设计把“靠近城镇的优点与乡村住宅的特色和优点”结合了起来。第二，也在1837年，岩石公园庄园建成，庄园用渡船跨默赛河（Mersey）

与利物浦（Liverpool）相通。根据契约，其将建成一个独院或社区，提供独立或半隔离的不高于两层楼的住房，社区内除文化型行业外，不准进行贸易或经商。利物浦的代理人乔纳桑·本尼森（Jonathan Bennison）为之准备了配套规划，包括门房和曲折的道路，房屋布置有利于观赏远处的默塞河和利物浦的风景。

1838 年，大城市郊区规划的理想被约翰·克劳迪斯·劳顿（John Claudius Loudon）列入他的《郊区园艺师和别墅指南》——这篇被道宁和其他许多美国建筑师所熟知的专题论文中。一方面，劳顿提出：郊区别墅应当提供乡村生活的益处。“郊区住宅的主人，不管他的领地多小，均可在同一时刻获取健康和享乐”。另一方面，“比起一座孤立的乡村住宅来，郊区住宅具有巨大的优越性，包括接近邻居，以及容易提供只有在城市才能获得的教育和

图 1-3　摄政公园（图片来源：网络）

享受，例如，公共图书馆和纪念馆、戏剧演出、音乐会、公共和私人集会、工艺品展览等。”

最后看第四种规划类型。摄政公园于 1841 年完全向公众开放，被认为推动了 19 世纪 40 年代及以后都市公园在整个英国的发展。在若干这样的公园中，私人台地、别墅和花园与公共步道、马路、草坪、森林、湖泊结合在一起。

伯肯海德（Birkenhead）公园，始建于 1843 年，因奥姆斯特德 1850 年的参观而成为最常被提到的公园之一。然而，利物浦的王子（Prince）公园，1842 年由约瑟夫·帕克斯顿（Joseph Paxton）和詹姆斯·潘内桑（James Pennethorne）规划设计，同样也很成功，早在 1845 年即为威廉·卡伦·布赖恩特所知晓。在该公园始建的两年内，观察者们注意到王子公园聚集了“城市和乡村的优点”，将其描述为“欢迎……从忙碌的事务、街道的喧嚣和尘土中来此静居”，以及“在壮丽的风景环抱下”，还有“离市区近”及一切舒适之处。

2.2　美国的浪漫城乡运动

19 世纪五六十年代的美国浪漫色彩郊区，传统上被认为是在此以前四个现象的结合：浪漫主义的公墓规划、风景如画的英国都市公园、安德鲁·杰克逊·道宁（A·J·Downing）创立美国风景园艺“乡村”风格的有意识的努力，以及民众日益增长的深居简出和对家庭生活的兴趣。但美国浪漫色彩郊区的原型之一早已在英国存在，不仅存在于公园，也存在于休养胜地和主要都市的郊区。这些被 19 世纪 30 年代以来的美国旅游者所知晓。在美国采用这种原型以及发展本土的郊区类型的动力，可以看作是美国思想史的一个重要发展。19 世纪 40—50 年代，在“乡村”和“城市”思想之间长期存在的争论——农村的优美和商业的进步，以及乡村的独立性和城市的世俗气——至少被这些只要避免各自

图 1-4　安德鲁·杰克逊·道宁设计的乡村别墅（一）（图片来源：网络）

图 1-5　安德鲁·杰克逊·道宁设计的乡村别墅（二）（图片来源：网络）

1 John Archer. Country and City in the American Romantic Suburb[J]. Journal of the Society of Architectural Historians, 1983 XLII(2): 139-156.

的不利方面，两者就能同时得到昌盛的建议部分地解决了。美国的浪漫城市郊区能提供乡村和城市两者的优点而消除各自的不足，营造出上等的居住环境。[1]

2.3 德国乡村规划及规范化管理

土地合理利用问题是德国乡村规划中的核心内容，一系列规范化、制度化的法律体系建立使得乡村规划活动受到严格的法律规范的管理和监督。基于规范化管理的基本理念，德国的乡村建设运动得到了来自政府和法律层面的法规化引导，从而使得参与人员上至政府官员、下至普通民众都能够在法律的约束下平等、规范地进行乡村建设。以德国乡村休闲农业为例，1919 年，德国制定了《市民农园法》，成为世界上最早制定市民农园法律的国家，这也标志着这种属于市民的市民农园模式的确立。第二次世界大战后，在食物极为缺乏的情况下，市民农园确实曾经发挥过食物供应的功能，而随着德国经济的发展，市民农园已逐渐演变成为市民日常生活的休闲之处，之后更由于大部分承租市民将其租得的园圃开拓成花园与小别墅，逐渐形成了田园体验与休闲度假形态的市民农园。1983 年，德国对《市民农园法》进行了修订，其主旨转向为市民提供体验农家生活的机会，使久居都市的市民享受田园之乐，经营方向也由生产导向转向以农业耕作体验与休闲度假为主，生产、生活及生态三位一体的经营方式，并规定了市民农园五大功能：提供体验农耕的乐趣；提供健康的自给自足的食物；提供休闲娱乐及社交的场所；提供自然、绿化、美化的绿色环境；提供退休人员或老年人最佳消磨时间的地方。

同时，与乡村建设规划有关的乡村旅游也受到严格的认证。德国乡村旅游的认证程序，系由经营业者提出评鉴申请，再由德国农业协会偕同地区相关机构办理度假农场认证工作。首先，申请者的基本条件必须拥有住宿型农场，农场位置必须位于乡村地

图 1-6　德国市民农园（图片来源：网络）

区，其度假服务设施必须以接待游客为导向，不同的度假形式必须符合最低标准的要求；其次，德国农业协会设置有度假农场委员会，审查委员的遴聘采取无酬荣誉制，任期 4 年，委员的专业领域包括乡村家政咨询、农业职业代表、乡村度假与休闲经营者协会、乡村合作社、社区、乡村聚落与发展机构、观光协会、金融机构、旅馆与餐饮协会，以及消费者组织，且至少一人为女性，方可进行认证工作，且评鉴分数分为 0～5 分，平均达 4 分者为合格。获认证通过的从业者，可获有效期 3 年的检验合格标章，须据实报告接待游客的范围与特殊项目，并于广告宣传内容中载明设施目录与住房价目表，而一旦有了住所、从业者等变更时，则要向德国农业协会重新申请审查，整个认证审查过程可谓一丝不苟。

2.4　韩国的新乡村运动

20 世纪 70 年代，韩国以改善生产、生活环境为重点的“新乡村运动”，创造了发展中国家农村建设跨越式、超常规发展的成功模式。其主要做法是改善农村公路、改善农民住房条件、推动

1 卢良恕，沈秋兴．韩国农业发展与新乡村运动 [J]．中国农学通报，1997(06): 6-8.

农村电气化、推广高产水稻品种、增加农民收入、积极发展农协组织和兴建村民会馆等多个方面[1]。

1970 年，韩国政府开始把拓宽乡村马路，改良屋顶、围墙，设置公用水井、公用洗衣场，架设桥梁和整治溪流等作为改善乡村基础环境的十件大事业，并要求每项工程都应以全体乡民的意愿进行。结果政府因财政困难，只拿出了很少一部分款项，但是取得了可喜的成绩，在全国 3.5 万个乡村中，就有 1.6 万个村庄的村民们投入自己的资金和劳动力来积极响应政府的号召。

新乡村运动所指向的目标是建设美好的故乡、健康的社会和骄傲的国家。更可以肯定的是，新乡村运动倡导大家为了过上幸福生活而成为一个共同体。新乡村运动的开始，不是由政府提出什么宏伟计划而开始的运动，而是农民们主动自觉地参与政府的各种政策而取得的“双赢”。新乡村运动的基本精神是勤勉、自助、合作。勤勉是善用自己的实践原理，正如“早起的鸟儿有虫吃”；自助是走出困境的实践原理，正如“老天帮助的是自己帮助自己的人”；合作是扩大自己的实践原理，正如“就是一张白纸，一起来抬会更轻”。因此，勤勉、自助、合作这三项新乡村精神，是实行新乡村运动不可或缺的行动纲领。

在这一期间，韩国的新乡村运动也组织开展过一些有效的活动，如“一区一社一村一品运动”“农产品直销”“城乡姊妹联系”“文明市民和家庭活动”以及敬老、环保、安全等活动。农民通过新乡村运动树立的勤勉、自助、协同精神和意识鼓舞着韩国农民积极向上，展现出的奋发进取的主人翁意识和勤劳致富的精神，值得我们参考和借鉴。

韩国开展新乡村运动所取得的成就和经验，得到了联合国有关组织的关注和肯定，受到很多发展中国家的重视，先后有 130 多个国家派出 12000 多人参观、学习和取经，有些国家的领导人、各部部长亲自带领考察团组学习、考察。中国原农业部、中国农学会在绿色证书培训、科教兴村活动、农村科教扶贫、农村综合

图 1-7　20 世纪 70 年代韩国新乡村运动（图片来源：网络）

开发等项活动中，与韩国新乡村运动组织机构、全国大学教授新乡村研究会有着广泛深入的联系、交流与合作。据 2002 年 4 月统计，在我国开展科教兴村活动的村庄已有 3000 个。韩国在推进和实现国家化、城市化的进程中，遇到的诸多社会问题与我国遇到的社会问题极为相似，韩国的新乡村运动发起过程、主要内容、社会效益及经验教训，对我国调整农村政策和产业结构，研究农村与农民问题都会有有益的启示。

第三节　新乡村主义在江苏的实践

3.1　江阴市农村园林化实践

1994 年，当江阴市和张家港人民政府提出进行农村园林化实践这一课题时，笔者觉得比较新颖，但同时至少有两点疑虑：①农村到处是庄稼，常年绿满田野，用得着园林化吗？②现在园林绿化经费紧张，城市园林绿化建设的费用奇缺，此时能奢谈农村园林化吗？

同年底，笔者带领一个由扬州大学和当地政府有关部门的专业人员共同组成的 30 余人的农村园林化工作组对江阴农村进行了调查，发现：①我国的乡镇企业排污量大。不少乡办、村办企业就是那些因污染严重而在城市不准上马或继续兴办的企业。由于这些厂点与农业生态环境紧密交错在一起，污染物给土壤、水资源、农作物以及人体健康带来明显危害，农村环境仍在继续恶化，制约着农村经济的发展，危及农村人口的健康与生存。②农村环境普遍存在脏、乱、差，村庄公共设施落后等问题。多数农民依旧在积聚了工业、生活污水和含有农药残留农田水的池塘里淘米、

图 1-8　笔者的家乡江阴市殷家湾，村民在通上自来水之前，一直饮用村头的河水

洗菜，甚至将这些水作为饮用水，这严重影响着农村人口的身体健康。可见，农民富裕了，并不意味着生活质量提高了。

基于上述原因，我们提出了农村园林化的五个必要性：农村园林化是农村经济与环境协调发展的需要；农村园林化是提升农村人口生活质量的需要；农村园林化是农业现代化建设和改善外部投资环境的需要；农村园林化是农村精神文明建设的需要；农村园林化是保护耕地和乡村景观的需要。之所以选择在江阴开展农村园林化探索，主要是因为在经济发达地区对于农村园林化实施更具可行性：第一，农村经济的发展为农村园林化提供了经济基础；第二，有关乡镇域规划的法律性文件以及“两区”划定工作的完成为农村园林化提供了可靠依据；第三，农田基本建设的现代化为农田园林化提供了现实条件；第四，农民对城乡一体化的愿望和对美好生活的追求为农村园林化提供了内在动力。

事实上，农民世世代代埋在心里的对“做城里人”的企盼，无非是想享受城市的便利和精神的富有，希冀在农村也享受到城市居民拥有的看上去整洁优雅的生活环境条件。而久居闹市的居民返璞归真，回归自然，追求乡居生活和田园之乐，表明农村环境具有城市环境无法取代的功能。农村园林化试验试图通过积极促进农村环境（包括农业生产环境和农民生活环境）的改良，在物质上综合乡村和城市的优点，消除各自不足，推进农业现代化建设步伐，提高农业劳动生产力，并为农村人口创造一个新的上等居住环境，以提升农民生活质量，缩小城乡差别。这对稳定和发展农业无疑具有极为重要的现实意义和战略意义。

当然，农村园林化与城市园林化虽然都是以园林化为中心内容，即创造一个理想优美的环境，但是由于农村与城市的现实情况不能完全吻合，我们不可能以城市园林规划设计的原则来生搬硬套。怎样才能使园林在风格上与农村相一致，与农业现代化相合拍，并正确反映现代农村特有的面貌，是农村园林化规划设计过程中必须考虑的问题。应通过农村园林化改善农村人口的生产环境和生活环境（包括物质生活环境和精神文化环境），从而提高农业劳动生产力和农民生活质量，以达到缩小城乡差别，稳定发展农业，保护耕地和乡村景观（城市化以后无法再生的风景资源）的目的。

通过对农村园林化的探索，我们体会到，园林艺术已不再是城里人的专属，而是属于包括亿万农民在内的向往美好生活的全人类的共同财富。只不过由于造园条件城乡有别，农村园林化与城市造园在追求理想环境的手法上有所区别：前者是在极富自然情调的田野上整理乡村的风景，点缀人造景观；而后者是在满目人工痕迹的城市里讨回失去的自然，再造自然风景。由于在广袤的农田之中镶嵌现代化的小城镇，因此江阴农村的园林化是田园风光与都市气息的交织。[1]

1 周武忠，黄满忠，金飚，等. 农村园林化探索 [J]. 中国园林，1998(05): 6-9.

农村园林化作为一个新生事物，在实施过程中碰到过不少问题，但它的最终成功，为全面而深入理解园林的意义提供了新的思路。这不是 19 世纪美国浪漫郊区运动的结晶，而是改革开放后的社会主义中国农村经济与社会飞速发展的产物。

3.2 无锡新区生态农业示范基地和都市农业旅游点规划

2006 年，无锡新区管委会为了提升无锡新区农业现代化水平，进一步强化城市和乡村的互动关系，同时策应鸿山遗址文化旅游资源开发规划，合理有效地保护和利用生态农业资源，为做大鸿山遗址文化旅游产品提供配套休闲服务设施，完善其整体功能以及全面推动园区生态效益、社会效益与经济效益的协调发展，决定大范围建设生态农业示范基地和都市农业旅游区。

乡村旅游（Rural Tourism）最早出现在欧洲第一次工业革命之后，源于当时一些来自农村的城市居民“回老家”度假的生活方式。[2] 在中国，现代意义上的乡村旅游出现在 20 世纪 80 年代，大规模发展在 20 世纪 90 年代。它是在中国旅游业迅猛发展和城

2 文军，唐代剑. 乡村旅游开发研究 [J]. 农村经济，2003(10): 30-34.

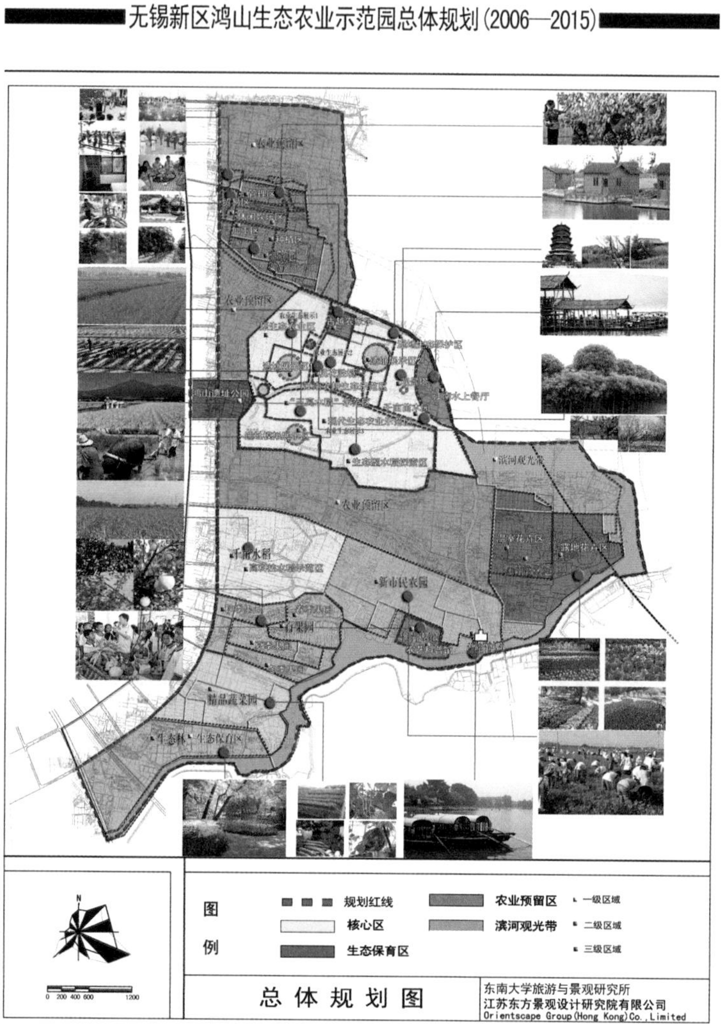
无锡新区鸿山生态农业示范园总体规划(2006—2015)
农业预留区
滨河观光带
千亩水稻
新市民农园
精品蔬菜园
生态林
生态保育区
图例
规划红线
核心区
生态保育区
农业预留区
滨河观光带
一级区域
二级区域
三级区域
0 200 400 600 1200
总体规划图
东南大学旅游与景观研究所
江苏东方景观设计研究院有限公司
Orientscape Group(Hong Kong)Co.,Limited

图 1-9　无锡新区鸿山生态农业园总体规划意向图（规划设计：东方景观）

市化进程不断加快的前提下应运而生的。2006 年，是原国家旅游局确定的“乡村旅游”年。由原国家旅游局倡导创建的全国乡村旅游示范点已达 359 家，遍布全国 31 个省（区、市）（不包括港、澳、台），覆盖了农、林、牧、副、渔等农业的各种形态。乡村旅游已成为中国稳定农村社会、减少贫困、调节农村人口向城市流动的重要手段，也为丰富城市居民休闲生活，开创新型“城市反哺农村”的社会主义建设新道路提供了一片更广阔的空间。

根据“杜能圈”理论，在像北京、上海、广州、深圳等这样的大都市的周围，必然会出现环状的农业产业带，主要是为了满足城市生存和发展的需要。然而随着城市的进一步发展，其需求主体也正发生着巨大变化，于是“杜能圈”的功能也必将进一步向外延伸，原来这个圈层中的传统农业就会向其他产业或者行业发展，这就导致了休闲农业的产生。无论是广义还是狭义上，休闲农业其实就是农业和休闲旅游业的结合体，其特点是不再以单纯的自给自足或单纯的买卖农业产品为主要目的，而是大农业范畴下的跨产业经济发展模式，以农业为依托，以旅游为手段，靠出租或出售整个农业生产流程、农业生产资料以及农产品甚至农业未来发展为主要经营盈利方式。

但是，一般生态农业示范园存在示范内容不清、建设目标不明、示范效应不佳的现象。为了规避这一点，规划坚持“高起点规划，高目标建设，高水平管理”的原则，秉承以生态、生活、生命“三生农业”理念为核心，以都市农业为立足点，大胆创新，构建了现代农业发展五大体系（农业科技创新与应用体系、农产品质量安全体系、农产品市场信息体系、农业资源与生态保护体系、农业社会化服务与管理体系）。通过现代农业新技术及新品种的引进、消化、吸收、示范、推广来实现无锡新区农业经济的良性循环。同时通过观光农业景点和生态环境建设，为城市居民提供休闲场所，为区内农民提供就业和增收，为新区构建健康的“绿肺”系统。

根据目标和整体定位，规划提出了五大发展战略（生态农业和生态旅游发展战略、产品错位开发战略、品牌战略、环境友好型战略、生物多样性发展战略）和六大产品系列（有机农产品、绿色农产品、无公害农产品、观光旅游产品、度假旅游产品、休闲旅游产品）。以创造“和谐农村，富裕农村，都市村庄，高效农田”为主题，全面示范现代农业发展体系，打造一艘融现代农业科技化、产业化、信息化为一体的农业生态航空母舰，最终实现3个国家级的示范农业目标，即从都市农业角度：国际都市农业示范区；从生态农业角度：国家级生态农业示范园；从观光农业角度：全国农业旅游示范点和国家 AAAA 级旅游景区。使无锡新区真正成为以“生态农业，乡村旅游”为主题的生态农业示范基地和都市农业旅游点。

3.3 九里村社会主义新农村建设科技综合示范工程

在丹阳市延陵镇九里村的社会主义新农村建设科技综合示范工程（图 1-10）中，我们的目标就是按照社会主义新农村建设“生产发展、生活富裕、乡风文明、村容整洁、管理民主”的要求，以技术集成应用和农村信息化等为切入点，以依靠科技提高九里村经济综合实力为重点，统筹考虑九里村的农业生产发展、农民生活水平提高和农业生态环境的改善，以九里中心村建设科技示范、九里农业产业化示范及九里乡村旅游示范三大示范工程为示范基础，把九里村打造成为在一定区域内具有面上推广意义的新农村科技示范村。

以促进农业产业化为指导思想，以发展循环经济为核心，全面研究九里村生产、生活、生态之间的协调发展。通过对九里村生产和生活中产生的物质条件、地域环境、气候条件进行研究，

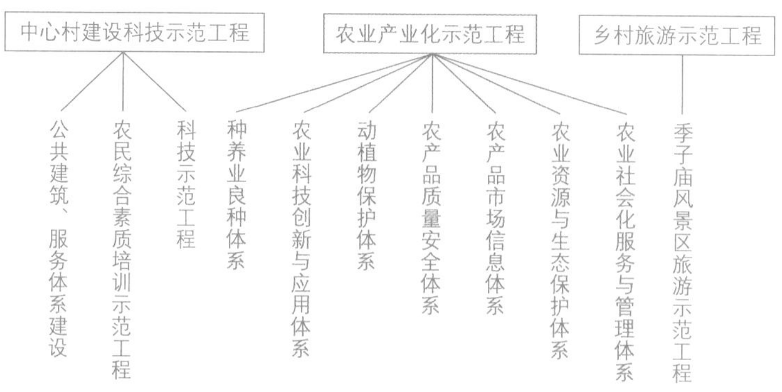

图 1-10　丹阳九里村社会主义新农村建设科技综合示范工程

以发展沼气能、太阳能、生物治污等项目为中心，研究一条投入少、见效快、操作容易的科技开发方案，全面推行九里村的生态化建设项目，最终把九里村建设成为一个集种植、养殖、加工、旅游服务于一体的高效休闲农业园区。

在农业产业化方面，课题组以“三生农业”为核心理念，以展现现代农业七大体系为目标，以发展生态农业、设施农业及旅游农业为手段，通过对农业新品种、新技术、新成果的引进和应用，培育发展优质、优势特色农业产业，实现九里农业经济的良性循环，最终形成具有一定影响力和推广意义的九里农业科技示范园。在农业产业化的基础上，大力发展休闲农业，提高农业生产的经济效益。休闲农业的发展涉及农业生产、农产品加工、休闲服务等多个领域，需要有各方面的配合。该项目将以农业产业化为基础，以休闲农业增效益，以发展沼气能、太阳能、生物能为支撑，把九里村打造成为一个经济发展、生态良好、生活和谐、农民安居乐业的农村发展示范点，实现“生产高效，经济发达，环境优美，绿树成荫，花果飘香”的社会主义新农村。

第四节　新乡村主义的核心理念和发展模式

4.1　新乡村主义的核心理念

新乡村主义的核心是“乡村性”（Rurality），即无论是农业生产、农村生活还是乡村旅游，都应该尽量保持适合乡村实际的、原汁原味的风貌。乡村就是农民进行农业生产和生活的地方，乡村就应该有“乡村”的样子，而不是追求统一的欧式建筑、工业化的生活方式或者其他的完全脱离农村实际的所谓的“现代化”风格。

乡村社会中的生命是鲜活动人的，是区别繁华城市的另外一种状态。乡村的一人一物，一草一木，哪怕是一只土狗，一群小鸡，在外人看来都是充满生趣，能给他们带来笑容的。这是一种自由的、无拘无束的生命状态，是乡村区别于城市的重要内容。同时乡村生态的原真性和可持续性也是乡村发展的核心特点。乡村中“日出而作，日落而息”的生产生活是多少城市人所梦寐以求的。从生命的原真开始到生态的原真、生活的原真、天然去雕饰，世世代代，祖祖辈辈，这是人类初始的状态也是人类未来发展的必然状态。

乡村性对于乡村旅游而言尤其重要。德诺伊（Dernoi，1991年）[1]指出：乡村旅游是发生在有与土地密切相关的经济活动（基本上是农业活动）的、存在永久居民的非城市地域的旅游活动。他还鲜明地指出：永久性居民的存在是乡村旅游的必要条件。保持乡村性的关键是：小规模经营、本地人所有、社区参与、文化与环境可持续（Brohman，1996年）[2]。旅游者在选择旅游目的地时，考虑最多的是旅游活动的意义，即如何让自己的旅游行程收获更多或者说更难忘怀，而这其中起根本作用的就是旅游目的地的核心吸引物。乡村旅游区别于城市旅游的一个重要不同就是两者在对待自身存在核心理念上的不同。“城市是反生命和反生态的根源，城市的活力和生命力是乡村不断充实和加入所赋予的”[3]，这与农村农业生产的有序和自然截然相对，而乡村主义的理念为农村拯救城市提出了很好的设想和努力方向。乡村旅游的核心吸引物就是农村、农业和乡村文化，田园风味是乡村旅游的中心和独特的卖点。乡村旅游区别于其他旅游形式的最重要的特点就是其浓厚的乡土气息和泥巴文化，这也是现有乡村旅游业主题选择的基本出发点，也是乡村旅游发展的核心主题所在。

1 Dernoi L A. About Rural & Farm Tourism[J]. Tourism Recreation Research, 1991, 16(1): 3-6.

2 Brohman J. New Directions in Tourism for Third World Development[J]. Annals of Tourism Research, 1996 23(1): 48-70.

3 （美）刘易斯·芒福德. 城市发展史：起源、演变和前景[M]. 北京：中国建筑工业出版社，1999：482.

乡村旅游根植于乡村，发源于农业，在其核心主题的引导下，乡村旅游的核心产品包括以下四个部分。

风土——特有的地理环境。乡村旅游发生的区域既区别于高楼林立的混凝土城市区域，也区别于无人类居住的纯自然区域，可以说这个区域仍保留着人类幼年时半自然半人工的生存生活状态，容易激发起久居城市森林之中人们心底的返朴归真的人类天性。尽管在这里生活没有城市那么便捷和舒适，但这里没有让人夜不能寐的各种噪声、没有臭气熏天的臭水沟和堆积成山的垃圾，更没有杀人于无形，无处不在的各种化学品。因此，所谓的风土，在乡村旅游产品体系中可表现为乡村健康的空气、水、土壤和乡村宁静祥和的环境。

风物——地方特有的物产。旅游活动中少不了地方的特产，而在乡村旅游地，其物产也是吸引旅游者的核心产品之一。乡村旅游的风物分为两种，分别是大地物产和人文物产。大地物产主要是指特定的地理气候环境下，在乡村旅游目的地的特定土地中出产的物产，如瓜果蔬菜、牛羊鱼肉等。而人文物产主要是指乡村旅游地中特有的文化土壤中培养出来的物产，如民族特色的装饰品、日用品等。一般在乡村旅游过程中，风物是促成旅游活动进行的基础，吃农家饭、品农家菜、住农家院、干农家活、娱农家乐、购农家品也是旅游者旅游体验的主要内容之一。

风俗——地方民俗。一方面，乡村旅游地往往是传统色彩比较浓厚的区域。在中国，农民占到全国总人数的 70% 以上（此处为 2007 年本文发表时的数据；2015 年城镇人口达 7.7 亿），农村作为中国传统文化的直接继承者和传播者的作用仍然不可小觑。很多民俗学家到农村去了解民风习俗和思想意识，从而更多地了解了过去的中国社会状况。而古朴和淳厚的乡村民俗也成为当今农村发展旅游业的一个很好的看点，如婚丧嫁娶的习俗、特色民族文化等。另一方面，随着时代的发展和全球趋向于一体化，一些传统的具有个性的东西在迅速减少，大约每 10 年减少 50%，如北方乡村老的锅台、风箱、平房、引石、牛车、马车、七寸步犁等。而这些在广大的乡村随处可见，也只有当城市里的人们来到乡村看到它们的时候才会觉得这些东西依然有其独特魅力。

风景——可供欣赏的景象。乡村风景可能是吸引大众旅游者目光的主要因素。在乡村旅游点中的风景，广义上可以包括以上三点，是指一切旅游者可以获得旅游兴趣的景物。而狭义上就是

图 1–11　西藏林芝桃花源景观

乡村旅游区别于城市旅游等其他旅游形式中存在的独特的旅游景观，它包括人文风景和自然风景。自然风景主要是乡村所依附存在的周边自然环境或人工改造环境，如山体、溪流、果园、田园等；而人文风景主要是指乡村永久居住者在生存生活历史中形成的具有独特地域性的生活行为方式、文化表现等，如生活习俗、建筑风格、文化节庆等。

除了农业生产、农民生活和乡村旅游的乡村性，农村的生态环境建设（包括自然生态环境、文化生态环境）的乡村性也是不容忽视的一个重要方面。农村生态环境建设包括优美的自然生态环境和健康的文化生态环境建设，包括农业生产环境和农民生活环境的改善与优化。新农村建设应该关注农民生活水平的提高，促进城乡生活质量的平衡。“生态”贯穿于“生产”与“生活”的整个过程之中，是新乡村主义的“乡村性”得以实现的保证。

4.2 “三生”和谐的发展模式

4.2.1 生产和谐

农业生产是农村的基本形态，也是农业成为国民经济第一产业的根本所在。可以说，农业生产既是第一产业的产业基础，也是国民经济的经济基础。然而，国内的现状是农业生产被忽视，在农村过度强调工业生产。中国完成工业化、实现现代化的道路不是削弱农业生产，转而发展工业生产的道路，而是在保证农业生产、巩固第一产业在国民经济中地位的基础上，不断加强工业化的过程。不合理发展工业的结果必然导致农业用地被工业用地吞噬，农业生产环境被破坏，农业产品被污染，变得不安全。而从表象上来反映，就是农村景观遭到破坏，乡村性在逐渐丧失。

现代农业应该是高效农业，高效不但表现在农业产品稳定丰产，还表现在农业生产方式多元化且互为促进、互为补充。例如被称为“第六产业”的“观光农业”“休闲农业”，就是利用现有资源发展复合农业产品，即在农业生产正常进行的同时，带入新型产品形态，增加农业收入。观光农业是农业和旅游业有机结合的一个新兴产业。它以发展绿色农业为起点，以生产新、奇、特、优的农产品为特色，依托高新科技开发建设现代农业观光园区，是农业产业化的一种新选择。

图 1-12　云南澜沧县南岭乡生态茶园

图 1-13　西藏林芝桃花源（李卫星摄影）

由于农业是第一产业，它在产业链中处于源头，为其他产业的发展提供基本原料。因此，农产品的安全问题直接影响到整个国计民生，尤其是食品安全问题，对以人为本的和谐社会构成最大的威胁。要解决这个问题，就必须从源头抓起，将农村的精神文明建设作为建设社会主义新农村的一项重要工作来抓；同时，通过建立健全考核体系来争取制度上的保证。在积极向农民开展文化培训和建设的同时，引入资质评价体系，即农民要通过考核取得上岗证书（绿色证书）才能从事农业生产活动。

4.2.2　生态和谐

保护和改善农村生态环境是新农村建设的前提，也将是新农村建设顺利进行的一项重要保证。生态环境是指由生物群落及非生物自然因素组成的各种生态系统所构成的整体，主要或完全由自然因素形成，并间接地、潜在地、长远地对人类的生存和发展产生影响。生态环境的破坏，最终会导致人类生活环境的恶化。因此，要保护和改善生活环境，就必须保护和改善生态环境。我国环境保护法把保护和改善生态环境作为其主要任务之一，正是基于生态环境与生活环境的这一密切关系。

有人认为，烧柴做饭，或者“脏、乱、差”就是农村。这是一种极其错误的观点，农村更需要优美的田园风光、整洁的生活环境和节能型的能源供应。近几年，“农家乐”旅游的游客大多是冲着吃农家饭、睡农家炕、看农家山水而去的，属于纯体验型的民俗游，但今后一段时期，这种民俗旅游肯定要走下坡路。在乡村风光美、生态涵养好、环保节能高的环境下追求一种心灵的宁静和彻底的放松，将是未来农业观光游和民俗旅游发展的方向。优美良好的农村生态环境包括聚落生态环境、农民人居环境、乡村自然环境、农业生产环境、乡野景观环境等，又可以分为外部视觉景观生态、内部能量循环生态和文化景观生态等方面。

外部的视觉景观生态为农村的生产和生活提供一个良好的背景，在外部景观形象上体现原汁原味的乡村性。这主要通过农田生态和田园风光来表现，例如：成片的果园、整齐的菜园、一望无垠的麦田、漫山遍野的牛羊、鹅鸭成群的池塘，等等，都是最能体现农村田园风光的生态景观。现在各地的农业示范园等形式都很好地展示了乡村性的视觉景观形态。

生态节能应该是新农村建设的突出特点之一。内部能量循环的生态主要指的是生态节能的循环农业模式。所谓循环农业，就是把循环经济理念应用于农业生产，提高农业可持续发展能力，实现生态保护与农业发展良性循环的经济模式。实现农业生产的清洁化、资源化和循环化，是发展循环农业的基本要求。长期以来，由于我国农业生产方式比较粗放，未能有效利用土地、化肥、农药和水等生产要素，造成了严重的资源浪费和生态破坏。应树立生态、清洁和可循环的理念，大力推进农业生产的清洁化、资源化和循环化。因此，应大力宣传发展循环农业的意义、途径，教育和引导农民节地、节水、节能、节肥。可以考虑参照城市建筑生态改造利用的“3R”原则，即 Reduce（尽量减少各种对人体和环境不利的影响）、Reuse（尽量重复使用一切资源或材料）、Recycle（充分利用经过处理能循环使用的资源与材料）。实施清洁农业生产，积极参与和支持循环农业发展。

图 1-14　农业生态链中的沼气站

文化生态景观主要指乡村民俗文化方面。时下有许多不健康的民间习俗流传于农村，造成了比较恶劣的社会影响，阻碍了新农村建设的顺利进行，不利于和谐社会的构建。农村的文化生态主要体现在营造健康和谐的社会风气，移风易俗，摒弃不良的社会陋俗，为新农村建设创造一个良好的社会文化环境。可以将一些体现优秀传统的、健康向上的民俗活动进行改造和发展，融入新农村的社会文化建设之中，形成具有充分乡村特色的文化生态景观。

4.2.3 生活和谐

如果说生产和谐、生态和谐分别是从经济和谐、自然和谐的角度来看社会主义和谐社会在社会主义新农村中的重要意义，那么，生活和谐则是体现在人的和谐方面。人的和谐是“三生”和谐的核心，也是“三生”和谐的最终目标，它反映在农村物质文明与精神文明的和谐，以及产业发展与社会发展的和谐。

建设社会主义新农村的最终要求是从根本上提高农民的生活质量。根据“中央1号文件”的精神，农民增收问题成为当前迫切需要解决的问题。农民的增收问题不是一个孤立问题，尤其是要达到农民快速持续增收的目的，就必须将提高农村物质文明和提高精神文明相结合。物质文明要靠生产和谐来支撑，而精神文明则要靠不断提高农民文化素质来达到。现代农业要求现代农民能适应农业生产专业化的要求，能不断推进产业化运营模式的创新，能开展现代营销和流通活动，这些都建立在农民具有高文化素质的基础上。文化素质已经成为发展现代农业、建设社会主义新农村的必要基础，也是有效解决农民增收问题的重要前提。

农业作为第一产业，其稳定发展，最根本的目的是哺育社会，保证社会生活所需要的各类资料能得到满足，与产业链其他下游产业一起，为人们生活提供丰富的物质资料。然而，相对于城市来说，农村却一直是物质资料匮乏的地方。社会的发展与产业的发展应相互协调，产业的发展为社会的发展提供必要的基础，而只有社会的和谐发展才能使产业的高效持续稳定发展成为可能。关注社会的和谐发展，就要关注农民生活是否高质量，是否满足农民需求，是否体现农村生活特色，是否符合新农村的未来发展趋势。

另外，在城市普遍开展生活环境整治，创造良好的人居环境的同时，人们却忽略了农村人居环境破坏严重的问题。由于大型工矿生产基地逐渐移出城市，向农村转移，导致农村的生活环境遭到严重破坏，自然的青山绿水已经被日益恶化的人居环境所取代。新乡村主义认为，要真正缩小城乡差距，就必须将衡量和评价农村发展现状、农民生活水平的评价指标体系与城市居民生活环境的评价指标体系一视同仁，这是使农民的生活环境得到真正改善的重要前提。

第五节　结论

总之，新乡村主义就是一种通过建设“三生和谐”的社会主义新农村来实现构建社会主义和谐社会的新理念，即在生产、生活、生态相和谐的基础上和尽量保持农村“乡村性”的前提下，通过“三生和谐”的发展模式来推进社会主义新农村建设，建设真正意义上的社会主义新农村，实现构建社会主义和谐社会的目标。

注：本章全文初稿完成于 2006 年。为保持原貌，此次出版时未作修改。

第二章 自然主义风景与英国乡村

英国的乡村以其独特的自然风景式意境而独树一帜，这种格调一直到工业革命结束前后（1850—1880 年）发展到高峰，并冠以“自然主义”来表达一种新的居住理念与回归心态。从某种程度上说，直到工业革命以后，英国社会才逐渐形成了一种普遍意识，认为乡村代表了英国文化最重要的认同性。一个显著的因素是，1851 年的人口普查表明，这个当时仍称为“英格兰”（England）的国度，是当时世界上首个城市人口占全国总人口超过 50% 的国家。也是从那时起，真正从事乡村劳作的乡村人口出现了明显下滑，英国传统意义上的乡村社会形态很快出现变化，对乡村过去的怀旧情怀伴随着自然主义的回归而逐渐强烈，这与中国今天的意识变化不约而同。虽然说，英国的乡村风格是欧洲传统古典风格的一种简化，是与地域性的文化相结合的结果，但其中有四个重要方面奠定了其自然风景主义的发展基础。

第一节　自然风景基础三要素

有三个重要因素组成了英国今天的自然风景基础：农用牧场、天然森林、国家公园保护区体系。

首先是农用牧场。英国文化与牧场情结的交织由来已久，这一方面源于其自身的地理与气候特性，丘陵起伏的地形和大面积牧场为乡村景观形态提供了直接范例；同时，以牧场为主要特征的英式田园风光，暗含了英国文化中挥之不去的怀旧情怀。英国人崇尚园艺的花境风情人尽皆知，岛国阴雨多雾的气候特点使当地的天然色调不够饱和鲜艳，故而人们特别偏爱花卉园艺。从这个角度来看，英国的乡村景观似有一种以牧场为背景的“大型园艺”（牧场羊吃草），并成为其特色的标志。在欧洲诸多民族中，英国这一支可谓保守、调和，却也崇尚自由精神。西方社会在经历启蒙运动后又出现浪漫主义思潮，在欧洲诸多国家中英国表现

图 2-1　英国考茨沃兹地区乡村田园风光

图 2-2　英国乡村田园风光
斯坦福德（Stamford）地区

得尤为突出，英国风景园林也受其影响，从传统的直线式构图、几何布置等手法逐渐趋于自由、随和的设计理念，打破了其传统的风景园林设计准则。同时，保守乡绅的思想理念不仅在国际行事上有别于欧洲其他民族张弛的作风，在乡村景观（尤其是大型乡绅宅邸庄园中）也透着隐喻：即在自然风景中似有规则可循，规则却也总是隐退回环境。其中“隐退”的基础便是大片的自然草场、牧场与星星点点的牛羊群。从数据上看，英国的畜牧业相当发达，农用土地占国土面积的 77%，其中多数为草场和牧场，仅 1/4 用于耕种；农业人口人均拥有 70hm^2 土地，相当于欧盟平均水平的 4 倍（数据引自中国林业网）。这些数据足以表明，正是大面积片区的牧场存在，帮助英国乡村在自然风格的变迁过程中得以始终体现其独特的文化传统。

第二个要素是低密度森林。就天然森林资源这一项来看，英国的森林覆盖率并不高，数据显示英国当前的森林覆盖率约为 10.8%，这一数据远低于欧洲 33% 的平均水平（数据引自中国林业网）。这种现象源于两方面，一方面是英国本土的温带海洋岛屿环境，草木兴盛于林木，这在一定程度上为英国乡村随处可见的大面积草场、牧场奠定了天然基础；另一方面则归因于“工业革命”以后带来的环境变化。至少，15世纪以前的英国曾经是一个森林资源丰富、木材充足自给的国家。到了18世纪中叶经历了著名的“工业革命”之后，滥垦滥伐、毁林放牧等做法使得繁盛的森林资源几乎丧失殆尽，森林覆盖率最低时曾一度跌至5%左右。在两次世界大战之后，英国通过立法、人工造林，制订了恢复森林资源的长远规划，才逐步地使森林覆盖率恢复到当前10%左右的水平。因此，密度相对较低的森林覆盖与大面积草牧场相互交错，形成英国自身的风景性格。如果说草场、牧场是英国的自然“布景”，那么森林倒像是点缀于其中的“静物”，加上本就规模不大的错落村庄，一张颇具英式风格的乡村油画就此呈现开来。纵然，英国十分重视森林恢复与可持续发展，并由林业部门制订了严格的砍伐限制与未来长期的恢复计划，目标力争“在21世纪中叶使英格兰（England）的绿化面积增加一倍，使威尔士（Wales）的林地面积增加50%”（数据引自中国林业网）。但不管怎样，森林与牧场近两个世纪以来为英国乡村景观所奠定的风格，已经牢固地根植于本土环境与人们的观念之中。

第三个要素是著名的国家公园保护区体系。由于受到英国早期浪漫主义诗人对于英国田园风光赞美的影响，英国民众非常向往自然风光，但是由于英国城市郊区、乡村等地区当时实行土地私有制的原因而未向公众开放，这些土地大多在英国的皇室成员或私人手中。后来一些非政府组织先后进行了数次抗议活动，以为民众谋求更多的公众利益。20世纪初，在英国民众高喊进入乡村的浪潮中，议会于1949年通过了《国家公园与乡村进入法》，在国家统一管理运行的前提下将部分标志性的自然区域设立为国家公园。这也就促使了英国成立国家保护地体系，其中包含了对国家公园、英国遗产、自然保护区等进行保护的多种保护体系。国家公园保护体系的设立，使得英国在境内多处地区划分了国家公园。这一体系的设立时间远落后于美国、加拿大等国家，所映

图 2-3　英国乡村田园风光约克郡山谷（Yorkshire）地区

射出的是非政府组织与当局政府的政治斗争背景，而国家公园作为公共性质的空间更多地供大众使用也体现了其维护公众利益的特点。英国境内的国家公园与美国等国的国家公园有所不同，受限于英国较小的国土面积和较大的人口密度，英国的国家公园呈现出乡村性和半乡村性等特点，这使得公园所受到人类活动的干扰也更加频繁。例如英国的新森林（New Forest）国家公园，据不完全统计公园内部至今有一万多的常住人口，这也使其成为英国人口最多的国家公园。这样的现实状况也促使国家公园具备更多的生产性质以满足内部民众的生活所需。事实上，在英国政府所制订的国家公园发展规划中也着重强调了公园要促进当地经济的发展，这也造就了英国国家公园与其他北美国家公园的不同之处。建立时间较早且受人类干扰较小的北美国家公园所代表的是“保存派”的理念，建立时间较晚、受到大量人类活动干扰的英国国家公园具有更高的生产性，所代表的是“维持人类有益干扰”的“保护派”的管理理念。无论如何，英国国家公园保护体系在很大程度上帮助其奠定了今天乡村发展的环境基础。

第二节 造园传统与中国风的影响

今天，但凡到访过英国乡村，尤其是领略过那些乡间宅邸、大型庄园的人们，或多或少都能感受到其本土自然主义的造园传统对乡村景观产生的影响。英国素来具有自身的造园传统，并以“英国学派”的身份立足于外界，这种风格发轫于英国人那种潜在的自然主义倾向。这种倾向直到 18 世纪才从当时盛行的意大利和法国古典主义的层层覆盖之中开始显露出自己的独特性与艺术价值。这种倾向因逐渐形成一股流派而凸显，这是人们自发形成的，同时具有与英国文化相结合的特点。这其中至关重要的人物是威廉·坦普尔爵士（Sir William Temple），他不仅推动了流派的发展，更是首个在英国造园理论中讨论并推崇中国造园与“中国学派”的英国人。深受自然主义流派影响的英国造园风格，讲求自然风景，认为大自然不是人类的附属品，而是人类亲密的、具有同样价值的生活组成部分，大自然给人以无穷的趣味、新鲜感，并能陶冶人们的道德与情操。谢夫兹博瑞伯爵（Lord Shaftesbury）在其著作《道德家》（*The Moralists*，写于 1709 年）中将这种新的艺术倾向与哲学观念联系了起来。他认为，自然法则就像牛顿的天体学定律一样是普遍而永恒的；而生态学的

图 2-4　英国邱园的中国塔（图片来源：网络）

规律应能与帕拉第奥用在建筑上的数学关系之间取得和谐。这些理论与观念潜移默化地渗透在英国的乡村景观发展之中。

受到 18 世纪世界格局变化的影响，中国风被输出到了世界另一端，中国风对英国造园传统的影响，起初表现在将中国园林中的曲线形式运用到西欧的造园布局上。后来建筑师兼戏曲家约翰・凡布罗格爵士（Sir John Vanbrugh，1664—1726 年）打破传统，将各学派相融合，试图创造出一个全新的局面，他在设计霍华德城堡（Casyle Howard，1701 年）时，就认真考虑了人与环境的关系。18 世纪上半叶，这门崭新的景观造园艺术在各方面逐步显露出对逝去岁月的追忆和再现，对荒原旷野自然美的朦胧意识，以及对于空间的错综复杂的新感觉。斯蒂芬·斯威泽（Stephen Switzer，1682—1745 年）则是详细描述这种新原则的第一人。而亚历山大·波普（Alexander Pope，1688—1744 年）则深得要领，集中地概括了这种新的追求风格：令人困惑、惊奇，并使边界形式多样而隐秘。画家兼建筑师威廉·肯特（William Kent，1684—1740 年）和查尔斯·布瑞杰门（Charles Bridgeman，1690—1738 年）合作发明了“哈哈”（HA HA）：一种下沉的壕沟。利用这种做法，既能限定地产或公园的边界，又对观赏视线毫无干扰。正是肯特其人，从实践上创立了英国学派的独立性和完整性。

于是，独立于欧洲其他各国风格的“英国学派”逐渐走向成熟，发展成为英国自身独具特色的景观艺术传统，并渗透在从园艺造景到乡间规划等大大小小的内容中。用霍瑞斯·沃波尔（Horace Walpole，1717—1797 年）的话来讲，英国学派具有如下三个特点：

第一，使农场具有装饰性特征，将具备实用价值的空间升华到具有艺术风格的领域。

第二，迎合学者、画家和美术爱好者的情趣景致，以“如画”的森林意境来诠释、还原原始森林。

第三，讲求空间上的优化设计，创造能连接公园的花园，由“能人”布朗（Capability Brown，1716—1783 年）发展出合理的布局设计，并在汉弗里·瑞普顿（Humphry Repton，1752—1818 年）的传承中赋予了更理性的内容和形式。

在英国学派的几个特点中，与乡村景观发展关系最密切的就是“装饰性农场”（Ornamental Farm）。装饰性农场在当时以一种理论形式存在而得到较高的评价，只是这股理论在当时并没有产生立竿见影的效果，却在之后通过英国乡村颇具浪漫色彩的牧场景观而表现得淋漓尽致。将农场赋予艺术风格，并不是一种带有逃避现实色彩的艺术风格，在维吉尔的田园诗（Georgics of Virgil）中也曾体现出这种观点，诗中表达了农场或作坊可以被上升为艺术作品的观点，这样的风格在丹麦人赫宁（Herming）的现代化工厂中也能感受到。“风景如画”（Picturesque）成为英国景观风格的一个专有名词，但其艺术风格很大程度上取决于个人趣味，需要经过很长时间才能发展成熟，而且其表达方式往往不稳定，只有成熟的画家才能掌握其技巧，创造传世之作，却也从另一种角度赋予了风景创作者较大的自由，满足其个性化的表现欲。所谓“连接庄园的花园”表达，注重的是形式而不是内容。这是一种非常职业化的造园倾向，其规模宏大，操作起来程序清晰，能像建筑设计那样系统化，成果维持起来也方便。这种艺术经久不衰并广泛流传的原因有二：一是它能使身处陋室的公众，融入其空间并产生无限想象和认同的可能；二是在随处可见设计趋同的世界里，它能结合各异的自然条件创造出独特性的环境与建筑。用于实现这些意图而大量种植的树木主要有橡树、榆树、山毛榉、白蜡树和酸橙，而苏格兰松、落叶松则被少量地

图 2-5　英国霍华德庄园花园（Castle Howard Garden）

播种，用于形成不同的色调。有些新的品种，如雪松则是1670年从国外引进的。怀旧与个性精神，也在英国乡村景观中得以传达和延续。

中国风格对英国乃至整个欧洲景观的影响，以北京颐和园的修建为标志而达到了高峰。与一览无余的法国景园设计风格相比，颐和园的构图是非对称的，空间序列是逐步展开的，而尺度也是与树木相关而且近人的。中国皇宫本身采用非常严格的院落式布局，与人工的山水相比，皇宫各部分的安排形成了自身的自给自足体系，各得其所，宁静且具有私密性。与此相比，更为迷人的体验是每月一次的灯会。届时，园内外会挂满灯笼，热闹非凡。皇帝为了平衡人工山水和庄严的皇城，在他的私人生活区内追求宜人的尺度。中国有关景观设计的经典于1687年首先传入法国。1697年，莱布尼兹出版了《中国传奇》（*Novissima Seneca*）一书，书中高度赞扬了孔子的伦理观。

在接受孔子伦理思想的同时，以法国为代表的欧洲大陆已存在一种反专制反教会的思潮。这时，法国的凡尔赛宫廷本身也转向了这个逐渐渗入的东方新概念，当然追寻的原因有所不同。轻巧而带有幻想色彩的中国建筑，作为一种对古典主义的对比，为西方风格提供了一种带有逃避意味的方式，中国风开始与蔓延欧洲的洛可可风格（Rococo）融合在一起。在英国，威廉·坦普尔爵士于1687年出版了他的《伊壁鸠鲁的花园》（*The Garden of Epicurus*），他在书中盛赞了中国花园，赞美那种错综复杂的非规则性，并将“那些美感突出但无秩序可言……而且极易被观赏到的”地方命名为“霞拉瓦吉”（Sharawaggi）。1728年贝提·兰格里（Batty Langley）在《造园新原理》（*New Principles of Gardening*）中阐述了中国风格与理论。1757年威廉·钱伯斯（William Chambers）爵士出版了《中国建筑设计》（*Design of Chinese Building*）一书。

到18世纪中叶，中国风在英国已有了实质性的影响。不过，这种影响日后仅仅停留在花园设计的细部上，但这种做法也同时扩展到整个欧洲和北美殖民地。与中国贸易往来较多的瑞典，可能是较长时间保有这种在当时看来属于“新的设计风格”的少数欧洲国家之一。模仿者们并没能欣赏到中国传统园林的精神，更多的是一种象征主义的表现。西方的旅游者只看到了清王朝的一些巨构，对那些体现中国精神的设计作品领略得并不到位。中国的故事，特别是中国在景观设计观念上的那种情景交融的意念，对于欧洲人来讲是耳目一新的。欧洲人因此建造了无数雅致的景园、桥梁、栏栅和湖泊，包括一些石头假山和造型奇特的石洞。到 18 世纪中叶，英国学派处于鼎盛发展时期，在这个山水林木多姿多彩的国度，随处可见中国学派的设计理念与追求自然形态的英国学派互相融合。总之，一时鹊起，成就斐然。英国学派与中国风格的结合，一方面源于其与生俱来的对自然主义的尊崇，而中国风格中诠释的天人合一的理论，虽不能为英国所理解，却在另一角度迎合了英国对自然推崇的初衷，以至于今天不少人深入到英国乡间，尤其是在各类庄园宅邸中，都能寻觅到不少中国造景元素的痕迹。

第三节　农业革命的完成

在奠定英国乡村自然风景的一切基础中，有一个不可忽略的重要前提，即农业革命的彻底完成。到 17 世纪中叶，英国虽已建立起资本主义制度，但仍是个工业不发达的农业国家。当时的英国尚未大规模建立资本主义农场，农业耕作技术落后。如何在这样一个农业国里开展资本主义近代化，成为一个重要问题。众所周知的英国工业革命，其发展必须依靠农业，不完成农业革命，就缺少工业革命所必需的充足的粮食和原料、大量的自由劳动力和资本，以及广阔的国内商品销售市场等先决条件，也就难于开始工业革命。因此，在还未开始工业革命之前，英国先进行了农业革命，也奠定了其大规模乡村发展在土地、产业、生态和生活等方面的重要基础。

英国进行农业革命，着重做了三个方面的工作：

第一方面，是土地所有制的改革。英国农业的资本主义发展道路很独特，采取以资主义大农场制度取代小农制度，即剥夺小农土地的“圈地运动”来发展资本主义农业，这是英国农业革命的一个显著特点。英国圈地运动虽从15世纪末叶开始，但在1640年资产阶级革命以前，圈地运动因严重损害封建经济基础而一直备受阻碍，致使英国的农业革命遇到很大的阻力；直到资产阶级革命时期，特别是在资产阶级革命胜利后，圈地运动被合法化，从而加快了发展步伐；至17世纪末，英国土地贵族和乡绅约占有耕地的70%以上。自此以后，贵族与乡绅除继续圈占农民耕地之外，还大量圈占农民使用的公地（即荒地）。土地的所有者都不同程度地将土地租给农场主经营，自己坐收资本主义地租。这种采用雇佣劳动制的资本主义农场制，迅速地取代了当时的小农制度。因此，英国的自耕农群体很可能自18世纪中叶就已经消失，虽然这个问题至今还保有争论，但学术界普遍认同：英国自耕农的衰落在1770年左右已很显著。也就是说，大约在18世纪70年代左右，英国已基本完成了土地所有制的变革，并在此基础上飞速地扩大了耕地面积。自耕农消失的问题之所以重要，是因为自耕农逐渐消失的同时，因大农场的竞争和排挤及小乡绅的纷纷破产，土地大量落入大乡绅、贵族、商人和企业家的手里，从而形成大地产。据统计，仅在1740—1788年间，英国中小型农场就骤减了4万个，剩下的大多是在200英亩以上的大型农场。就当时的情况来看，英国资本主义大农场之发达，是世界上独一无二的，也因此奠定了今天我们在全英境域内所领略到的田园牧场景观的基础。

第二个方面，是在土地所有制变革的基础上开展农业技术革新，这是英国农业革命的又一个特点，也是使英国农业从落后转变为先进的关键之一。至少，在17世纪晚期之前，英国的耕作方法相当落后，依然采用古老而粗放的三年轮种制度，加之缺乏谷物良种、肥料与水利排灌，农业产量一直很低。英国为了改变农业落后的面貌，由政府出资补贴，鼓励农场主进行农业技术改革，刺激了农场主自发摸索技术革新，以提高粮食产量。其中个别农场主甚至因试验成功而获得厚利，如塔尔、汤森等人的"新法轮种"等，各郡贵族因此竞相效法，在全国掀起了一个开发土地与农艺改革的热潮，这样的社会现象在当时的欧洲大陆是难得一见的。在利益的驱使下，各地贵族修筑道路，开凿运河，疏干水地，在圈占地上兴建资本主义近代化大农场，大兴农业技术改革的试验，以不亚于对待商业、手工业一样的热忱投资于农业。在当时，几乎所有的土地持有者和租地农场主，都想通过农业技术改革来增加收入，使得对农艺学的摸索发展成为一项自觉的对科学应用的探索，农业技术的进步和对农艺学自觉的科学应用，显著提高了耕地的单位面积产量。此后，特别是进入18世纪以来，英国的整体农艺和农业技术都有了很大改进，也从另一个层面奠定了以现代化农业为基础的乡村发展格局。

第三个重要方面体现在管理经营方式的改革，即把单一经营的农场或牲畜养殖场改变成多种经营的综合农场。将种植业与牲畜饲养业紧密结合，是英国农业革命的又一个重要特点。在18世纪以前，英国社会普遍认为种植业与牲畜饲养业是不可兼得、相互排斥的产业，因而农场和牲畜养殖场都是单一经营的。直到18世纪初期，实践证明农场可以采用轮种的新方法，既能有效提高粮食产量，又能解决扩大牲畜饲养业生产所需要的冬季饲料难题，还促成了牲畜饲养方法的改革：将过去在休耕地上随意牧放牛羊，改为圈在有牧草和根块作物的栏里饲养。这非但不影响谷物栽培，反而为谷物的种植提供了大量肥料，因而使许多农场都将种植业与牧畜饲养业紧密结合起来，发展成从事农畜业生产的综合性农场。随着农畜综合农场的兴起和发展，不仅显著增加了牲畜的数量，饲养方法也进阶得愈加系统化，并且推动人们去研究如何对牲畜进行科学培育，提高牲畜的质量。到18世纪中叶，英国凭借自身农业取得的实质性进展，一跃成为“欧洲的谷仓”。这种将种植业与牧畜饲养业紧密结合发展而来的综合性农场模式，不但被视为典型范式，受到其他欧洲各国的效仿，也构成了今天英国乡村产业模式的基本雏形。

从上述内容来看，英国农业革命在这三方面的改革是不可分割的有机整体。它表明了英国资产阶级、新贵族如何以剥削的方式确立资本主义大农场制度，从而取代传统的封建农业关系；另一方面，正是通过这些改革，推动了英国在全境范围改进农村中的经济结构、阶级配置、生产技术、经营管理和整个农业体系，比较彻底地完成了农业革命。近代的英国社会发展始于广大农村及其产业结构，摆脱了中世纪的封建形态而步入资本主义化结构，是英国在近代化道路上所取得的一个重大胜利。可以说，英国的农业革命与其乡村发展结构特点密不可分，更是隐藏在英式乡村自然景观视觉之下，正确理解英国乡村发展的核心要素之一。

第四节　绘画艺术中的自然主义倾向

英国本土的绘画艺术对乡村景观的发展影响很大，不仅树立了自身独有的风景画传统，也渗透并影响着英国人的乡村观，并在日后发展为一种本土文化的认同性而长期存在。伴随着工业革命带来的全面变化的社会形态，英国的绘画艺术在18、19世纪进入具有转折性发展的高峰时期，其中有三股绘画流派对当时的英国社会产生了较大影响，深远至今，分别是：浪漫主义绘画、风景画和拉斐尔前派。这些艺术流派及其风格，在很大程度上影响了英国乡村的自然风格与呈现方式，隐喻地诠释了乡村自然与绘画艺术之间的密切关联。

4.1 英国浪漫主义绘画

浪漫主义绘画，在英国的美术史中它属于历史画的一部分，所画的内容题材主要涵盖了古代传说、圣经故事和文学作品。浪漫主义在文学和艺术上的流行主要是受18世纪英国工业革命的影响，这场革命在某种程度上对英国的社会阶层关系有所颠覆，同时也确立了人作为独立个体所具有的价值，艺术作品更加重视不同方面、不同题材的内容运用于艺术表现当中，其中也包括科幻、惊悚，甚至是略显丑态的题材。其间有这么几位艺术家及其作品值得关注。

亨利·弗赛里（Johann Heinrich Füssli，1741—1825年），出生于瑞士苏黎世，父亲是当地有名的画家，同时也是一位艺术史家。弗赛里早年曾在神学和艺术方面进行过学习。1764年，由于政局动荡，他离开瑞士去英国伦敦定居。他同时也是一位作家和思想家，所以他的绘画作品中也充满了理性、对哲学思考的内涵，无论是素描还是油画，结构与构图都非常复杂。1770—1778年，弗赛里在意大利继续学习，1781年的作品《梦魇》获得英国皇家美术学院认可，1790年他正式成为英国皇家美术学院的一

图 2-6 亨利·弗赛里自画像（图片来源：网络）；

图 2-7 《肖汉姆的花园》（图片来源：网络）

2-6 | 2-7

图 2-8 《梦魇》(局部)
(图片来源：网络)

图 2-9 《梦魇》(局部)
(图片来源：网络)

员。其代表作品有《提泰尼亚从梦中醒来》(1785—1789年)、《弥尔顿画廊》等。

威廉·布莱克(William Blake，1757—1827年)，是英国浪漫主义画派的代表人物之一，也是一位著名的诗人。1757年布莱克出生于伦敦，父亲是一位商人。少年时期并没有美术学习经历的他开始学习雕版技术，他的主要工作内容也是根据图书出版商的要求制作书籍的装帧，也会给自己的诗词创作插图作品，以水彩画和淡彩画为主。政治上，他对英国的现实状况非常不满，同情法国大革命。他生平曲折坎坷，这样的经历和政治立场态度也反映在他的绘画作品上，作品带给人神秘的宗教色彩。从他为莎士比亚和弥尔顿的作品创作插画中可以看出，每幅插图除了反映作品本身以外，也具有其自身的思想和意义。布莱克的代表作品包括《耶和华创造亚当》(1795年)、《死亡之屋》(1795年)、《怜悯》(1795年)、《生命之河》(1805年)等。暮年时期的布莱克主要为但丁的《神曲》创作插画，但是直至去世都没有完成。布莱克也深受很多年轻艺术家喜爱，其中最为出众的是帕尔默(Samuel Palmer，1805—1881年)，他少年时期的作品就曾在皇家美术学院展出。布莱克去世之后，帕尔默经常一个人住在偏远的小村庄。帕尔默的作品主要以风景画为主，充满着梦幻与诗意又带有一丝忧伤的情怀，主要作品有《清晨》(铜笔水墨画，1825年)、《肖汉姆的花园》(水彩，约1829年)等。

在这些浪漫主义绘画作品中，人们都能寻觅到淡淡的悲情与怀旧的哀愁意味，或许既是源自当时的社会时局与创作者的自身境遇，又是绘画者们普遍寄情于景的一种表达方式，但这种方式却在无形中催生了英国风景画的发展，并深远地影响到本土的自然景观。

4.2 英国风景画

英国风景画的发展最直接地影响了自身乡村景观的发展，在整个英国美术史上举足轻重，对整个西方美术也产生了推波助澜的作用。这一流派的主要代表人物是威尔逊和庚斯博罗，他们的创作内容主要描绘了当时英国绚丽的自然风光，画风受到意大利古典主义和荷兰自然主义风景画的熏陶，将风景画这一在过去是极为“小众”的题材逐渐发展成为和其他被人们推崇的肖像画、历史画相提并论的流派。特纳和康斯太勃尔则将这一流派发展到了顶峰。英国风景画的其中一个分支是英国的水彩画，它发源于地志画，运用盛行于欧洲的水彩技巧和材料，这一分支在拥有湿润气候的英国广受喜爱，造就了一批以水彩画见长的风景画家。

理查德·威尔逊（Richard Wilson，1714—1782 年），出生于威尔士，1757 年前往意大利并开始学习古典主义绘画，他主要的绘画作品多是描绘罗马的自然风光，作品反映出意大利古典主义的表现特征。1758 年他回到威尔士，并用古典主义的表现手法来描绘英国本土的自然景色。从他的作品中人们已经可以看出自然主义的某些特征，但由于受古典主义的影响深刻，其作品没有完全打破传统的束缚。其代表作品有《河上的荷尔特桥》《溪谷》等。

托马斯·吉尔丁（Thomas Girtin，1775—1802 年），这位年轻的画家人生仅仅走过了 27 个年头，但却是英国水彩画的重要代表人物之一。他用色大胆，突破了素描淡彩的传统绘画形式，创作出运用大量色彩来表现丰富画面的水彩画风格。他的水彩风格深深地影响了特纳及以后的诸多画家。其主要作品有《德文郡克塞河上的彩虹》（1797 年）和《北威尔士道尔格里附近的凯因瀑布》等。

约瑟夫·马洛德·威廉·特纳（Joseph Mallord William Turner，1775—1851 年）是英国著名的水彩画家，1775 年出生于英国伦敦的普通家庭。青年时期的特纳酷爱绘画，14 岁便进入皇家美术学院学习绘画，并于第二年展出了自己的水彩画作品。1793 年特纳创立了自己的绘画工作室，并于 1796 年完成《海上渔民》这幅广受关注的作品。这幅画以暗色调为主色调，特纳充分发挥自己的特长，借用光的特征将画面中心聚焦在画面左侧，

图 2-10 《海上渔民》
（图片来源：网络）

通过描绘光与空气的微妙关系来表达自己的心理情感。1799 年特纳成功进入皇家美术学院，成为皇家美术学院最年轻的候补委员。特纳不仅仅是单纯地描绘自然风景，他的绘画作品也贯穿着他的哲学思想，通过对壮美大自然的描绘，以此反映人生的转瞬即逝。他曾经游历意大利，也受到了意大利传统古典主义的影响，晚期专注于对大海的光与色的描绘，他仔细研究海面上光的变化，天空、云彩的变化，以及天气的不同特征，将大海表现得悲壮而富有激情。在色彩的表现上，他又有浪漫主义的表现手法。他是英国历史上最为卓越的绘画大师之一，与康斯太勃尔一起，并称为英国绘画史的两座里程碑。其代表作品有《雪暴：汉尼拔率军翻越阿尔卑斯山》（1812 年）、《国会大厦起火》（1835 年）、《奴隶船》和《蒸汽和速度——大西方铁路》（1844 年）等。

图 2-11 《蒸汽和速度——大西方铁路》（图片来源：网络）

图 2-12 《跃马》（图片来源：网络）

图 2-13 《弗莱福特的磨坊》（图片来源：网络）

特纳作品的艺术特征：用风景表现出哲理性艺术主题。善于表现大自然独特时刻，如暴风雪、火灾等。在他的作品中客观物象已失去原有的意义，画面是以物象为契机，表现光、色、自然空气为主要目的。他最擅长海景表现，把大海看成是可怕的、永恒的自然力量之一，还对动态转瞬即逝的气氛十分迷恋。今天但凡到访过英国乡村的人，都能感受到特纳绘画与乡村风光的情感联系，很难说究竟是乡村的自然风光影响了特纳，还是特色的绘画塑造了英国的乡村景观意境。

约翰·康斯太勃尔（John Constable，1776—1837 年）出生于英国萨福克（郡），萨福克风光秀丽，景色宜人，家乡美景也为他一生的艺术风格奠定了基调。1799 年约翰·康斯太勃尔进入皇家美术学院学习，他认为风景画所要表现的内容必须以观察的真实性为基础，所要做到的是对自然效果的纯粹把握。他抛弃传统的油画褐色调子，让自然中的草地和树木恢复青绿色的色彩本性，出色地表现了阳光和湿润的空气，具有生活气息和真实浓厚的乡土气息。他在仔细观察和热情描绘大自然的过程中发展了油画技法，使用点擦笔触、短而分离的碎笔触来画大幅作品，表现出奇特的效果，用色直接影响到印象派画家。在英国诸多画家当中，他在油画造型表现力方面也是最为出色的画家之一。当时康斯太勃尔的绘画作品并没有得到英国美术界的认可，直到 1829 年，已是两鬓斑白的他才进入皇家美术协会。但他的绘画却在法国得到广泛认同和赞誉，有人称他为“现代风景画之父”，他的风景画作品可以算作是现实主义风景画的代表，代表作品有《跃马》（1825 年）、《德汉山谷：黎明》（1811 年）、《弗莱福特的磨坊》（1817 年）（图 2-13）、《干草车》（1820 年）等。

4.3 拉斐尔前派风景绘画

如果对拉斐尔前派，包括这一画派的主要成员的绘画作品稍作浏览，便能发觉其中透露着浓厚的自然主义美学倾向。可以看出，在这些成员长时期的艺术创作过程中大多关注自然之美和艺术呈现，对自然艺术的审美关注与表现始终是他们创作的主要内容，究其原因主要是受当时的社会背景、思想观念的影响。当然，拉斐尔前派风景绘画对于自然之美的热爱不仅能从风景画中看出，在肖像画和风俗画中也有所表现。但在风景绘画艺术风格中，自然主义美学的倾向是表现得最浓重的。

拉斐尔前派最先是由画家但丁·加百利·罗塞蒂（Dante Gabriel Rossetti）、威廉·霍尔曼·亨特、约翰·埃弗里特·米莱

图 2-14 拉斐尔前派艺术作品（图片来源：网络）

图 2-15 拉斐尔前派艺术作品（图片来源：网络）

（John Everett Millais）、詹姆士·柯林森（James Collinson），雕塑家托马斯·伍尔纳（Thomas Woolner），还有艺术批评家弗雷德里克·乔治·史蒂芬（Frederic George Stephens），以及批评家威廉·迈克尔·罗塞蒂（William Michael Rossetti）等人在伦敦组成，最初绘画流派中多是年轻人，相较于其他绘画流派而言更加自由。此外，有一些画家和艺术家并非流派中的成员，如福特·马多克斯·布朗（Ford Madox Brown）、克里斯蒂娜·罗塞蒂、但丁和威廉的妹妹伊丽莎自·西德尔（Elizabeth Siddal）、但丁·罗塞蒂的模特，以及威廉·莫里斯的妻子简·莫里斯（Jane Morris）等人，但因作品画风相似，也被艺术史学家归类为拉斐尔前派。

英国工业革命对自然和环境都产生了重大的影响，拉斐尔前派艺术风格就是在这样的社会背景下产生的。从绘画作品中可看出他们更多地关注自然之美。到 19 世纪中期，工业革命也经历了近百年。此时，人们逐渐意识到自然与人类存在的内在关系。早些年就曾有思想家担忧工业化所带来的负面影响，如环境污染、过度城市化等问题。约翰·拉斯金在去世前曾描述过工业化所带来的变化将影响整个时代。在工业革命中获益的人们还盲目而自信地认为，工业化带来的一切变化是自然进步的结果。拉斯金对此并不认同，他认为自然环境的破坏以及城市化所引起日益凸显的社会问题，都是人们在获得经济利益的同时所付出的代价。事实上，拉斐尔前派的绘画作品中所表达的内涵也受到了拉斯金思想的影响，如果想要更深刻地理解拉斐尔前派，对于他们之间关系的了解是必不可少的。因此他们的作品更像是对当时社会不满情绪的宣泄，创作的内容有不少都关注乡村自然景观，呈现自然美学意味。可以说，这样的自然创作主题成为当时人们借以逃避城市喧嚣的精神庇护，英国的“乡愁”意味也因此而产生。

第五节　英国乡村的保护与利用

著名诗人徐志摩曾于1928年作诗《再别康桥》，赞美康桥边的金柳与桥下的碧波，成为一个异乡人描绘英国乡村美景的真实写照。九十多年过去了，这些风景与九十多年前的诗人所见，并无太大不同。工业革命时期，英国的自然环境遭受到很大的破坏，城市对于周边环境不断扩张，但其乡村景观依然保存完整，这很大程度上有赖于英国政府在第二次世界大战后，通过分阶段有序的政策指引，致力于维系乡村地区高品质环境和生活质量，从而积极带动了乡村经济社会的可持续发展。这些措施主要体现在以下几个方面：

第一，以适度的空间管制来保护乡村自然景观。如上文所介绍，英国早在1947年就制定了《国家公园法》，并以此为指引，在乡村地区划出供大众使用消费的国家公园或自然景观地，并交由国家机构拨款，具有公共属性。大多数自然景观地则交由地方和乡村委员会等非政府组织管理，各种基金资助的方式运营，其中多具有私人产权性质。针对这一类地方空间的规划，根据共用和私有的不同性质，分别制订了详细的空间管控措施，明确限制开发。总体来看，英国境内大面积的国家公园和自然景观地，几乎占据了全国国土1/4的面积，为英国乡村保护文化和生态多样性、提供多种经济活力和宜居社区的自然景观贡献了不可忽略的力量。英国政府也因此在空间管控的基础上，适度地开发相应的旅游项目，从根本上保护了乡村片区所在地的国家自然景观。

第二，以完善灵活的保护体系延续历史风貌。英国较早建立了国家级别的统一保护系统，强调对乡村特色、有历史意义的、有考古价值的历史环境予以保护，其中包括具有考古价值的耕地。在一系列的发展体系中，最著名最富有成效的是英国的乡村保护协会（The Campaign to Protect Rural England，简称CPRE）。该组织举办了多种活动，促使了英国颁布多个针对环保行之有

图 2-16 英国考茨沃兹（Cotsworlds）地区乡村田园风光

效的法令条文，例如 1947 年的《城乡规划法》（*The Town and Country Planning Act*），以及 1955 年的《绿化带建设法》（*Green Belt Circular*）等，其对于欧盟环保法令的颁布也产生了深远的影响，也因此，英国的乡村保护协会成为久负盛名且具有一定影响力的环保组织。在各种保护体系的发展过程中，英国政府逐步取消了过于繁冗的归类、登记、调度处理等过程，合并历史建筑、纪念区、保护区等的管理制度，引进新的法定管理条例，为乡村历史环境提供更多更灵活的保护，并通过加强地方规划部门的权力，开展规模合理的规划咨询，减少乡村历史环境保护的不确定性，防止其遭到破坏。同时，也进一步提高公众对于制定国家保护系统的参与程度，为地方政府和组织提供关于乡村历史环境保护的培训，提高社会对乡村历史环境保护的认知与应对能力。

第三，以乡土文化为核心推动乡村经济的全面发展。英国政府从战略层面对乡村生态农业和旅游业等产业发展给予支持，例如对于乡村基础设施的更新、完善相关法律条规、建立相应的评价评估机制，加强管理监督，提供资金支持等措施，促进乡村地区更好地发展。到 20 世纪 90 年代，英国还专门成立了环境、食品和农村事务部，对于所涉及的环境问题，包括水、土壤、空气等进行有针对性的统一管理。在具体的实践中，充分发挥产业协会和组织的作用，为农场主提供产业发展的建议。在具体产业项目研发方面，注重挖掘乡村中传统生产生活所蕴含的独特魅力，以乡村别舍、老酒馆、邮局、面包店或者当地的工艺、民俗故事甚至民间节日等无形文化遗产作为核心，通过旅游项目体现乡村社区的多样性和个性，发展偏僻乡村的旅游产业。

正是经过多年的引导，英国乡村经济和社会快速发展，尽管乡村的面积并未大范围扩张，但各地区之间逐渐呈现出个性化和

图 2-17　英国斯坦福德（Stamford）地区乡村田园风光

图 2-18 英国湖区风光
(Lake Distric)

多样化的特色，乡村逐步开始成为吸引人流和资本的重要目的地。人们对田园生活的日益渴求也使英国田园乡村的品牌更具吸引力，使英国成为欧洲唯一的人口从城市到乡村“逆向流动”的国家。据英国乡村生活指数机构作出的权威调查，生活在英国乡村的人们对生活更加乐观，相对于城市居民，他们对经济、安全、教育等问题的担忧更小。应该说，纵观英国一个多世纪的乡村发展路径，同样经历了从最初关注形式与美感问题，转向了更加注重乡村地区现实问题和发展需求的关注。与此同时，英国政府也一直坚持乡村发展的基本理念：适用于乡村发展的规划须满足社会与生态的可持续性；认为正确认识都市和乡村两种存在模式的内部联系，才能更好地理解两者之间的关系；同时，更加注重对自然、和谐、美丽乡村景观的保护。

第三章

美国浪漫郊区运动[1]

1　本章主要内容由作者译自《Jour. of the Soc. of Arch. Historians》，May 1983, Vol. XLII No. 2，李嘉乐校。承美国得克萨斯 A&M 大学 19 世纪风景建筑史专家 Nancy J. Volkmau 教授提供原文。谨此致谢！

第一节 浪漫郊区的定义

19 世纪五六十年代的美国浪漫色彩郊区，传统上被认为是至少在此以前四个现象的结果：浪漫主义的公墓规划、风景如画的英国都市公园、安德鲁·杰克逊·道宁创立美国风景园艺的“乡村”风格的有意识的努力，以及民众日益增长的深居简出和对家庭生活的兴趣。但美国浪漫色彩郊区的原型之一早已在英国存在，不仅存在于公园，也存在于休养胜地和主要都市的郊区。根据下面推荐城市郊区的种种意见，城市郊区能提供乡村和城市两者的优点而消除各自的不足，能形成上等居住环境。

郊区是“既具乡村环境又能享受很多都市便利的独立住处”的社区——1871 年，弗雷德里克·劳·奥姆斯特德（Frederick Law Olmsted）如此描述美国社区规划中一种还不到 20 年的浪漫色彩的城乡组合。早在 1857 年，《粉笔画》（*The Crayon*）杂志就载文认为，位于西俄勒冈的卢埃林（Lewellyn）公园是“就我们所知，在此国家可以开创乡村生活和风景园艺新纪元思想的萌芽”，是“风景园艺师的艺术”尽善尽美的新阶段。差不多一个世纪以后，克里斯托弗·图纳德（Christopher Tunnard）在一份初步研究报告中持赞同态度，称卢埃林公园是“第一个浪漫色彩郊区式的社区”，并指出它的设计是由安德鲁·杰克逊·道宁（Andrew Jackson Downing）和亚历山大·杰克逊·戴维斯（Alexander Jackson Davis）建立在“基于风景画式的园艺原则之上的一个完美景观”。图纳德也提及伊利诺伊州的河滨规划（Olmsted，Vaux&Co.，1869 年），称其形式可推前到奥姆斯特德早期在中央公园（1858 年）的景观作品，甚至追溯到约瑟夫·帕克斯顿（Joseph Paxton）在英国为伯肯海德公园（1843 年）所做的设计。但图纳德并没有探索卢埃林公园或河滨设计中将都市和乡村特点结合的优点。此后的那代历史学家同样没有关注这一问题，而探索其他与美国郊区规划的起源有关的思想和先例。这一过程明显地始于1811年伦敦的摄政公园，这个为人熟知且很重要的浪漫主义的都市规划的例子[1]。此后，相关的研究脉络包括19世纪20—40年代英国的胜地、郊区和都市公园（其中的许多已被美国考察者研究过）。美国早期的浪漫主义规划实例出现于19世纪30—50年代，后来出现了卢埃林公园和河滨设计。除了展开这个迄今尚未探索出结果的历史上的例子之外，本文笔者的更大的目的在于论证这一对概念——“乡村和城市”——在这个新的美国规划类型——浪漫色彩郊区形成中所起的作用，并企图汇集并调和在西方思想史上频繁重现的这两种概念。而自从美利坚合众国诞生直至19世纪中期，美国人一般认为城市和北美的占优势的村野风景是不相容的。直到19世纪40年代，诗人、小说家、旅行者、社会学家和建筑师才开始提出，如果消除城市和乡村各自不吸引人的地方，两者是能够在和谐中兴旺发达的。到了19世纪五六十年代。企图获得的这种新型、混合的环境成了美国浪漫色彩郊区的最初原型。

1 编者注：伦敦的摄政公园（Regent’s Park）原是皇家狩猎场的一部分，大部为农田和牧场。1811年纳什（Nash）为瑞金特王子（后来的乔治四世）设计成一组精致的建筑群环绕着一座149hm^{2}的公园，并沿波特兰广场和瑞金特大街直达2km以外的圣詹姆士公园。建筑是别墅风格的，有绕屋的外廊；1838年向公众开放，公园则发展成典型的维多利亚式，内有花园、湖泊、音乐台、露天剧场、体育场地、植物园和动物园

第二节　浪漫郊区的类型

四种英国的规划类型（详情参见第一章“英国的先例”），即19世纪20—50年代许多美国旅行者所观察到的实例，构成了美国浪漫色彩郊区的重要先例。在英国先例的基础上，美国郊区的发展又衍生出很多独有的特征。

方便的交通是几乎所有的美国郊区，尤其是那些要将对城市生活的亲近与自然风景的舒适结合在一起的郊区诞生的共同因子。其实，能可靠地运送“往返市民”、畅通且在未来居住者平均收入承受范围内的铁路，不仅要先于大多数郊区（包括除这里讨论的一个例外的所有郊区）的建立，而且也是让它们的成功最基本的条件。早在1831年，查理·卡尔德韦尔就预言铁路将把城市和乡村联为一体：“所有美国人，……将体验所有的益处，只会带

来很少的人口拥挤的弊病。……他们将享受大量的城市的知识、文雅和完善，加上乡村的优点和纯洁。”1/3 个世纪后，建筑师乔治·沃德瓦宣称“铁路和渡船将使实现郊区的理想成为可能”，住在乡村并享受它最舒适的环境，而不放弃城市及其相关的商业便利。

美国最早为“往返市民”设计的郊区规划整齐，并特别注意当地的自然美，斯坦顿岛上的新布莱顿便是其中之一。发表于 1836 年的一份计划书就吹捧这一景观“场所美丽，视野广阔，气候有益健康”并与它南部的曼哈顿之间“整天都有两艘漂亮的汽艇快速往返”“从事繁忙事务的人们可以放弃劳作和经商的忧虑，回到安静而无干扰的家中”享受“在马路上秩序井然的自由驰驱”以及“垂钓和比赛”，这些活动“比比皆是”。这份计划书包括一个规划和建议发展的景观，可能是由生于英国的建筑师约翰·哈维兰（John Haviland）设计的。这一郊区的中心部分由 3 排平行排列于水边的别墅组成，最高处是一排月牙形的大而庄严的住宅，所有建筑均可俯瞰纽约海湾的动人景色。水边是小型的“浴室”，西部较远处有两座大型旅馆，所有这些都给这一郊区注入了“风景区”的特征。

像新布莱顿的郊区那样，埃弗格林·哈姆莱特（Evergreen Hamlet）规划没有包括弯曲而美化的林荫道，这在后期的郊区中则很普遍。然而其场所——在匹兹堡（Pittsburgh）北部小山的山脊和峭壁上——确实风景优美。1851 年设计的这一村落体现了中产阶级以及乌托邦社区的特征。6 位最初的创建者（专业人员和在匹兹堡经商的商人）每天在木板路上往来，最后可在靠近本尼特（Bennett）站的地方乘火车。他们希望“若有可能，综合乡村和城市生活的一些优点；同时，避免两者的不便和弱点”。这一社区由一家私人机构管理，它将家庭数量限制在 16 户，并共有一个 $50hm^2$～$150hm^2$ 的农场、牛奶场、果园、花园和牧场。

图 3-1 美国旧金山黑鹰小镇——最早的旅游地产小镇之一

俄亥俄州的格伦戴尔郊区也许是按道宁为“乡村村庄”所提建议而设计的第一个作品，设计于 1851 年，邻近有为辛辛那提“往返市民”设置的铁路线。1851 年 3 月，一篇地方报纸的文章建议像道宁那样将郊区中心的土地留作公园，用树木和灌丛装饰，道路和场地依该地的“自然优点”来安排。不久以后，30 人的格伦戴尔联合会成立起来，并将 $200hm^2$ 土地用于郊区居住区。罗伯特・C・菲利普所做的规划完全依照道宁和那篇报道的建议：$1hm^2 \sim 2hm^2$ 的私人区、四座公园和一个湖泊都由沿景观轮廓线的曲折道路相连结。

1857 年，杰德・霍特奇斯（Jed Hotchkiss）这位圣路易斯的工程师和风景师为伊利诺伊州的森林湖社区做了一个相似而别致的规划。这一场所于 1856 年为森林湖联合会所购得，将 $50hm^2$ 留作建立长老会的高级学习机构，其余售作私人居住区。该地位于密歇根湖畔和西北铁路线之间，与芝加哥往返方便。霍特奇斯的规划利用了可俯瞰森林湖的 15 ~ 30m 高的陡壁、几条深谷以及其他轻度起伏植满树木地带的有利条件，由绿化带镶边的弯曲的林荫道连结学院大楼、公园和宽敞的居住区。

1853 年，卢埃林・哈斯克尔（Llewellyn Haskell），纽约市

图 3-2　美国盖蒂别墅
（Getty Villa，孟乐摄影）

的一位患有风湿病的药品商，出卖了一块有益于健康的场地用于乡村居民区建设。他在俄勒冈山区选择了一处地方，与 19 世纪 20 年代已开放为风景胜地的两个矿泉十分接近。在以后的 3 年间，亚历山大 · 杰克逊 · 戴维斯为哈斯克尔进行了建筑改进，也在毗邻地区为他本人建造了一个避暑别墅。一张 1856 年的地图表明在哈斯克尔和戴维斯别墅西南面的两个地方有一些经过广泛美化的、额外的居住区，有曲折的车道、林地、溪流和池塘。翌年，一份平版印刷的改进规划问世，展示了用作“别墅场地”的新增区域，不久前从英国返回的霍华德·戴尼尔可能部分地负责了这份计划。同时，《俄勒冈学刊》刊登了一份公告，宣布“庄园场地每座 $5hm^2 \sim 10hm^2$，”并首次将这个社区定为一个完善的“往返市民”郊区：精选的这个地方，乘火车到纽约市不到 1 小时，可特别满足在城市就业并要求在乡村的易接近、幽静、有益健康的地方安家的居民需要。该社区以“风景园艺的现代自然式样”进行设计，具有可供观赏的美丽风景，居民区的僻静由“入口处的门房和看门人”进行维护。

到了 19 世纪 50 年代中期，乡村和城市的结合已是美国郊区规划的一条确定原则。当一批东部商人于 1868 年与奥尔默斯特、沃克斯公司就芝加哥南部河滨的一片土地（他们建议发展为一个郊区）进行洽商时，他们当然认为设计应当综合“都市和乡村的优点”，风景建筑师也一致赞成。翌年，奥尔默斯特和沃克斯搞了一个规划，包括芝加哥“往返市民”使用方便的铁路，以及稍作弯曲的车道“以使人联想并含有闲适，沉思和幸福安宁之意”，还有经过美化的开放的“公共场地”用于娱乐。1871 年，建设者自己的宣传材料再次使乡村和城市的结合明朗化：河滨的设计方式“综合了城市的便利——即煤气、水、公路、步道和排水系统——和风景园艺所有的美以及乡村的基本优点”。事实上，他们认为社会和文化在这里将远比在城市繁盛。

在河滨的生活……是城市中无法满足的文明风雅的顶点，是滋长更高级文化的肥田沃土，这种文化只可能在艺术、自然以及综合各种各样乐趣的同类社会中得到，而不会在城市住宅的高墙之间产生；为男人、妇女和小孩提供了一种比城市家庭更充实、更自由、更幸福的生活。

不久之前在设计摄政公园时还只是朦胧的东西——综合乡村和城市的期望——业已变成一条明确的原则，河滨和其他的美国浪漫色彩郊区正是依据这一原则建设的。尽管 19 世纪上半叶在英国的胜地、郊区和公园中已部分地实现了这一转化，但这一转化在该世纪中期的美国郊区中，通过下述两种情况的结合才得以完成：第一，美国人很好地认识了英国的先例；第二，或许更重要，人口、商业和工业的不断膨胀开始迫使人们调节乡村和城市环境。人们试图通过创造乡村和城市这两个世界的最佳综合体来解决两者之间的冲突，美国浪漫色彩的郊区因此而得到了发展。

第三节　浪漫郊区的动力因素

美国浪漫郊区的最大特征是与城市化同步。自 1815 年，美国就已经开始了郊区化的进程，然而在 19 世纪，城市化仍然是美国城市发展的主流。经历了 19 世纪急速的发展，20 世纪初，美国的城市已经比世界任何国家的城市都更加现代化。在 19 世纪初，东北部重镇芝加哥还根本不存在，而到 20 世纪初，经过一百年的发展，它已经跻身世界特大城市之列；在 1800 年纽约还是个哈德逊河沿岸的小市镇，而到 100 年后的 1900 年，这里已是仅次于伦敦的新的金融之都，跻身世界第二大城市。进入 20 世纪，美国城市化进程也没有放慢脚步，新的城市诸如盐湖城、底特律等都在不断涌现。但 20 世纪初期的美国，已基本实现了城市化，随之而来的是美国社会郊区化的萌芽和形成阶段，郊区化进程在第二次世界大战结束之后大大加快，进入爆发式发展阶段。现阶段，全美有近 1/5 的人口生活在乡村，乡村面积更是占美国国土总面积的 95%。那么，为何美国在经过几代人奋斗，好不容易将荒芜的新大陆打造成现代化的城市国家后，又决意转变它的轨迹向乡村化发展呢？这究竟是城市演变的自然规律，还是国家政策导向所致？

美国政府制订了特别的住房与税收政策，浪漫郊区运动使得一大批中产阶层成为最大的受益者，同时这也见证了美国这一阶层的形成和崛起过程。

图 3-3 美国西雅图小镇咖啡店

19 世纪席卷全球的工业革命极大地推动了美国的城市化，使之成为世界上城市发展程度最高的国家。而 20 世纪的后工业革命则使美国城市空间转向郊区化。美国城市经历了从小到大的过程，由集中到分散，最终形成了以中心城市为核心、周边郊区为外缘的大都市圈。

美国 200 多年的城市发展道路最独特而令人瞩目的部分，当属第二次世界大战结束后的郊区化进程。美国的郊区化进程不但大规模创造性地实践了英国城市学家、社会活动家埃比尼泽·霍华德（Ebenezer Howard）提出的“田园城市”理念，而且还是美国一个中产阶级形成与崛起以及见证“美国梦”的过程。

尽管美国郊区化的模式对其他国家的城市发展有一定的启示作用，但整个过程是与美国特殊的政治、经济、历史、地理和其他因素息息相关的：低廉的土地价格、便宜的住房造价、优惠的税收政策、便利的交通等一些因素，使得美国的郊区化成为一个不可复制的模式。

第四节　浪漫郊区形成因素

浪漫郊区典型的外形表现在：乡村生活条件如同城市。以美国乡村为例，基本可以概括为城市里有的，乡村有；城市里没有的，乡村也有。城市里有，但不需要的，乡村却没有。于是，在全美大陆星罗棋布的乡村逐渐成为城市居民的向往所在。城市少有的稀有之物，乡村应有尽有。田野、森林、湿地、草坪、湖泊、河流、游鱼和飞鸟等，这里也有与人类和谐相处的兔、鹿、熊、松鼠、狐狸、野鸡等野生动物，更有人类须臾不可离开的新鲜空气和良好水质。还有城里人最缺乏的淳朴、真诚与友好的人际关系。由此而产生了反向城乡一体化，又进一步带来城乡融合。所有这些都令城乡居民受益匪浅。

4.1　强势的地方政府

浪漫乡村运动发生于美国的最重要因素是其有着非常强势的地方政府。由于地方政府的权力很大，所以美国城市的规模相对比较小，但是周边地区却比较大，因此一般称其为都市圈。比如纽约的城市人口是 800 万，而纽约周边郊区的总人口却达

图 3-4　纽约圣诞节洛克菲勒中心人群

图 3-5　美国优胜美地国家公园古树

2300 万。在讲到城市化和郊区化的关系时，整个都市圈的规模和总人口其实没有很大的变化，只是人口从中心城区向城市近郊迁移而已。

4.2　广袤的国土

美国有着广袤的宜居国土。其他国家比如俄罗斯、中国、澳大利亚、加拿大等，虽然它们的国土面积和美国相当，但是这些国家都是大量人口聚集在很小面积的土地上，有限土地还需担负着工业、农业生产，因为适宜居住的土地相当有限，土地资源的不充足，导致上述国家的郊区化运动只能在相当有限的空间内进行。但是美国完全不同，美国的大部分国土面积都是适宜居住，且有着高效集约的农业生产水平。此外，美国的森林面积宽广，木材资源十分充足，于是住房大量采用木结构，这些房子具备了造价低廉、简洁、实用的特点。供应充足和成本低廉的土地和建筑材料，使得住房的价格非常便宜和亲民。

4.3 充裕丰富的教育资源

美国有着较为充裕丰富的教育资源。教育资源的均衡与否影响着人们对社区的认同，进一步影响到社区居民美化社区、建设社区的意愿。对比同样是发达资本主义国家的法国，只有一个全国统一的教育体系，澳大利亚全国分 6 个学区，日本大概有 65 个学区，且上述国家或多或少缺乏教育的独立性，表现在师资、硬件设施、财政上的不独立。而美国全国至少有 15000 个学区，每个学区作为行政机构都是完全独立的，有着财政独立权、征税权，学校预算、课程设置、聘请教职员等都由学区的教育委员会完全掌控。民众离开城市搬到郊区的部分原因，也可以说是在用脚投票选择优质的教育资源。

4.4 “看不见的手”的调节

由于 20 世纪初美国经济接连遭遇大萧条及第二次世界大战，导致美国乡村运动进程受到阻碍。据统计，在这一期间美国新屋开工率下降了 95%，整个 1930 年至 1947 年期间，几乎没有新的郊区住房投入市场。战后联邦及各级政府提供税收优惠和贷款担保，鼓励民众在郊区买房。其他的税收政策也有向郊区倾斜的趋势，比如郊区税收征收率普遍低于中心城市，激发了纳税人居住到郊区的意愿，这也刺激了企业开发大面积郊区住宅的意愿，相当的人口带来了更好的环境需求，郊区的景观质量服务设施硬件也在这一时期逐步超越城市，促进了美国浪漫郊区运动的发生。

4.5 “恰逢其时”的需求

第二次世界大战结束后，美国有大约 1600 万退伍军人返乡，伴之而来的是“结婚高峰”和“生育高峰”，这使得战前已存在的住房紧张问题更为严峻。原先的住宅无法容纳新增的人口，部分家庭甚至出现祖孙三代同居一屋的情况。此时郊区带有独立的院落，自然环境优美，空气清新的房屋大受市场追捧。城市住宅的人口密度高、交通拥塞、犯罪猖獗、环境污染、生活成本高涨等现状，也使得人们更加向往郊区宁静和安逸的生活。退伍军人管理局专门针对第二次世界大战老兵的贷款担保计划条件非常优惠。符合条件的老兵可以获得一笔低利息、高杠杆的抵押贷款用于购房，首期款只需支付 5% 甚至零首付。联邦住房管理局和退伍军人管理局对于郊区化进程和整个房地产市场的影响力，迄今仍然可见。第二次世界大战结束至 20 世纪 70 年代是美国郊区化发展的巅峰时期。在此期间，美国每年的住房供应量高达 200 万套，其中建在郊区的独栋住房占据绝对压倒性多数，达到住房供应总量的 95%。战后美苏冷战，建造住房不仅是现实需要，同时也多了一层制度竞赛的意味。当时，苏联采取的策略是大量建造集中居住的高层公寓式住宅，相比之下，美国则在郊区建造独户住房，配备优越的基础设施，同时拥有优美的环境。

4.6 便捷的交通基础设施

限制人们住到郊区的重要因素是时间成本，通过改善交通基础设施可以有效降低时间成本，同时交通基础设施的建设必然涉及道路景观环境的改变，这样通向郊区住宅的一条条景观道路也随即产生。美国是车轮上的国家，早在 1929 年，每 5 人就拥有一辆车。到了 1978 年，每 1.5 人就拥有一辆汽车。这样高的汽车普及率在世界其他地方绝无仅有，即使到了 21 世纪，其他国家也不可能达到这样的水平。交通习惯也使得美国居民更容易接受郊区生活市区工作的生活方式。美国的高速公路从城市核心地区向郊区广阔的空间放射，并深入乡村腹地。汽车的高度普及与高速公路网的建立，为战后郊区化的迅速发展创造了条件。

美国政府从没有明确地提出把促进郊区发展作为战略目标，也没有就此颁布过任何全国性的政策。但事实上，一系列的住房和税收政策的相继出台，对战后郊区化进程起到了关键作用。最典型的例子要属纽约长岛的莱维敦（Levittown）。为了给数量庞大的退伍军人提供住宅，联邦政府给予了政策上的倾斜，房地产商在 1947 年购买了长岛中部的 4000 英亩田地，他们运用了当时相当成熟的建筑流水线技术，房屋的建造过程被分为若干个工序，各个工序互相配合衔接，大大缩短了建筑工期，所有的房屋都按照统一的样式建造，包括房子前面的白栅栏、绿色草坪以及屋内的厨房和家电配置，全部采取统一标准，建造了 17500 套独栋住房。流水线生产大大提高了生产率，也降低了成本。同年 3 月，当退伍军人入住他们的房屋时，他们只需缴纳 10 美元的房地产买卖手续费。便捷的入住手续和廉价的入住成本使得战后的美国郊区住宅蓬勃发展，相应地带动了郊区的景观化。

第五节　浪漫郊区存在的问题

5.1　族群发展不平衡

战后的美国社会面临着利益再分配的问题，种族主义一直是美国社会必须面对的话题，众多有资本有权势的族裔在郊区化运动中获得了收益，黑人却是例外。优质的郊区房屋以及相应的房屋抵押贷款项目都是政府资助项目，黑人和其他族裔一样都应该成为受益者，但是事实上他们没有。如果知道这个社区有黑人居住，房子就很难再卖出去。通过对黑人的歧视，鼓励白人外迁，事实上造成了城市空洞化和种族两极化。以圣路易斯为例，该城市在 1950 年有超过 80 万人，但在之后半世纪中人口下降至现在的约 30 万。人口骤减，特别是城市富裕人口的大量外迁，城市功能向郊区分散，郊区生活环境的优美掩盖不了城市中心的破败，郊区取代城市成为经济增长的中心，在城市经济中引起了连锁反应，也同时造成城市经济的空洞化，最终导致城市发展停滞，甚至衰退。这也是为什么直到现在很多城市的发展口号都是重振中心城区。

5.2 大企业进入城市，减少了工作机会

在乡村大发展的年代，乡村是美国各大企业需要重点纳入考虑的领域，但如今，情况正在逆转。从 2015 年开始，众多的劳动密集型企业如：麦当劳，卡夫食品和康尼格拉食品公司纷纷离开

图 3-6 美国纽约曼哈顿

满目绿叶的乡村入驻市中心。到了2015年的8月份，通用电气搬离费尔菲尔德前往波士顿。瑞士联合银行（UBS）作为瑞士银行业巨头也在几年前离开了驻扎15年的斯坦福回到纽约。这些都归因于他们意识到许多高端客户住在或想要住回例如曼哈顿之类的市区中。

5.3　连接城里和乡村的道路正在塌陷

美国土木工程师协会（The American Society of Civil Engineers）给现有道路设施打出了D级，桥梁为C+级。美国交通运输部预估，需要投入1万亿美金才能改善州际公路和高速公路系统。这也直接导致了乡村可进入性的降低，时间成本是制约人们选择乡村居住生活的重要因素。

5.4　乡村休闲接待设施处于危机中

多年来，休闲连锁餐厅、高尔夫球场等是美国乡村居民重要的社交接待场所。近年来，人们用餐习惯发生了较大的改变——越来越多的人选择在家用餐，危机笼罩了餐饮行业尤其是休闲餐饮业，这些饭店又有相当大一部分位于乡村中，为乡村居民提供就业岗位。

第六节　城市对乡村的影响

尽管19世纪上半期的英国存在着将乡村和都市环境结合在一起的种种企图，但当时许多美国人还害怕城市可能给他们占优势的农业社会带来疾病、堕落和贫穷；另一些美国人则拥护都市化的进展，但很少有人积极促进都市和乡村在物质上的联合。早在共和政府生涯中，托马斯·杰弗逊（Thomas Jefferson）就在《弗吉尼亚州志》（1787 年）中争论道："大城市这个乌七八糟的地方不仅增添了如此之多的纯政府援助，也给人类体质的健康增添了痛苦。"显然，城市在道义上的腐败超过了其经济上和生产上的益处，他劝告说："我们的车间"应当"留在欧洲"。在查尔斯·布鲁克登·布朗（Charles Brockden Brown）的小说《阿瑟·默文》（*Anthur Mervyn*，1799—1800 年）中，城市的恐怖与审慎评价城市对人类文化的贡献相结合。在作者前言中，该书用图解的方式描写了在 1793 年黄热病流行期间费城的"疾病和贫穷的不幸"。乡民阿瑟（Arthur）首先表示"耕地、播种、收获是明智者的最适职业，从中将获得真正的乐趣和最少的污染"。但在阿瑟第二次访问这一城市后，他承认，在他生活中迄今尚缺少的文化将在一个都市环境中得到繁荣："如果说即使城市是不幸和罪恶的中心，但它们同样是所有值得称赞和进步的思想产生的沃土。"

另一方面，耶鲁大学校长、美国生活的敏锐观察者蒂莫西·德怀特（Timothy Dwight）乐于观察城市孕育文化的能力。他反倒预见总有一天本国的上层阶级会离开城市："在大城市近郊建立乡村住宅将被认为是不必要的，而期望在集市买卖和小贩货摊附近寻求乡村生活乐趣的人的住宅时刻将会来到。"人们住在乡村房屋中，可尽情地享受"野地的美丽和优雅"，而远离都市生活的腐败和人造物。首次发行的《美国杂志和民主评论》（1837 年）有篇重要文章谴责在财富、奢侈、"贵族习性"和"社会影响"控制下的城市是杰克逊以后的（The post-Jacksonia）民主自由腐败品，将自然的精神益处转化成政治自由问题。

A. J. 道宁《关于风景园艺的理论和实践的专题报告》（1841 年）与他当时反对都市的态度相吻合，赞扬美国人"对乡村生活之爱"和他们普遍的"乡村家庭之理想"，他鼓励对"乡村改良"的尝试，提出了"装点我们乡村住宅的可行方法"，以使"家庭生活更加快乐"。道宁在促使将风景美学原则用于美国的乡村建筑方面取得了巨大的成功，当时人们很欣赏他对于美国乡村生活的特殊地位的洞察力。例如，一个评论者观察到，道宁“为美国做了尤弗德尔·普莱斯（Uvedale Price）或惠特利（Whately）或路登（Loudon）先生所不能做的事。这项工作富有实际指导意义，而它也唤起了比实施之初更为美丽的激情。”评论者推论道：在美国“增长的乡村生活预算中，我们看见了一个希望审美王国进步的迹象”。1849年，道宁在《园艺家》杂志上发表文章，进一步分析了美国乡村风尚中普遍而民主的特质，而欧洲乡村风尚“通常是集中了财富的产物”，美国完全是一个“土地所有者、地主——不只是占有者，而是土地所有者的民族”，因此，促进了乡村风尚在美国的“普遍扩散”。

像民主乡村阿卡狄亚那样的理想化美国模式集中体现在苏珊·费尼莫尔·库珀（Susan Fenimore Cooper）的《乡村时代》（1850年）一书中，该书是“对那些在乡村生活中构成季节进程的小事的朴素记录”。按照一位当代评论家的说法，它意味着每天都在开始，读起来“就像季节本身在延续”，像“一部自然日记，告诉我们每一只鸟、每一朵花以及乡间小事，它们构成了乡村百姓户外生活的一部分”。一年以后，亨利·戴维·佐里奥（Henry David Thoreau）在一本名为《散步》的文集（写于他离开沃尔

图3-7 美国威廉姆斯小镇

顿庞德与他在该地生活的报道发表期间）中，更直接地探究了自然的僻静和超越世俗的方面。在此文集中，他将自然描述为“绝对的自由和野趣”，且完全超出“只是市民的文化”之上，相信人类不仅是社会的一部分，更是自然的一部分。佐里奥坚决主张美国的森林和沼泽地特别适合于休养身心和增进健康的需要，远比“草坪和种植地”或“乡镇和城市”好得多。

然而，许多与佐里奥同时代的人发现都市化的进程不能被忽视，且不久便开始拥护城市的增长。乔治·塔克（George Tucker）从 1840 年的人口普查结果中注意到在以往 10 年中，城镇人口以高于乡村人口的比例增长，并且发现了在城市生活中有许多值得赞扬的东西：“城市的增长一般标志着智力和艺术的进步，衡量着社会享乐的概况，且总是意味着精神活动的增加。”1855 年，哲学家和教育家亨利·泰潘（Henry Tappan）否认了他本人早期对城市的批评（即：在大城市中生活，最佳状况下，也是一场与自然的战争），断言“人们在城市中的联合有利于人性最大程度的发展”，劳动、资本、智力和文化都将在城市中发挥它们的最大潜力。他也预见过这样的一个时代，当文化在整个地域扩展，但以一种明显与自然保持和谐的方式：“我便听见这个地方的守护神请求建设、改良和装扮的声音；设立公共机构；建立祭奠密涅瓦（Minerva，罗马神话中的智慧女神）、阿波罗（Apollo，希腊神话中主管光明、青春、音乐、诗歌、医药、畜牧等的神，一说即太阳神）和缪斯（Muses，希腊神话中掌管文艺、音乐、天文等的 9 位女神）的神庙；复兴希腊学园（Academus）的园林；推广超过美丽自然式样的别致而艺术化的衣着——形成一个西方的雅典城。”

与这种乐观主义相反，亨利·惠特尼·贝洛斯（Henry Whitney Bellows）于 1861 年就抗议城镇和乡村两者的弊病。他说后者是“一个巨大的洞”，它的“单调、闭塞、缺少变化和社会刺激”只会导致道德堕落。他也断言“第一个凶手是第一个城市建造者”，并列举了许多都市问题。然而，他预言出于三个基本原因使得美国城市将有一个繁荣的未来：首先，城市是“民主机构和思想的发祥地”，因此，对像美国这样的“一个大农业和商业国”来说具有日益增长的重要性；第二，城市是“干事业（办企业）、成功和智慧的理想场所”；第三，在一个技术迅速增长的年代里，城市能够提供水、可燃气、燃料、食物、交通和其他便利，这些“在乡村是无论花多大代价都无法得到的”。

因此，到 19 世纪五六十年代为止，美国人承认这些城市和乡村生活中所固有的特别的利和弊——精神物质上的、政治上的和商业上的；但他们普遍认为这两种环境是不能混合的。许多人相信优美的文化将在乡村兴旺发达，但必须依靠都市的制造业和商业。没有人提出在物质上综合乡村和城市的优点，消除各自不足，创造一个新的上等环境类型的可能性。

除了那些争论社会和文化是在城市中最为昌盛还是要求在乡村里得到隔离和保护的人们以外，19 世纪四五十年代的一些美国人开始建议城市和乡村是可以联合的。造成这一态度转化的许多动力来自英国市郊规划实例的出现。下述事实也同样重要，即：美国已日益成为一个都市社会，它的健康发展依赖于制造业和商业；由商人、企业家和其他在城市中就业的人员所构成的日益壮大的中产阶级通过道宁及其受过良好教育的追随者已对乡村风景具有较高的鉴赏力。毫无疑问，在这种思想境况下，美国的作家、建筑师和风景师很快便建议以一种可以消除各自不足而保持两者有利因素的方式来联合城市和乡村。

早在 1835 年，美国杂文家亚历山大·斯莱德尔·麦肯齐（Alexander Slidell Mackenzie）就发表了一篇受到很高评价的关于伦敦公园村的报道。他将那里可爱的村舍与美国“用砖头和灰浆建造的无味的堆砌”（可美国同一阶层和更富有的人们还满足地住在其中）进行了比较，对“两者比较的令人不快的特性”深表遗憾。麦肯齐赞扬摄政公园风景如画的美和它的娱乐设施，要求

图 3-8 纽约中央公园风景

对曼哈顿的美丽风景予以同样的关注。

詹姆斯·费尼莫尔·库珀于 1828 年访问了摄政公园，由于去得太早，公园尚未完工；但他访问了圣詹姆斯（St. James）公园，他在 1837 年发表的评论中热情赞扬它是一个城乡结合的完美典型。寓所镶嵌在公园边上，他说那是伦敦最理想的地方："它们最佳的窗户可以眺望美丽的乡村风景点缀着都市的美丽部分。"库珀甚至建议伦敦作为一个整体展出比在其周围乡村任何地方能够展现的"更杰出的乡村美"，意味着都市环境并非生来就是和自然美相对立的。不久以后，库珀继续创作他的《皮袜子故事集》，并在《拓荒者》（1840 年）一文中揭示了城市生活的一种新的宽容性以及商业的冒险精神，在这篇小说结束时，主人公仍旧是森林中自然之神的信徒，但贾斯珀·韦斯特恩（Jasper Western），由于他的"自然礼物"常常比得上拓荒者的那些，就迁到纽约成为一个成功且受人尊敬的商人。

1833年，拉尔夫·瓦尔多·爱默生（Ralph Waldo Emerson）也参观了摄政公园，但显而易见，他很少被感动，3年后，他发表了创新的先验论的杂文《论自然》，专门论述个体和自然的关系。然而，1844年他在一篇日记中表明了一种将自然的精神力量与城市世故结合起来的愿望："我希望我的孩子们拥有乡村的宗教力，我也希望城市的便利和完善。很遗憾我不能兼有两者。"

威廉·卡伦·布赖恩特卓越的自然经验与爱默生并无两样。他在《森林赞歌》（1825年）中写道：

"这里礼拜不断；

——自然，在此，

在你做爱的宁静里，

欣赏你的存在。"

但布赖恩特也在城市中发现了一种精神上的存在，他在《城市之歌》（1830年）中讴歌：

"即使在此，我也看见了，

你的脚步，上帝！

——在这里，在这里的人群中。"

1835年，布赖恩特参观了慕尼黑的花园后，明显促进了纽约市的类似的公园思想，这种思想在《晚报》的一篇社论中达到了顶点，该社论盛赞曼哈顿那风景如画的美，并对人们为了享受乡村之乐而需要离开纽约表示遗憾。1845年布赖恩特到英国旅行，特别是他参观了王子公园、摄政公园和利明顿镇（Leamington）这3个风景区。他在《旅行者书信集》（1850年）中赞扬王子公园的风光，包括它的湖水、树木和风景。他也为摄政公园所打动，而为纽约缺少类似的规划而痛惜。在利明顿的3天里，他没有提及庄园区的近期计划，却几乎无法忽视1822年以来已被描述为真正的"都市中的乡村"（Rusinurbe）和"乡村中的都市"（Urbsinrure）的城镇风景。

到 19 世纪 40 年代中期，那些由没有去过欧洲的美国人所写的文学著作也开始反映出合并乡村与城市的愿望。当科尼利厄斯·马修斯（Cornelius Mathews）的《大阿贝尔和小曼哈顿》于 1845 年发表后，一位评论家注意到它的“同化了两种完全相反生活方式的可爱的东西——自然野趣和文明”。这表现在两个主要人物身上：一个是最先统治曼哈顿的印第安首领的后裔，另一位是欧洲探险者亨利·赫德森（Henry Hudson）的后裔，他们两人一起调查了曼哈顿的街道，这位印第安人要求对这一岛市自然美化的权力，而大阿贝尔则为他自己要求文明的产品。可是读者承认即使在纽约，尽管这些人物提出互相竞争的要求，自然和文明仍和谐地一起得到繁盛。

1841 年，纳撒尼尔·霍桑（Nathaniel Hawthorne）在公有的布鲁克（Brook）农场新住宅区中度过了几个月，这期间正值它的成员为先验论所束缚。《欢乐谷传奇》（1852 年），一部依据他在那里的部分经历而写的小说，揭示了作者在这里对喜闻乐见事物的深刻认识以及对城市生活和乡村生活两者的不满。小说表明他厌恶城市的腐化和弊病，也表明他的心神不安，且毫不掩饰他与自然独处的向往。在初次离开城市时，他高兴地呼吸那“没有被反复呼吸过的空气！没有被谎言、礼俗和错误污染的空气”。但在乡村，他不久便发现，“处于我们这样的境地，不接受这种思想是不可能的：自然事物和人类存在都是不固定的，或者很快就会变化；许多地方的地壳被打破，它的整个表面怪异地隆起；那是危机的一天，我们自己就处在这危急的旋涡中”。随之而来的便是立即对城市产生差不多令人绝望的回报：“混浊、多雾、窒息的城市环境，许多人在一起纠缠地生活，城市是如此肮脏，美丽的风景成为泡影，我的头脑极其紧张。”这部小说发表一年之后，霍桑作为美国领事出国去了，定居在岩石公园，也许他觉得风景迷人恰恰因为这个社区综合了都市和乡村两者的优点，只夹杂着各自环境中极少的不足。

在美国最初的关于社区的提议中，提出要结合乡村和城市优点的是艾伯特·布里斯班（Albert Brisbane）的《关于联合学说的简要说明》（1843 年），这是一本促进建立傅立叶主义者乌托邦社区的小册子。他提出的设计是一座单独的庞大建筑物，包括一组室内庭院和花园，三面由大型的公共广场所环绕。这幢位于远离都市区的农村大厦将调节“自然和人类心灵之间亲密相互关系的一致性或相似性”。布里斯班也指望这样的社区会“结合城乡生活的所有优点、资源和乐趣，并避免两者的不足”。

大约 4 年以后，威廉·兰列特（William Ranlett）发表了与英国原型相似的城郊村落的第一个美国式设计，包括相互隔离的，风景如画的别墅。事实上，想必兰列特通过他与威廉·卡伦·布莱恩特（刚从英国回来）的相识了解了英国实例的一些情况。这一设计图发表在兰列特的著作《建筑师》（1847 年）里，是为斯坦顿岛的一个地方设计的，很明显与已获成功的新布赖顿（New Brighton）的城郊社区相距不远。兰列特的设计由 16 个长方形小区组成，每一小区包括一幢房子，以及带有树木、花园和曲径的风景。在他的文章中，兰列特指出一个城郊居住区“在某种程度上结合了城市和乡村生活的优点和乐趣”，但作为一个建筑师，他的作品基本上由乡村住宅组成，他对郊区给了太多的赞颂。他说，一座郊区住宅，不可能“最充分地”囊括城市或乡村的优点，而是“一座乡村住宅提供……在单一的城市生活中所不知道的愉悦和益处”。

没过几年，另一位乡村住宅建筑师 A. J. 道宁详细阐述了几点理想，并很快成为郊区规划的基本原则。在一份发表于 1848 年的演讲中，他承认自己像布里斯班，是一个“联合主义者”，相信所有的人类民族都“向往失去的花园”。因此，他认为园艺“应作为这个时代仅次于宗教的伟大的传播博爱思想者”。他自己的目标是使“人们在他们的乡村和小型别墅里每日与自然相联系……”。两年后，他发表了一篇文章论“乡村村庄”。在该文中他提倡一种

图 3-9 美国迈阿密大沼泽国家公园

图 3-10 英国湖区风光

“真正的乡村信仰”并描述了一个理想的“乡村村庄”。这个村庄包括“一个大型的开放空间，公地或公园位于村庄中央”，栽满草坪和树木，面积在 20～50hm^2。“这座公园将成为村庄的核心或心脏，并将赋予村庄基本的乡村特征。”“最佳的别墅和住宅”面对公园。宽阔的街道两旁栽植榆树或槭树，通往村庄的其他部分。在村庄中，最小的屋前空地是 100 英尺（约 30m）。这样，村庄的所有部分将“空旷、美观、空气流通，还有宽广、种植良好的林荫道”。此外，公园将用作社会聚会和音乐演出的中心。道宁在

图 3-11　英国乡村考茨沃兹（cotsworlds）风光

其设计中并没有使用“郊区”这个术语，可在设计的基本特点上，它预想了今后 20 年中的几个重要的郊区，包括卢埃林公园和河滨。3 个月以后，道宁去了欧洲，他的关于摄政公园的记载告诉我们：他爱慕这一公园中心的私人别墅，认为它们是“城镇住宅最完美的类型，即：在一座大公园中间的乡村住宅”，一个完美的都市中的乡村。

在以后的几年里，建筑学和园艺学作家使用“郊区”这一词汇的范围日益有限。以前一般是指都市区域的外边，可事实上，这一术语逐渐表示一种都市和乡村特征的特定联合。1855 年，杰瓦斯·惠勒（Gervase Wheeler），一位永久移居美国的英国建筑师，把乡村住宅分成三个等级，其中的一等住宅，或称“别墅”，专门供那些“在城市供职，而家住郊区”的人们居住：“兼有城镇住房和乡村住宅两者的形式和布置”，别墅特别适于“一个中型家庭……适于他们的带有城市社会习惯的乡村情趣”。翌年，亨利 . W. 克利夫兰、威廉和塞缪尔·培库斯把“郊区村庄”描述为一种城市的“方便和特权”与乡村的“花园的舒适环境以及充足的阳光和空气”的组合。同样，1857 年，卡尔弗特·沃克斯（道宁以前的同事）把“郊区住房”描述为一种“城市和乡村住宅的组合”。

风景师们在确定“郊区的”花园和村庄景观特征上所作的努力很不成功，但在整个19世纪50年代期间，他们一直努力鉴定这种花园和村庄的具体的客观特征。1853年《竖琴师》上的一篇社论建议郊区城镇中的道路“应当迂回曲折”，以保持“宁静”和促进“乡村乐趣”。1856年，《园艺家》杂志的一篇文章详细规定了一个“乡村改进者”应该包含的要素：即学校、路径、水、煤气、花园、湖泊、乔木、灌丛、花草、弯曲的车道——换句话说，城市生活的优点与乡村的美相结合。霍华德·丹尼尔（Howard Daniels），这位1856年从英国回来后在卢埃林公园工作过的风景师，他在1858年为《园艺家》杂志所写的一篇文章中描述了英国郊区“别墅公园”的一些特征。这些社区是“别墅群，带有或大或小的花园，环绕着一座10～100hm^{2}的公园，公园专门由周围别墅的居民所占有、管理和使用。”他特别列举了“英国的伯肯黑德、利物浦、曼彻斯特、谢菲尔德以及其他许多城镇的杰出例子”从而表明，大约在他到卢埃林公园工作以前就知道诸如维多利亚公园和王子公园之类的重要原型。

第七节　美国乡村景观建设经验

7.1　美国芝加哥十字架牧场社区生态村

美国芝加哥十字架牧场社区是美国芝加哥北部非常有名的一个生态村，通过景观精心设计与开发建设后，它由一个非常简陋的村庄变为了充满个性、设计规范的美丽乡村。

注重景观特色保护。随着现代工业的发展，美国芝加哥十字架牧场社区生态村的珍贵自然资源被逐步消耗，有识之士，例如学者、自然环境保护者及其他社会力量购买了这块土地。他们出于保护土地的目的，精心设计与规划景观，对美国芝加哥十字架牧场社区进行了重建。规划师对村庄的整体位置、景观维护、交通线路等都进行了重新布局，规划的最终目的是将其建设成一个干净、规范和美丽的乡村。在详细的交通规划中，为了避免乡村景观遭到破坏，车辆进出方向都被进行了调整，并在村庄西侧建立了第二个火车站，这样不仅对原有的景观特色起到了保护作用，也提升了社区的运力，为社区居民出行、游客交通接待提供了可能，利用原生乡土景观吸引了大量游客前来，实现了经济效益与环境效益的双赢。

坚持生态保护原则。在美国芝加哥十字架牧场社区的重新设计规划中充分彰显了环境保护理念，通过对本地植物系统的研究，一方面，选取了适宜当地生长、具有文化根基的乡土植物和湿地植物来取代草坪，在减少化学药剂污染的同时，增加了乡野气息和景观文化认同。另一方面，通过疏浚沟渠、挖掘人工湖实现了水系的贯通，形成储量丰富的蓄水系统，且具有非常强的净水功能，实现了景观特色与生态保护的统一。不光在大环境的规划设计中注意原生态的注入，在自家微环境的设计中，当地村民也积极尝试将乡土植物、湿地植物依据不同的生长习性，选择性地种植在家中，建造了完全生态化的“水庭院”。

加强可再生能源的开发利用。为了减少能源生产对环境造成的污染，美国芝加哥十字架牧场社区居民开发并利用风能作为主要的清洁能源以维持日常生产生活用电。耕种施肥时以天然肥料为主，并且收集沼气作为燃料，多重作用下，充分提高了农村废弃资源的二次利用率。

7.2 乡之家生态社区规划

乡之家在美国西海岸的戴维斯市，建于 1974 年，从一开始就以全美第一个生态社区闻名于世。整个村庄占地 28hm^2，居住人口 240 户。社区建立的目的是强调减轻居民生产生活活动对自然环境造成的压力，建立亲自然、邻里和谐的社区生活方式。在其后 40 年的发展中，社区逐渐拥有了独具地方特色的自然生态景观，以邻里型农业、生态环境和亲自然的生活方式，成为极具特色的生态社区。

有机的邻里型农业。社区内的土地归属主要分为私有土地和社区公有土地两类。私有土地坐落于社区边缘，根据住户的需求和喜好种植不同的植物和农作物。这里还设置了许多小型的农业体验区，并进行小规模的家禽饲养。人们在这里不仅能获得与自然接触的乐趣，还可以同其他住户交流劳作的经验，是人们公共活动的首选。

合适的人口规模和适宜的土地利用是决定生态社区居民生活舒适的前提条件。社区公有土地遍布于社区内部，以街道两侧和宅旁绿地为主。公有土地大都种植低矮灌木，部分种植蜜源植被，也有部分土地作为葡萄园。整个社区种植的果树品种超过 30 种，居民作为最大的受益者，几乎每个月都可以品尝到成熟的果实。这些浆果植物也吸引了大量的鸟类和昆虫，增加了社区的生物多样性。公共用地中栽种的果蔬，不仅可为社区居民的早餐提供丰富的食物，还可以销售给周边社区的居民。所获得的收入作为公共维护的资金，用以对公共设施进行管理和保护。

生态道路与自然空间。生态道路体现了社区交通自然性与便利性的结合。社区交通充分体现了戴维斯“自行车城”的特色，在满足机动车通行的同时，为自行车和步行提供了更多方便。为了降低机动车的速度，设计师用曲线车道代替了直线车道，社区干道的宽度被严格控制在 6.1m 之内，非常适合自行车与步行的安全出行。受限制的路宽提供了宽阔的街边空地，为建筑提供了充足的周边环境，这体现在建筑周边的前院和侧院，道路两侧也设置了街道家具和户外篮球设施，提供公共休闲空间。狭窄的街道，安静而多荫的路面，结合路边的绿化，大大降低了路面铺装面积，节约了资金和土地。铺装路的减少也降低了阳光的漫反射，使得夏季的微气候环境更加舒适。当然除了生态道路，交通便利设施还包括生活设施、生产设施、通信设施、文化体育设施、医疗卫生设施等。

慢生活与亲自然社区发展。整个社区强调与鼓励自行车和步行的交通出行方式，人们有机会深入地使用和体验自然空间。住宅单元和开放空间经由自行车道和散步道连接，给住户提供了便捷的面对面交流的机会。大片的草坪和公园成为住户共同的社交活动场所，设计师甚至还规划开辟了不同功能的绿地，如儿童游戏园、公共花园等。各功能组团之间的宅间绿地成为情感联谊的场所。建筑布局立意创新，打破了常规的前院后宅的建筑布局。新的建筑布局为南北朝向，空间紧凑，前后交错，营造出群落式的景观空间。在步行街道的两侧，由于没有明确的土地边界，景观空间可以随道路的转折而变化，成为极具开放性的公共空间，给居民自我发挥留下极大的空间余地。众多户外设施星罗棋布，提供的户外家具和座椅，满足了亲子户外活动时的需求，为孩子们提供了一个与外界环境亲密接触的自然客厅。

第八节　对我国乡村设计的启示

利用生态社区营造公共社交空间。在一定的地域范围上营造生态社区，过大或过小的规模都不合适，土地的利用程度要依据

图 3-12　河南龙湖水鸟

图 3-13 贵州凯里乌利苗寨风光

土地规模适宜性的要求来设计。生态社区居民以一定社会关系为基础，组织起来共同生活，这构成社区的主体。针对当下我国农村人口结构的变化，整合家庭农业资源，不仅能够保证土地得到高效率的利用，也使公众参与成为可能，使其具有了作为公共空间的基础。共同劳作、共同享有，催生独具乡村特色的公共生活模式。

根据乡村区位与自然条件，选择适宜的生态技术。在乡村自然的环境中，运用生态草沟、生态洼地、遍植绿篱、湿地水处理等生态技术，建设成本低，维护费用低。夏季，生态技术可促进雨水循环；冬季，结合清雪除冰措施及贮雪规划，可存留冬季的霜雪资源。

邻里空间是促进乡村文化发展的重要空间载体。相对于城市居住而言，相似的生产与生活方式，使乡村邻里拥有更多的交往机会。尤其在漫长的冬季，有效的邻里空间，将为居住者提供深入交往的场所，将为乡村文化的衍生、发展和整合提供有效的空间环境。[1]

1 余洋. 从 Village Home 的经验看寒地乡村生态景观设计[A]. 中国风景园林学会. 中国风景园林学会 2013 年会论文集（下册）[C]. 2013: 4.

第四章

国外与境外休闲农业发展及趋势

第一节　国外及境外休闲农业研究与发展概况

休闲农业兴起于国外，其概念源于英文的 Agritourism / Agro. Tourism，是农业（Agriculture）和旅游（tourism）两个词的组合，最初是由农业与旅游结合而来。不止于旅游观光与农业的简单结合，发展至今的国外休闲农业是利用农业景观资源和农业生产条件，集旅游观光、休闲娱乐、农业生产、生活体验等于一体的一种新型农业经营形态。休闲农业通过深度挖掘农业资源潜力，以弹性和多样的手段调整农业产业结构，从而改善农业发展环境，以此增加农民收入。

与人们普遍印象中欧美发达国家蓬勃的休闲农业发展情况不同，休闲农业最初兴起于意大利、奥地利等地，随后才迅速地在欧美等国家发展起来。国外休闲农业的出现始于 19 世纪三四十年代，1865 年意大利成立的"农业与旅游全国协会"标志着休闲农业的发展进入萌芽时期，同时期也出现了休闲农业专职从业人员，此后的长时间内国外休闲农业都处于全面发展的快速上升期。并在 20 世纪中后期，欧美、亚洲日本等地的休闲农业产业也呈现出欣欣向荣的景象。从发展历程上看，国外休闲农业的发展历史可以被概括为起步、发展、成熟 3 个特征较为明显的时间段。起步阶段为 19 世纪 30—50 年代，在此时间段内出现了从城市归返乡村的旅游热潮、休闲农业的概念、专业人员、专业组织等产业萌芽特征，以法国巴黎等大城市中贵族的乡村旅游热潮、意大利"农业与旅游全国协会"的成立等标志性事件为代表；发展阶段为 19 世纪 50 年代到 20 世纪中叶，在此时间段内欧美发达国家、亚洲发达国家、澳大利亚、中国台湾等在休闲农业领域较为领先的地区都迎来了休闲农业大发展与不断扩张的黄金时期，以观光农园等为代表的专业性休闲农业项目不断涌现并推陈出新，同时在农场、庄园的原有基础上越来越多的休闲项目加入了区域发展规划之中，观光旅游类休闲农业进入繁荣时期；成熟阶段则开始

图 4-1　瑞典的市民农园

于 20 世纪 80 年代之后，各种形态的休闲农业项目以及越来越细化、完善的休闲农业服务功能是此阶段的代表特征，并且开始和其他行业领域产生了交集以求达到更好的经营效果，度假农庄、教育农园、市民农园等就是其中的代表。从功能型的角度进行分析，起步萌芽阶段的休闲农业多以农业原生态为主，形态较为单一，主要满足了人们简单的旅游观光与生活体验需求，服务性功能较为欠缺；发展阶段则将农业风景与自然风景的观光旅游职能极大地丰富化，并结合购物、饮食、住宿、游玩功能发展出了周边较为广泛的休闲农业旅游服务功能；成熟阶段则在此基础之上使休闲农业的功能性得到了进一步的扩展，部分回归自然生态环保，旅游度假与娱乐休闲的功能大幅增加，开拓创新健康养生与教育培训等新兴热点功能等都是其中的重要标志。

值得一提的是，农业与旅游从来都不是单纯的只存在于乡村之中，随着城市发展的日渐成熟，由于方便快捷、绿色健康等需求，都市休闲农业所占的比重也在不断上升，尤其在发达国家中，休闲农业中都市生活休闲农业与乡村旅游休闲农业的发展更是齐头

图 4-2　瑞典的乡村博物馆建筑

图 4-3　威尼斯水城

并进，在各个发达国家或地区的休闲农业发展概况中都可见一斑。

在学术研究方面，近年来国外的研究学者将对休闲农业的研究重点主要集中于概念与理论体系研究、经济效益研究、社会问题研究、动力机制研究以及社区管理研究五个方面[1]，此外如发展模式等热点话题也在学界占据了相当的比重。概念与理论体系研究一直以来都是国外学者较为重视的研究方向，正因为关于休闲农业的概念与相关理论体系还未有较为统一的看法，学者们致力于从源流、发展、意义等方面总结出其内涵；经济效益研究则

1　李林，蒋伟. 国内外休闲农业研究 [J]，农业研究与应用，2011(03): 28-32.

更多地关注休闲农业开发以及与旅游业等产业的结合所能给地区带来的经济效益；社会问题研究着重探讨休闲农业发展过程中所产生的种种影响较大的社会问题及其解决方案；动力机制研究则从需求与供给两个主要方面研究休闲农业发展的动力与现象成因；而由于国外对于休闲农业中社区参与的重视，社区管理研究也是其中极为重要的一部分，影响社区管理的因素发掘、关注利益的同时兼顾效率与公平等热点问题是社区管理研究的主要方向；国外学者对于休闲农业发展模式的总结方式不一而足，有按照旅游资源分类、按照功能用途分类、按照主题内容等分类的多种标准。

总体而言，由于出现较早、发展时间较长，无论是研究领域还是实践项目上国外及境外的休闲农业发展都较为领先，其中以欧美发达国家、亚洲发达国家、澳大利亚、中国台湾等地最为突出。从休闲农业的特性、功能与意义的角度出发，休闲农业有着以农业为主体，商品服务性、市场性突出等特性，经济、游憩、文化、社会等不同领域的功能以及充分开发利用资源、调整优化农业结构、增进城乡统筹、保护传承农村文化等重大发展意义，然而也正因为受到诸如强烈依赖季节、以自然环境和生态资源为主要商品等农业、旅游服务业要素的限制，虽然随着休闲农业的不断发展创新，发达与领先地区的休闲农业产业体系较为系统、高度分化且多样性显著，休闲农场、市民农园、农业公园、观光农园、度假农庄等不同主题不同功能的休闲农业项目层出不穷，整体较为庞杂并几乎在各个方面都有所涉猎，但也会因为气候、资源等基础条件的差距产生部分偏重与差异化而体现出各个区域的独有特色。

第二节　欧洲休闲农业发展概况

欧洲国家的休闲农业旅游以“度假农庄”的形式最为常见，主要分为以下几种形式：

其一是游客住在农家与农户家庭共同生活，有部分农庄也会改建房舍建成游客客房。农家为游客提供简单的 B&B（Bed and Breakfast）服务，即仅满足住宿与早餐需求；其二是农家提供游客紧邻农户的小平房进行居住，餐饮自理，甚至仅提供住宿场所，部分住宿用品需游客自备。这两种都是休闲农业发展早期最为常见的简易“度假农庄”。其三是主题型农场，有与我国近年来兴起的农家乐主题饭店类似的以美食品尝为主的农场饭店，另外还有露营农场、骑马农场、教学农场和狩猎农场等服务型主题突出的农场。这种类型的度假农庄兴起于 20 世纪 60 年代后，该时期的休闲农业旅游开始提供多样化的休闲项目，诸如，徒步、骑马、滑翔、烧烤等都较为常见。同时，为了满足游客回归乡村生活的需求，农户还会举办务农学校、自然学习班等培训，游客可以利用周末驾私家车前往 100km ~ 150km 范围内的农场休假，这无疑丰富了度假农庄的功能。

正因为悠久的发展历史与充分发达的产业链形成，欧洲国家的休闲农业是最丰富多彩且充满积淀魅力的。在这里游客们可以在最原汁原味的乡间田野品味最古老的乡村风情，可以在科技发达功能齐全的度假农庄享受不一样的“乡村城市生活”，可以在美好的自然风光之中度过“绿色假期”，也可以沐浴在乡土文化气息之下体验不一样的教育之旅。而同时，欧洲的休闲农业发达国家早已不满足于延续传统，在荷兰、德国、英国等一些欧洲国家积极发展创意农业的背景之下，欧洲的创意休闲农业已不再像传统休闲农业一般只是一种经济活动，也是一种高度的农业文明展示，创意农业的发展目标，就是赋予农业丰富的文化内涵与创意，使消费者从中体验感受美妙与快乐。将农业与农村的自然资源以及农民的智力资源通过创意转化为动力推动农业与农村发展的力量，这是欧洲国家发展创意农业的共同出发点，这种将科技和文化要素融入农业生产，进一步拓展农业功能，提升农业附加值的新兴特色农业，于 20 世纪 90 年代后期在发达国家率先发展起来，并

图 4-4 瑞典的休闲农庄

1 刘丽伟. 欧洲创意农业方兴未艾 [J]，农村. 农业. 农民（B 版），2010(10): 32-33.

且成效显著，也为欧洲休闲农业的发展注入了新的活力，带来了发展的新方向[1]。

2.1 德国

纵观德国的休闲农业发展史，从早期简单的农园与农庄、中期的农业博物馆等衍生产物以及发展成熟后的多种缤纷多彩的休闲农场，无一不体现出德国人民对休闲农业的情有独钟，按其主要发展形势，则大致可分为度假农场、乡村博物馆及市民农园这三种类型。

市民农园的土地来源于两大部分：一部分是镇、县政府提供的公有土地；另一部分是居民提供的私有土地。每个市民农园的规模约 50 户市民，承租人共同租地。租赁者与政府签订为期 30 年的使用合同，自行决定如何经营，但其产品不能出售。若承租人不想继续经营，可中途退出或转让，市民农园委员会选出新的承租人继续租赁，新承租人要承担原承租人合理的已投入费用。2006 年，德国市民农园呈兴旺之势，承租者已超过 80 万人，其产品总产值占全国农业总产值的 1/3[2]。

2 晶依. 国外休闲农业面面观 [J]，中国乡镇企业，2012(04): 84-85.

德国休闲农业中“度假农场”的起源可追溯至 1960 年，当时的历史背景是德国整体国民经济并不景气，所以德国人在喜爱旅游时也多半会寻求花费较低的方式来满足自身的休闲旅游需求；另一方面，农民家庭也因农业收益低而急需采取其他形式争取更多的收入，而将农场中的部分房屋稍加整理并以度假农场的形式出租，开发出适应旅游市场的别样农业经营模式显然是十分合理的。于是，在这种廉价而双赢的度假方式推出后，广大民众自然而然地表现出了对其的欢迎且积极参与，并逐渐形成了一种新兴的度假风尚。

德国乡村博物馆的出现是德国休闲农业发展史中的重要一页，其前身为传统民俗村。乡村博物馆的特点有就地取材、保持德国

图 4-5　德国慕尼黑新天鹅堡福森小镇

乡村历史风貌及村落格局、重建原有标志性建筑等，都是围绕“历史古村落”这一主题而规划设计的。这种资源为主、保护为先的休闲农业开发模式可以较好地体现国家的历史底蕴与文脉传承，也可以起到相当的教化作用。

也有学者认为，20 世纪 30 年代才是现代意义上德国休闲农业的开端，“度假农庄”和“市民农园”是德国休闲农业的两种主要的休闲模式。其中，“度假农庄”的目标是吸引游客前往农场度假，与农户一起生活。在这一模式中，游客除了能够观光度假，游览欣赏田园风光，同时还能够体验农家生活，亲自参与农场的生产活动。因此，目标客户主要集中于全家旅游和夫妻旅游。大约六成以上的游客在“度假农庄”的一次行程约为一周，有五成左右的游客每年会安排 2～3 次去度假农庄旅游。通常度假农庄会将房舍改建成民宿，多利用家中空余房间或房舍进行简单的改建整理，向游客开放。德国政府为了避免农庄民宿进行过度商业化经营，因而规定民宿床位的容量控制在 2 ~ 6 个房间，提供 4 ~ 15 个床位，并为此类民宿提供免税优惠。而“市民农园”则与之不同。“市民农园”与城市有更紧密的联系，它的地理位置位于城市中或城市近郊，通过合理规划形成小块土地以租金的形式出租给市民，承租人可以按照自己的喜好需求在土地上种植花草、树木、水果、蔬菜，具有极高的自主性，市民可以不远离城市空间就能够享受耕种的乐趣，体验田园生活，亲近自然。“市民农园”的基础出发点不同于传统农业的粮食生产，环境保育及休闲娱乐才是它的关注点。在阳光下，绿野中，城市居民可以放松身心，均衡身心发展。众所周知，“德国设计”与“德国制造”的名号因其技术严谨、做工精密的工业设计生产线而享誉全球，德国人做事的认真态度一直以来也为世人所称道，这点在休闲农业的认证程序、评鉴标准与经营准则中也体现得淋漓尽致。度假农场与乡村度假评鉴制度由德国农业协会设立并执行，主要用于对乡村旅游业从业者的监督，评鉴乡村旅游业者的目的在于确保游客的休闲度假品质，维护乡村环境与地区特殊性，提供干净的客房与卫生设备，维持农宅 / 农场秩序，丰富农场内的游戏、运动与休闲机会，保持经营者的亲善服务态度，以提高游客的接受度。目前德国乡村旅游认证标准可分为度假农场与乡村度假两大类，前者指正常运营的农场兼休闲度假服务；后者则是将遭弃置的农场转作为度假休闲用途，两者除农场定位不同外，其认证内容大同小异。两类乡村旅游项下又可进一步区分成四种经营类型或度假类型，包括简易客房型、度假公寓与度假屋型、露营型、照顾幼童型，上述四种经营类型除共同评鉴项目外，则有一般性设施、整体印象、卧房设施、卫生设施、膳食供应设施等极为细致而不同的检验重点与内容，共同评鉴项目则包括整体印象、安全性、经营者与服务人员、环境、服务与休闲设施，各部分的评鉴细则也一应俱全，甚至精细到了氛围与颜色的协调性、地板覆盖层情况、壁挂洗洁精等的具体数目……其细致程度令人咋舌。

2.2　法国

法国号称世界第一大旅游入境地，其旅游产业主要由四大产品体系构成，名气与影响力皆举世闻名：以巴黎等充满名胜古迹城市为代表的城市旅游，以海边沙滩为主的滨海旅游，以高山滑雪为主的极限运动旅游，以及以乡村风光、土特产品为主的休闲农业旅游。其中，休闲农业的游客量近年来已跃居前二，仅次于滨海旅游项目。法国同时也是欧洲农业最发达的国家，目前法国农业现代化程度很高，农产品不仅能够充分满足本国的需求，而且还能大量出口，是世界上农产品出口量最大的几个国家之一。法国农业的经营方式主要是中小农场，其中耕作面积在 80hm^2 以下的农场占农场总数的 81%，它们既是法国农业生产的主力，又是农村经济结构的基础。法国在农业生产专业化和一体化方面取得很大进展。

第二次世界大战之后受战争影响，法国农村的发展相对滞后，农村人口大量涌入城市，空心化和老龄化情况严重，农村青壮年人口严重不足。法国农村人口从 19 世纪的 800 万锐减到 1990 年的 70 万。为消除地区发展不平等，解决法国农业问题，法国政府开始实施“领土整治”政策。自 1955 年，国家参议员欧贝尔就创意性地提出休闲农业构想，倡导在发展农业的同时结合休闲旅游业，从国家、地区角度在资金上支持乡村住宿的改建，该议题得到东南方地区政府的支持，他们首先将一些马厩和仓库改造为旅馆，营造便宜的旅游住宿设施，让经济不富裕的家庭得以参与旅游，欧贝尔带领贵族亲自到巴黎郊区进行农村度假体验，品尝野味，乘坐独木舟，学习制作肥鹅肝酱馅饼，伐木种树，清理灌木丛，挖池塘淤泥，观赏田园，学习养蜂，与当地农民同吃、同住[1]。开创了休闲观光农业旅游之先例。这种休闲度假制度主要以满足周末休闲为主体的城市居民消费，城市近郊的乡村是最先的获益者，这些地区的农民在种地之余，根据各自

1　蔡海涛，论乡村旅游与民族地区新农村建设——以广西为例 [D]. 中南民族大学硕士论文，2008-05-01.

图 4-6　法国戈尔德小镇 Gordes，又称为石头城

能力提供休闲度假服务，增加收入。该模式获得成功，并快速在世界发达国家和地区中推行。20 世纪 70 年代是法国休闲农业发展的高潮。自从 20 世纪 70 年代法国推出农业旅游后，以农场经营为主的休闲农业得到较快发展。据统计，法国现有农场 101.7 万个，其中大于 $50hm^2$ 的农场 17.2 万个，占农场总数的 17%；$50hm^2$ 以下的中小型农场 84.5 万个，占农场总数的 83%。这些农场基本上是专业化经营，其中主要有九种性质：农场客栈、点心农场、农产品农场、骑马农场、教学农场、探索农场、狩猎农场、暂住农场以及露营农场，可分为娱乐休闲、住宿度假、美食体验三类。法国休闲农业的发展得益于多个非政府组织机构的联合。1998 年，法国农会常务委员会（APCA）设立了农业与旅游接待服务处，并联合其他社会团体，如互助联盟（CNMCCA）、国家青年农民中心（CNJA）等组织，建立了“欢迎莅临农场”的组织网络，为法国农场划出明确定位区域，连接法国各大区农场，成为法国休闲农业产业中强有力的促销策略[1]。目前，法国有 1.6 万户农家建立了家庭旅馆，推出农庄旅游，全国 33% 的游人选择了乡村休闲度假，乡村农业休闲旅游每年接待游客 200

1　詹玲，蒋和平，冯献. 国外休闲农业的发展概况和经验启示 [J]. 世界农业，2009(10): 47-51.

万，年接待过夜游客量3500万人次，为法国旅游业提供52%的住宿设施，每年给农民带来700亿法郎的收入，相当于全国旅游收入的1/4。休闲农业几乎可与海滨旅游媲美，法国全年度假数据显示，已有50%以上的法国人前往乡村地区参加各种农业休闲度假活动；据法国乡村住所委员会统计资料，2005年乡村住所客人主要以中产阶级为主，年龄35~45岁之间，法国客人占86%，常客占83%，48%以上的客人入住时间达到两周以上；乡村B&B客人年龄在45~64岁之间，中产阶级，平均入住时间为4天；游客除了传统的垂钓、骑自行车、野地散步、参观传统建筑、文化遗产博物馆以及参加地方狂欢节等活动外，还可打高尔夫球，进行骑术训练，做划船运动、爬山练习等[1]。就休闲农业中农庄、农场旅游参与者、从业者及设施规模来看，法国可以说是休闲农业类型最多、形式最多样化、分支最细、专业化程度最高的国家。

1 彭青，高非. 旅游如何促进法国乡村发展[J]. 南风窗，2009(04): 44-46.

法国的休闲农业能在不长的时间内由弱变强达到高度专业化，与政府采取的几项主要措施是分不开的。首先，政府对休闲农业发展高度重视，以资金大力扶持。在明确农业的发展目标并制定相关政策后，政府通过资金扶持的方式，为休闲农业的从业人员提供经济层面的支持，以低息贷款、低价土地、税收优惠等政策层面的扶持鼓励农民积极参与休闲农业项目建设；其次，普及推广农业机械化。法国具有较好的工业基础，各类农机具的开发一定程度促进了国家农业机械化、自动化的高度发展。从而大大提高农业生产效率，为休闲农业提供良好的发展基础；再者，重视农业研究。以先进的学科研究理念带动科技兴农，法国建立数量众多的农业研究机构，国家农业研究院有工作人员近1万人，年度预算高达30多亿法郎，此类机构的主要功能就是为法国农业现代化发展提供基础研究和应用研究支持。间接地为以农业为基础的休闲农业发展提供了大力的支持；最后，通过农业教育普及提高农民素质。20世纪中叶之后，法国农业步入现代化高速发展，

图 4-7　法国鲜花小镇

提高农民素养成为农业现代化进程中必不可少的重要环节。为此，国家建立了以高等、中等农业教育、农民业余教育为主体的农业专业教育体系，有效地提高了农民文化素质。这一体系的推广使得当前法国农民都普遍具有农业技术高中、专科大学程度的文化水平。有文化、懂科学、善经营的高素质农业从业人员，对发展本国农业，促进与旅游业相结合的分支休闲农业发展起到了决定性的作用。

法国对于休闲农业有许多值得他国借鉴的细节经验。第一，法国休闲农业试图保持其“个性”与“原真”的特点。以“农产品农场”为例，其特色为当地随处可购买的特色农产品以及原生态农场美食，法国政府与休闲农业相关行业协会力促每个农场销售的主要农产品“自产自销”，主要原材料不可以向外采购，必须是本地农场种、养殖的动、植物，原材料的生产加工都必须在农场内进行，确保每个农场都有代表性的产品。同时，采取近似饥饿营销的方式，每个农场的产品不会大规模生产，以保持产品的独特性和市场的需求度。市场监管部门也会定期收集各个农场的生产、销售信息，以制度化的方式调控生产和销售，保证产业发展与自然生态之间的和谐共生，减少产业内的恶性竞争。此外，家庭旅馆等特色服务型设施也遵循“原真”的自然生态法则，建设工作都以原有自然生态环境为基础，围绕当地农业历史文化改建以展现独特魅力。第二，将本地居民的需求始终置于首位。当地农业发展工作始终是国家关注的核心内容，休闲农业与本地农业发展不能形成竞争关系而要对农产品销售等农业生产起大力促进的作用，休闲农业对当地农民、居民的经济收入、保护乡村遗产、对乡村与城市的联动乃至社会经济、文化全面发展进步都起到了可持续发展的重要作用。第三，政府与行业协会的协作能力极强。法国农会下属休闲农业协会等行业协会成立较早，政府与行业协会形成了良好的合作关系，协会在政府允许的范围内制定严格的行业规范、规章制度以及质量评级等控制标准，以达到行业自律的目的；一方面协助政府主持休闲农业产业的行政事务，另一方面为农民提供各种服务，并作为农民代表提供与政府交涉的桥梁，是行业从业者与政府之间沟通的纽带，通过协会等官方、半官方甚至民间组织，政府的管理职能弱化而监管职能加强，使得在政府主导下的法国休闲农业得以在一定范围内较为自由而健康地发展壮大。

2.3 英国

英国是世界休闲农业旅游发展较早的国家之一。英国农业发展的特点十分鲜明，18 世纪末的英国，资本主义生产方式已占据绝对统治地位，当时英国的农业在欧洲居领先地位。直到 19 世纪初，英国仍是一个农业为经济支柱的国家，农业比较发达、食品基本自给。但由于工业革命及其他产业的兴起，英国继而改为实行重工业而轻农业的国策转型，在轻视农业政策的诱导下，农业逐步衰退，英国在食品供应方面开始严重依赖于世界市场。在 19 世纪 70 年代，国内生产的粮食能够供应当时全国人口的 79%，到第一次世界大战时，英国生产的粮食只能养活 36% 的人口[1]。1913 年谷物播种面积比 1870 年减少 25%；1931 年谷物播种面积减为 196.3 万 hm^2，比 1918 年下降 41.7%、产量下降 20.6%。此后英国更由于第二次世界大战的原因而粮食紧张，英国政府不得不实行食品配给制，转而加强对农业的干预，采取重视农业的许多措施，如奖励垦荒、对开垦荒地的农户发给奖金；扩大耕地面积；提高农业机械化水平；大幅度提高农产品价格；各地区普遍建立农业生产管理委员会，对农业生产进行监督等。战后，英国花了十余年的时间，扭转农业衰退的局面，推进农业现代化。目前英国较为重视农业土地生产率和单位面积产量的提高，农业劳动生产力、单位面积产量都有了很高的水平，基本实现了农业的现代集约经营并提高了农业的单产水平，同时也大力提高农业机械化水平以促进农业劳动生产力的提升。

1 陈红卫，吴大付，王小龙. 英国农业发展现状、经验及启示：河南科技学院学报，2011(05): 17-20.

英国休闲农业的初级形态是“英国乡村庭园”，它是经济发展到一定时期的产物。英国的庭园历史，比起法国和意大利的古典花园要晚一些，大约从 17 世纪才开始，“英国乡村庭园”是贵族财富与权力的象征，特点是追求自然景观之美。英国的产业革命在造就了经济腾飞大环境的同时却也破坏了自然环境，英国人民都希望能恢复昔日秀丽山川并向往着有美丽庭园的郊区生活，从那时开始，“英国乡村庭园”的发展，便倾向走自然路线，这也为休闲旅游的迅速发展埋下了伏笔。虽然英国乡村庭园的出现晚于法国、意大利等国，但英国休闲农业的发展明显超越其他国家。英国城市化发展程度很高，大量的城市人口为休闲农业提供了相当可观的潜在客户。由于英国工业化进程起步很早，居住在城市中的人生活在钢筋水泥之中，长期远离自然，从而产生了对自然环境、乡村生活的热切渴望，有着亲近自然的强烈愿望，希望通过乡村生活舒缓紧张的心理压力。同时，英国经济的快速腾飞对农业旅游也有推动作用，人们收入的增加使得可自由支配的资金增多、工作之余的空闲时间增多、私家车普及度的提高等因素，共同促成英国休闲农业能够快速发展。

根据数据统计，1992 年，英国便已有农场景点 186 个、葡萄园 81 个、乡村公园 209 个，占英国人造景点的 1/10，目前全英近 1/4 的农场更是直接开展了休闲农业项目，其经营者绝大部分为当地农场主，每个农场景点都为游客提供参与乡村生产生活、体验农场景色氛围的机会[1]。相关设备的专业性也是英国休闲农业的特色。通常农场中都会设有一个相关的农业展览馆，并提供导游和解说服务，为游客提供信息咨询和讲解服务。此外，这些农

1 刘丽伟. 欧洲创意农业方兴未艾 [J]，农村. 农业. 农民（B 版），2010(10): 32-33.

图 4-8 英国乡村霍华德庄园的花园（Castle Howard garden）

场中还会为游客提供手工艺品、餐饮和住宿服务，儿童娱乐项目也是大多数景点的必备设施。当然，英国休闲农业的发展并没有削弱农业生产的主体地位，虽然休闲农业产业的收入已经远超农业生产，但是，休闲农业也只是农业多样化的一个方面。其发展基础归根结底是建立在农业生产之上的。多数英国的农场在进行休闲农业与旅游开发的同时也十分注重保护乡村原生态环境。截至 2009 年，英国大约有 2.5 万名农场主参加了以保护农村风景为主的农业环境计划，种植了总长 4 万 km 的灌木篱笆墙，他们还管理着 23 万个农用水塘，大大丰富了自然生态农业旅游资源[1]。由于休闲农业从业者 90％以上是本地区居民，所以各休闲农业项目不约而同地自发运用本土化市场战略，以期实现利润的最大化。最为重要的是，英国的休闲农业结合本土文化而大力发展文化旅游，使游人在体验休闲农业项目中如画的田园风光的同时也能体味英国几千年历史积淀下来的民族文化。

1 欧洲创意农业方兴未艾 [J]. 卢阳. 农业知识：2010-10-08.

2.4 意大利

1865 年，意大利成立的“农业与旅游全国协会”专门从事向城市居民介绍农村旅游项目，吸引城市居民去乡村体验农业野趣，与农户人家一同生活、工作，或是在乡村搭建帐篷野营。休闲旅游者可以在乡村选择骑马、钓鱼、从事农活，以此远离城市中的喧嚣和繁闹，获得片刻的安静和放松。意大利的休闲农业在 19 世纪 70 年代刚刚兴起，于 19 世纪 80 年代获得发展，并于 19 世纪 90 年代到达鼎盛，该产业被称为“绿色假期”。目前，休闲农业已成为意大利现代农业的一部分，它融合了当地自然、人文、社会等环境，综合开发和利用当地农业资源，对城乡统筹具有重要意义。意大利国内以休闲农业产业为主营项目的企业如雨后春笋般不断增加，逐渐在意大利人中掀起了绿色休闲与健康生活的新风潮。对休闲农业的绿色理解使得意大利的乡村逐渐形成了发展生态农业的风尚，生态农业耕地面积不断扩大，乡村环境得到了良好的改善。通过政府与行业协会、相关经济组织的牵线搭桥与通力合作，意大利休闲农业管理体系得以顺利建立并不断完善。截至 2000 年，意大利在全国 20 个行政区划内已全部开展了休闲农业活动，农庄数目则有将近 8000，专为慕名而来的游客服务。

此外，意大利的农业合作经济形成一套较为独特的创意休闲农业发展模式。其创意体现在除了良好运用美丽风景资源以及现代化科技优势之外，还结合本土缤纷出众的民俗文化以及新能源使用等可持续发展思想，在休闲农业产业中以如“绿色假期”“崇尚自然”“弘扬民族文化”等概念积极推进休闲农业与日常生活的融合，进一步提升了休闲农业项目的综合吸引力，从而改善了整体产业结构，使城市与乡村积极交流、互利双赢的关系进一步巩固。

根据意大利休闲农业的发展情况看，休闲农业是生产力发展和农业现代化进程到达一定程度之后的必然结果。意大利的休闲农业，从开始在欧洲国家中最早发源，到发展至今，可以说从始至终都是由城市走向乡村的追本溯源、追寻自然之旅。而其发展过程以及发展规模则与上述欧洲各国大同小异，在此不一一赘述。

第三节　北美休闲农业发展概况

近年来的北美农业表现出“现代化”“高科技”的特点，给世人留下深刻印象。农业作为休闲农业的基础，农业具有的鲜明特色对休闲农业有着决定性作用。当农业与旅游进行多样化结合后，将会展现更加多样的魅力。

3.1　北美休闲农业发展的基本特征

在北美地区，美国、加拿大两国的休闲农业主要以乡村旅游、观光休闲农业为核心，这两国的休闲农业有着以下一些基本特征：

1. 注重保留浓郁的乡土气息

对自然生态环境以及乡村人文景观的保护是美国和加拿大两国休闲农业的发展核心。不论是美国的观光休闲农场或是加拿大的古村古镇旅游，都侧重于对地区历史文化、人文景观的展现和挖掘，以此作为吸引消费者的重要旅游资源。在开展休闲农业项目规划的时候，政府管理者和设计者都注意避免建设大体量的建筑群，避免大规模的交通设施建设破坏景观的完整性，区域内的交通主要设计为步行，其他相关的服务设施也尽量简约、小型，以此减少人工设施、娱乐场所对自然景观的影响。同时，在规划的过程中设计一系列便于解读、信息量丰富的旅游标识系统，令游客在旅游观光的时候能够一方面体验自然环境的美好，同时又能够增强自然保护的意识，对农业知识有进一步的认识。

2. 重视居民需求

休闲农业主要客源市场来自于国内居民，尤其周边城市的居民为多。在深入乡村的休闲农业项目中，来访游客多数是依照

图 4-9　美国威廉姆斯小镇

“就近原则”，据美国旅游调查局资料，半数以上休闲农业旅游者的行程在100英里以上、州际范围以内[1]。旅游研究者阿兰贝里（Aramberri 2003）指出，对于北美而言，国际旅游的地位在国内旅游之下，北美休闲农业的发展主要是由北美居民所推动的，本地居民的需求也被北美国家的政府置于首位了。

1 徐晖，周之澄，周武忠. 北美休闲农业发展特点及其经验启示[J]. 世界农业，2014(11): 110-116.

美国与加拿大由多处休闲农场与度假胜地所支撑的休闲农业事业发展得到了当地政府的大力支持，从业者为游客提供当地独特的自然文化资源以及衣、食、住、行等必要服务，美国各级政府制定了相应扶持政策来推动境内休闲农业的发展，辅之以美国国家乡村旅游基金等非营利性组织对于项目策划、经济援助、宣传工作等方面的积极配合。

3. 类型多样化

从休闲农业的类型与内容来说，观光农场、市民农园、休闲农场、度假农庄、乡村民宿、民俗村落、自然生态之旅等休闲农业的典型模式都在北美开花结果，而无论是农耕美味品尝、农业文化参观游览、乡村传统节庆活动、主题农业之旅，甚至是民宿、骑马等多样的休闲娱乐活动，自开展以来就都备受游客青睐。比如，美国、加拿大的家庭旅馆有四种类型用以满足游客的需求：

（1）客房加早餐（B&B）。一般多是由过去的农舍改造而成，具有一定的年代感。改造后仍保持了原有的建筑风格。房子一般多为两层，面积较大。容纳游客数因房屋大小而不同，大的可接待多达20人。家庭旅馆只提供早餐，但周边有较好的餐饮配套设施。

（2）乡村旅馆。源于欧洲，比B&B房间大，商务旅游者是其主要客源，可提供优质的住宿和餐饮服务以及会议室和其他商务设施。

（3）自助式村舍。装饰考究，设施齐备，参与星级评定，价格偏高。如有的自助式村舍提供中央暖气系统、微波炉、厨具、洗衣机、电视 / 录像机、收音机 /CD 机、电热毯、羽绒被等。

（4）度假村（Resort）。以高端游客和商务团队会议旅游者为主，度假村的现代化色彩较为浓厚。

4. 信息化程度高

北美休闲农业发展至今，宣传主要通过网络来实现，通过网络可以便捷地向任何对休闲农业感兴趣并关注相关信息的人们提供最及时且反馈方便的信息，同时也便于管理。此外，北美的休闲农业还设有先进的网上服务系统，游客可提前在网上预约行程，节约时间并做到心中有底、有数。

3.2 美国的休闲农业

美国的休闲农业起源于传统农业牧场，第一个休闲牧场是1880 年在中西部的北达科他州成立，之后休闲农业农场就如雨后春笋般在美国各地发展了起来。1925 年，美国多地的许多牧场联合成立了休闲农业相关的早期协会团体，以便与铁路公司等周边合作公司联系，并且集聚成团统一宣传以吸引客源。此后，美国

图 4-10 美国夏威夷民俗表演

的休闲农业产业进入了蓬勃发展期，1970 年时仅东部就有 500 处以上的休闲农场，到 20 世纪末 21 世纪初时全美休闲农场已超过 2000 处。据多项研究表明，美国超过半数的国民都曾至农村地区进行休闲娱乐或旅行活动，其中以休闲为目的的比例竟然超过了 90%。

目前，美国农业旅游类型主要有三种：一是乡村文化遗产旅游；二是乡村自然生态旅游；三是以休闲和体验以及教育为目的的农业旅游。现列举几例如下：

1. 互利共赢的市民农园

美国市民农园的特点是在农场经营的基础上引入居民社区，农场与社区单位对点互助，使农民的农业经济收益与城市居民的身心健康挂钩，名为“CSA”（Community Support Agriculture）的新型都市休闲农业模式，以社区参与来带动休闲农业发展。这种休闲农业产业形式于 20 世纪 60 年代在日本和瑞典诞生，20 世纪 80 年代被引入美国，如今美国已有超过 2000 家农场在采取这种模式运营。

图 4-11 美国佛罗里达的 geraldson-community-farm（图片来源：网络）

2. 开拓创新的创意田地

创意田地的休闲农业创新模式是建立在农业生产水平发展到一定程度的基础之上的。创意田地可以有多种表现形式，最知名的创意者是美国堪萨斯州的农民斯坦·赫德，他利用了有色土壤、各类农作物以及拖拉机、犁等农业器具，通过别出心裁的排布形式以及精心的修剪维护将农田变成了一幅幅美丽的画卷。如，他创作的“庄家画”——梵高名画《向日葵》，约 20 英亩大。另一种创意田地形式是农作物迷宫，通过对农作物排布的预先规划，让作物以成熟形态自然地营造出迷宫、绿篱等规整造型。

3. 人性化的“市民打工”

休息日可进行的“全日制”休闲农业打工方式，即市民帮忙做农活以换取一定的报酬。美国北卡罗来纳州的马维里克农场出现了更为灵活的形式，度假者可以有偿从事如收割、播种等农事，农户按小时付薪金，7 美元 / 小时，可用于抵扣消费账单。

总而言之，美国的休闲农业发展进程十分注重对原生自然生态以及本土人文历史风情的保护，对娱乐休闲服务的巨细靡遗并注重与居民社区的结合，其主要表现形态为度假农庄与观光牧场。但需要注意的是，美国政府也在管理层面上面临着相当的挑战，美国的休闲农业在许多方面仍然没有固定的标准，从而影响了评估与规范的效率；同时因为欠缺十分明确的鼓励措施，对于一些财力小、规划能力不足、欠缺经营理念的小农户来说，经济回收不如预期则会在很大程度上降低其休闲农业发展的积极性，从而导致游客的游憩体验质量下降。

3.3 加拿大的休闲农业

加拿大的休闲农业一样注重多样化、信息化等特色发展道路。同样的，加拿大也十分重视对自然生态与传统文化的保护，甚至在一些方面，其力度超过了美国。加拿大的农业是其经济重要的组成部分，有5%左右的就业机会来自于农业，农业创造了接近10%的国内生产总值，而从事农业的家庭仅占全国家庭的5%以下，因此加拿大的农业机械化程度非常高。自20世纪50年代加拿大就开始了保护性耕作的试验研究工作，2000年左右保护性耕作农业面积在总耕地面积中的占比已经达到了70%以上。

与大部分国家不同，加拿大更具有优异而独特的自然环境条件，因此加拿大的休闲农业发展模式首先选择依托于其地理环境、气候条件和传统及现代化的耕作方法等自然因素或传统农业情况，以“感受自然”等亲近自然生态的绿色理念大力发展乡土民俗体验型休闲农业项目。此外，如《加拿大休闲农业发展质量标准》等一系列法律法规、规章制度以及支持政策中也对保护环境与生态平衡作出了规定，为休闲农业的健康稳步发展保驾护航。

在休闲农业建设过程中加拿大很好地利用了当地的资源要素，美食之旅与休闲农业的有机结合就是一个典型的例子，成为加拿大休闲农业的突破点。 为了弘扬和宣传其多元的文化，加拿大在传统村镇的保护工作上可谓不遗余力。

正因为地大物博、人口不足等实际情况，加拿大对于休闲农业的发展方式手段并不局限于某个休闲农业项目或某个小范围区域，有时甚至整个州省都能被动员起来。曼尼托巴省位于加拿大的心脏位置，农业参观资源丰富，从小农场到现代化大农业公司，除了让人增长农业专业知识，还能深入体会曼尼托巴省的文化和自然环境。曼尼托巴省是加拿大粮食贸易中心，很多大型粮食贸易公司都设在温尼泊，包括有Cargill，James Richardson & Sons和Agricore三大公司，另外，加拿大小麦协会、加拿大粮食委员会、加拿大国际粮食研究中心也都在温尼泊设有机构。曼尼托巴省的农业研究也处于世界领先水平，曼尼托巴大学在农业生物学、保健品、农业企业和水质管理研究等领域都有很高的学术声誉。曼尼托巴省的空气质量之好，淡水资源（5840万 hm^2）

1 休闲农业旅游和教育参观，http://www.365liuxue.net/html/105-15/15258.htm，2012.03.16.

之充足，也使得这里的农业发展前景无限。只要来参观曼尼托巴省的农业产业的游客，绝不会无功而返[1]。

第四节 亚洲休闲农业发展概况

亚洲国家的休闲农业发展十分具有地域特色，除我国国土范围庞大外，其他国家在基础资源、空间资源等方面都极大地制约了农业发展，且多以都市农业为国家农业的重要组成部分。不少国家另辟蹊径，着重开发休闲农业中用以娱乐休闲的部分，使休闲农业在传统农业渐趋薄弱的背景下散发出了新时代的光辉。

4.1 日本

日本的休闲农业可分为以自然景观为核心资源的绿色休闲农业，以高品质农产品和乡村生活为主要卖点的观光休闲体验农业以及以城郊交流休闲为主要目的的都市休闲农业三种基本形态，有市民农园、观光果园、观光渔业、自然休养村、观光牧场、森林公园、自助菜园、农业公园等多种具体表现类型。

日本的绿色休闲农业发展模式是其休闲农业产业中的重要代表分支。作为岛国，在环境要素上多有火山、在气候上则温度多变而多雨，更是地震、海啸等自然灾害频发的地区，农业发展只能通过休闲农业开发中对自然景观与相关人文历史积淀的运用来弥补不足。受中国传统文化影响，“天人合一”“亲近自然”的思想在日本一直大行其道，传统古建筑、枯山水等日式代表的绿色园林景观也一向备受推崇。日本休闲农业奉行“回归自然”的理念，以绿色旅游、绿色农业参观体验及其周边产业积极带动“绿色休闲”概念的推广，通过农场、农庄等配套设施实现本国人民与国外游客的亲身参与，并在实践中强化人们对“绿色”这一休闲农业发展主题的理解与认同。日本绿色休闲农业产业大多将所

图 4-12　日本大宫盆栽村

在地定位于为数不多的乡村区域，主要设置农业生产经营实践、休闲交流、住宿度假等休闲活动。20 世纪 80 年代，日本休闲农业创新地提出了“修养村落”的概念，在风景秀丽的自然资源周边建设以农业为支柱产业的村落，配套相应的休闲娱乐设施以提供住宿、休憩等休闲服务，并逐渐通过较为成熟的农业体验、绿色观光、健康养生等休闲农业模式发展壮大，政府也顺势增大了绿色休闲农业投入，并提出了“绿的体验”等宣传口号。日本的专项立法工作也积极支持着绿色休闲农业的发展，为了有效推动绿色观光旅游体制、景点和设施建设，日本政府制定了一套完整的农业土地法律体系，在硬件配套设施、税收、补贴等方面给予许多优惠政策[1]。

日本是世界上最早开办观光农园的国家之一，不单单只是农民与村民向往着城市，城市居民们也一样向往着田园生活。自从在田町建立起的观光农业基地大获成功后，越来越多的地方也开始争相效仿，神户市新神西镇的葡萄酒农业公园、新潟县大和町的农业生产园、水果之乡青森县川世牧场等都是较为成功的案例，游客们在其中既可以休憩娱乐，通过亲身体验感受观光休闲体验

1　张胜利．国外休闲农业发展的典型模式分析及经验启示[J]．农业与技术，2013, 33(01): 203-204.

的乐趣。

1995 年 4 月日本出台的《农山渔村停留型休闲活动的促进办法》规定了“促进农村旅宿型休闲活动功能健全化措施”和“实现农林渔业体验民宿行业健康发展措施”，推动绿色观光体制、景点和设施建设，规定都府县及市町村要制定基本计划，发展休闲旅游经济，国家需协调融资，确保资金的融通，从而规范绿色观光业的发展与经营。同时，随着日本加入 WTO，日本通过采取相应激励措施（给予贷款及贴息等），使小规模的产区得到较快发展，生产手段逐渐向自动化、设施化、智能化，生产经营管理向网络化发展。

日本的都市农业，指包含在都市内的农业及都市近郊的农业。日本是一个土地资源十分有限的岛国，经过 20 世纪六七十年代经济的高速增长之后，城市扩张迅猛，城市周边地区的地价不断上涨。由于土地属私有制，在城市星星点点的耕地上生产的嫩绿的蔬菜、鲜艳的花卉，不仅为城市增添了绿色，增加了观赏的景点，而且改善了城市的生态环境，有不可忽视的存在价值。日本已发展出三种主要的都市农业模式：（1）观光型农业，即设立菜、稻、果树等田园，吸引游人参观体验；（2）设施型农业，即在一定范围内运用现代科技与先进的农艺技术，建立现代化的农业设施，一年四季生产无公害农副产品；（3）特色型农业，即通过有实力的农业集团建设一些有特色的农副产品生产基地，并依托先进的科技进行深层次开发，形成在国际市场上具有竞争力的特色农业。

1990 年，日本实施了《市民农园整备促进法》，其中的代表法令有：（1）政府在硬件配套设施方面给予许多优惠政策，减少了建园的成本，使得体验型市民农园得以大面积面世；（2）规定承租市民与农园之间的距离，按都市规模从 30 分钟到 2 个小时不等；（3）规定了市民农园中农地的租借期限，一次租借不得超过 5 年；（4）农园里允许设置休闲农业相关设施。根据这个法律，农场主可在自己农园的土地中划分出多个区域出租，按照租户的要求进行种植等农业生产工作，日常照料仍然由自己负责，并按照约定时间提供休闲娱乐服务。这一法案的颁布与顺利实行使得农场主不仅可获得农园的农产品，还可赚取高额的土地租金和管理费。

纵观日本都市农业发展历史，各级政府都给予了十分优惠的保护促进政策，大力开发多样化的发展模式，同时政府也较为关注农业劳动力素质的提高。政府与人民的共同重视以及齐心协力使得日本都市农业的发展趋势较为明显。

4.2 韩国

韩国原有农业资源基础较为薄弱，甚至曾经是世界上人均耕地面积最少的国家之一，但自 20 世纪下半叶着重发展农业起，韩国逐渐在农业上实现了自给自足，成为农产品制成品的主要出口国之一。这一系列的变化反映出了韩国农业的快速发展，而以此为基础的休闲农业发展也进步神速。

韩国休闲农业是随着经济腾飞和城市化产生发展起来的。自 20 世纪 70 年代开始，韩国工农业发展严重失调，农村人口大量涌入城市寻求发展，乡村老龄化严重，城乡差距日益拉大，各种社会问题集中爆发，为了稳定发展，政府倡导的以“勤奋、自助、合作”为宗旨的新村运动应运而生，自此，韩国的休闲农业发展拉开了序幕。韩国政府同时也把发展休闲农业旅游作为振兴农村经济、提高农民收入的一项计划，发展初期以旅游农场的形式为主，近年则以在大城市周边的渔村兴建“观光农园”和“周末农场”为新兴风潮，这些农场集休闲、体验、收获为一体，吸引了大批市民而生意非常红火，此为人民经济、休闲等需求之外因[1]。韩国休闲农业发展的主要模式是乡村农园和周末农场。据韩国有关机构统计，到 2000 年为止，韩国认定的观光农园有 491 所。利用周末和暑假到“观光农园”休假的城镇人口达 446 万，相当

1 孙其勇. 国外农业生态旅游对苏州农耕文化旅游发展的借鉴意义 [J]. 江苏农业科学, 2013, 7(41): 421-422.

图 4-13　韩国釜山甘川文化村；首尔北村韩屋村

于城市人口的 1/8。韩国郊区农民已经将“观光农园”和“周末农场”作为家庭收入中的重要组成，如“茶园旅行”让游客到茶园采茶，“周末农场”适应双休日的特点，供城市游客携一家老小去耕作和收获，体验劳动的艰辛和乐趣。韩国农林部推广的“绿色农村・体验村庄”则是将自然生态、旅游、信息化和农业培训结合起来的高端乡村旅游项目[1]。

现在，韩国的休闲农业发展对韩国村落生活情况的改善作用也逐步体现了出来。在韩国，很多农村都面临着空心化、老龄化的难题，且越来越多的农村有发展成“空心村”“留守村”的问题出现，青壮劳动力多半离开乡村前往城市谋求生路，留守者以幼童与老人居多。为了让这样的留守村也保持活力，当地想了不少办法，但乡村赖以生存的农业生产项目由于农活太重、单户产量过低等实际困难难以从根本上解决问题，此时休闲农业的大发展则为空心留守村落带来了生机与活力，留守村民力所能及的休闲农业设施服务供给、丰富多彩的文化活动设置、城乡交流与农业体验所带来的劳动力与可观收入都使得村民的各项生活条件得到了很大的改善，再加上其余村落的大力支持发展，休闲农业产业

1　马涛. 韩国新农村运动式的休闲农业[J/OL](2013-11-20)规划设计网. http://www.169x1.com/article_3252.htm.

在韩国乡村的开展可谓红火万分。忠清南道堤川市德东里是韩国的一个偏僻山村，当地农民历来从事农业生产。近几年，德东里村开始发展乡村旅游，开设种花、做豆腐、捉鱼、收玉米等农家乐旅游项目，吸引城里人前往度假观光。这个仅有 69 户、138 口人的小山村今年已接待了约 25 万名观光客。

韩国休闲农业的发展与其他国家不一样的地方在于，其对有限资源的整合工作以及创意项目的不断开发做得十分出色。虽然韩国着力于发展基础农业与休闲农业，但相较而言韩国本土可用于开发的农业资源实在是捉襟见肘，在如此不利的条件下，韩国政府十分注重对有限资源的整合利用，将海滩、山泉、小溪、瓜果、民俗等各色资源都用于休闲农业的开发主题，“麻雀虽小、五脏俱全”；另外，在资源不足的不利环境下，韩国休闲农业的发展十分注重创意项目的开发，许多村落的传统文化和民俗历史等都得到了深度挖掘，同时为增强其市场竞争力，还不断推陈出新，使得各色项目常保活力。

4.3 新加坡

新加坡是一个城市经济型的国家，面积仅有 556km^2，人口为 416.37 万，论及国小人少与自然资源的贫乏比日本韩国有过之而无不及，农产品同样无法自给自足。但令人意想不到的是，新加坡部分休闲农业项目的档次较之许多发达国家都要高出不少，有些甚至达到了以农业园区为基础而多产业综合开发的复合型产业水平。从 20 世纪 80 年代起，新加坡政府设立了十大高新科技农业开发区。在这些农业园区内，建有 50 个农业旅游生态走廊，有水培蔬菜园、花卉园、热带作物园、鳄鱼场、海洋养殖场等供市民观光，还相应地建有一些娱乐设施，不仅为新加坡人提供了农业旅游场所，每年还能吸引 500 万 ~ 600 万国外旅游者。新加坡农业园区已建成为集高附加值农产品生产与购买、农业景观观赏、

1 刘文敏，俞美莲. 国外农业旅游发展状况及对上海的启示[J]. 上海农村经济，2007(09): 39-41.

园区休闲和出口创汇等功能于一体的科技园区，成为与农业生产紧密融合的、别具特色的综合性农业公园[1]。

从发展条件与发展理念来看，新加坡的休闲农业发展理念是在极为有限的资源条件下尽量以综合产业发展的模式使效益最大化，这也使得新加坡这样一个以都市休闲农业为主要产业基础的城市型国家必须向着农业现代化与高科技、高投入、高产出的方向发展，对资源依赖较小的文化科技、健康养生、科普教育等多种发展模式便理所应当地受到了青睐。此外，由于城市空间的限制，新加坡休闲农业产业多采用集中经营的模式，优越的城市技术环境使休闲农业的现代化综合科技园、生物医药科技园等创意模式得到了更大的发展可能，也更容易在合作碰撞中产生高级技术的火花。

现代化集约的农业科技园是新加坡重点的创意休闲农业模式，以追求高科技和高产值为目标，最大限度地提高农业生产力。其基础设施建设由国家投资，然后通过招标方式租给商人或公司，租期为 10 年，现有耕地约 1500hm^2，供 500 多个不同规模农场经营。它是世界上第一个在热带国家以气耕法来种植蔬菜，生产富有营养、安全的新鲜蔬菜的国家；蔬菜的生长期由土耕法的 60 天缩短到气耕法的 30 天[2]。

2 刘军，张永忠，李晓蓉，等. 创意休闲农业发展模式及对湖南的经验借鉴[J]. 湖南农业科学，2012(12):45-49.

第五节　澳大利亚休闲农业发展概况

在广阔大洋洲之上的大国家仅有澳大利亚与新西兰，且与其他小国一般人口稀少。但也正因为其人为破坏较少，澳大利亚、新西兰、所罗门群岛、斐济等国的山高海阔、广袤植被、多样化动物群落等优异的自然风光吸引了成百万上千万的游客赴此观光游览，而自然环境的优渥同时也是大洋洲休闲农业的重要特征之一。大洋洲休闲农业偏重于观光体验与游玩度假，因主要代表国家澳大利亚与新西兰类型相似，故仅介绍分析澳大利亚的休闲农业情况。

澳大利亚农业以养羊和牛，种小麦为主。羊毛产量和牛肉出口量占世界第一。小麦年产2000万吨以上，一半以上供出口。澳大利亚的农业旅游发展也很快，虽然休闲农庄不多，但在全国的旅游总收入中，农庄和乡村旅游业收入超过35%[1]。休闲农业在澳大利亚以农业生产体验为主，比较普遍的是以农业观光（Agricultural Tourism）的形式来经营，而发展此种观光事业的农场也非常普遍。农场内通常有展示中心、观光农场以及展示表演，有的还提供民宿的服务。

1 晶依. 休闲农业旅游在国外[J]. 农产品加工，2013(02): 72.

在澳洲有一种农业观光组织是私人的营利组织，活动内容有参观农业、访问农村的人物以及观光之旅。以其参与人数来区分，可分为农业观光（Agtour）与乡村之旅（Agtrip）两种，一般澳洲的农村之旅包括的行程有：

1. 牧牛之旅：以四到六天访问牧场、牛犊及育肥事业，牧草培养、牛肉与乳品加工、养牛研究单位。

2. 作物之旅：糖业、热带园艺、稻作、花生与玉米。

3. 畜牧之旅：以五到七天的时间访问养牛与养羊的牧场、试验所、羊毛生产的加工，牛、羊的拍卖、屠宰及加工处理。

4. 综合农业观光：应旅客需要，分别以四到九天时间，参观牧场、农场与热带果园等。

此外，澳大利亚作为开展休闲农业最早的国家之一，对如酿酒等一些特色休闲农业项目十分重视。在休闲农业的葡萄酒旅游产业中，澳大利亚特别注重“产、学、研”紧密结合，主要依托葡萄庄园的田园风光、酿造工艺生产设备、特色美食、葡萄酒历史文化吸引游客，同时开发观光、休闲和体验等农业旅游产品，带动餐饮、住宿、购物、娱乐等产业延伸，促使休闲农业向第二产业和第三产业延伸，实现了特色农业产业与旅游业的结合，为地区带来了巨大的综合效益。澳大利亚葡萄种植始于1788年，从1810年开始，葡萄酒酿造和销售开始走向商业化，目前已经形成了60多个葡萄酒产区，2008年澳大利亚葡萄酒产量为12571.4亿升，出口量为7141.7亿升，成为世界第六大葡萄酒生产国和第四大葡萄酒出口国，吸纳了农村剩余劳动力，产生了巨大的经济效应。据澳大利亚资源、能源和旅游部统计报道，2009年澳大利亚葡萄酒旅游就吸引410万国内游客和66万国外游客，收益达48.9亿澳元。

据赴澳大利亚休闲农业游的游客感受，澳大利亚的休闲农业吸引点是显而易见但利用得当的。澳大利亚对如国家森林公园、壮丽山川、优美海滩、广阔平原等基础农业发展所依仗自然风光的保护，使得游客们能够在游览休闲农业项目时深切感受到其自然环境的独特魅力；同时，澳大利亚也十分重视休闲度假环境的营造，且也切实落在游客对休闲农业的体验参与之中，比如在澳大利亚境内随处可见多种颜色鲜艳、体态优美的鸟兽虫鱼，大部

图4-14　奥克兰郊区庄园

分地区可见不畏人车的袋鼠，国宝考拉也在多地动物园中与游人见面，其对动植物生态系统平衡的保护工作可见一斑，优越自然环境带来的身心愉悦感、动植物浑然一体亲近人类的环境融入感，再加上农业休闲体验项目的锦上添花，使得澳大利亚的休闲农业产业发展深入人心。

第六节 国外及境外休闲农业发展趋势与经验启示

6.1 发展趋势

纵观各休闲农业发达地区，欧洲、北美等地休闲农业兴起较早的国家多以老牌乡村的自然生态与农业资源为发展基础，大力发展休闲农业的乡村度假模式，且由于其发展历史、国力强盛、农业进步等优势，其休闲农场、度假农庄的发展模式之多、发展规模之大以及发展程度之深都可谓世界领先，原生态的乡村自然与农业生活环境也令人神往；亚洲发达国家的休闲农业则是以休闲娱乐与农业体验为主要吸引点，多依靠对基础农业生产经营过程的休闲化利用以及丰富多彩的娱乐设施设置来保证产业发展，相对而言人为与后续建设的成分更高一些，这也与其资源上的先天不足有关；而澳大利亚、新西兰等大洋洲国家，既因为地广而自然资源条件优越使得其休闲农业基础较好，又由于人稀而不得不依赖先进科技进行现代化农业开发，也需要对休闲娱乐项目的开发来吸引国外游客，使得其休闲农业产业自然与人工并重，算是兼具了各地区休闲农业的基本特点。此外，无论是由于先进的科学技术优势，还是因为领土、资源的匮乏，或是基于居民需求角度的考虑，各个地区的发达国家都积极进行着都市休闲农业的创新发展，不断尝试将土地需求量大、依赖自然生态与环境条件的传统农业与科技高度发达、预留空间较小、人口众多的城市环境结合起来，寻求着低投入、高产出，以休闲娱乐服务为主的都市休闲农业新模式，也已经取得了如市民农园、休闲农业社区、观光农地等具有现代都市农业特色项目的不菲回报。

进入 21 世纪之后，休闲农业规划开始向着精品化、多元化的方向发展，主题型、综合型的休闲农园受到人们的青睐。回顾休闲农业的发展历史，观察近年来休闲农业的发展动态，并在此基础之上展望休闲农业的未来发展，可以较为清晰地勾勒出一条休闲农业的发展脉络：资源为主——项目为主——个性为主——服务为主，即休闲农业发展从以基础资源开发利用为核心向以开发项目的多种形式为核心转变，再向以精品项目、个性品牌文化的建设为核心转变，并在未来朝着以产业集群联动、服务品质提升的方向不断进步。要强调的是，项目为主、多样化、精品化与个性化的趋势特质并不意味着休闲农业逐渐向小众、特定人群的方向发展，正相反，为了扩大客源市场以带来更大的利益，同时随着社会进步与各国人民生活水平的提高，遵循着发展脉络规律的休闲农业正不断向扩大城乡交流、拓展业务范围的更为大众化的方向不断前进。

早期的休闲农业是从由城市向乡村寻求休闲度假的需求中发展而来，以农业资源为基础的产业，其核心卖点在于对不同生活方式的体验，在刚起步阶段经营模式较为单一，仅能依赖原有自然生态、基础农业、乡村生活等资源做文章，当然这其中也有从对资源条件简单的开发使用到充分发展利用的转变过程；而在资源已经被无所不用其极，即“玩什么”已经千篇一律而缺乏吸引力之后，“怎么玩”“怎么好玩”就更为人们所关注，建立在资源基础之上各式各样的休闲农业项目成为了主要的吸引点。骑马、采蜂蜜、酿酒等城市生活中缺乏的农业休闲娱乐方式以及层出不穷的农业度假噱头抓住了人们的好奇心，使得资源开发利用方式的直接体现点——休闲农业项目成为了人们最为关注的话题；但在项目多样化发展、数目不断增多的过程中，粗制滥造、参差不齐等问题的出现也是无法避免的，且当人们充分领略并厌倦了多

图 4-15　瑞典乡村风情

种杂乱体验、难免重复的花花世界时，精品化、差异化、特质化的项目成了人们追求的新热点，休闲农业产业各个既定类型之中更为细致个性化的精品创新项目脱颖而出，同时建立在此基础之上逐渐萦绕起的品牌效应与独特文化开始以其独特的个性魅力吸引人们的目光；由此突出了休闲农业各个发展时期的主要发展对象。

可以说，休闲农业最先是因其农业休闲与观光旅游的结合而逐渐为人们所熟知，但休闲农业却远远不只局限于观光旅游本身。发展至今，休闲农业已从单纯的观光旅游模式发展到就近的都市休闲农业、寻求放松的休闲度假、产出颇丰的农园生产投资等多种产业模式，而休闲农业本身与观光旅游的差别也在于其资源的可利用性衰减相对较慢，即相对而言休闲农业所依赖的农业生产等部分资源并不会像观光旅游资源般因其新鲜感的丧失而价值大幅衰减，其还有农产品产出、养生健康等多种利用途径，同时休闲农业所提供的主要活动注重参与体验和休闲娱乐，因此其未来发展趋势更应与集合了观光、餐饮、住宿等服务性行业的广义旅游产业发展趋势保持一致，产业链中各个模块的创新、打上鲜明个性烙印的品牌文化、无微不至而重视体验质量的服务、以高效率与易用性为核心的现代化智能系统、广开客源的大众模式推广系统是其必然发展趋势，也就是说，休闲农业发展的整体趋势应该是个性创新、产业集群、文化与科技并行、重视服务且服务大众。

6.2 经验启示

发达国家的休闲农业能取得如此成功，其中的主要原因包括发展规划的整体性思路、规划过程强调合理性、政府和行业的监管得当，以及多方机构组织的全面介入等。通过梳理发达国家休闲农业的特征和经验将提供更多有益的思路。

图 4-16　哥本哈根乡村的生态驳岸

1. 注重原生态保护

美国、加拿大或是其他休闲农业产业开展得较为成功的北美国家，都对自然生态与传统乡村风情的保护尤为重视。美国与加拿大的乡村田园风光一直为游客所称道，其原汁原味的乡村环境、绵延至今的传统风俗以及独有的乡土人文风情是最有魅力的休闲农业观光游览吸引点所在。由此可见，为避免乡村度假区、休闲农场等千篇一律的外观形式与休闲方式，北美乡村休闲农业产业在保护自然环境与原生态乡村设施的基础之上营造出了区别于现代化大城市的独特村落景观，使当地的休闲农业项目对于成为主要客源的城市居民而言充满了新鲜感。

对原有自然生态条件的庇护并不意味着故步自封而不求发展，不是力求达到“过分自然”的标准而破坏了原有村落体系中人造景观、人为环境的支撑。显然北美乡村休闲农业在这一方面成功寻找到了平衡点，其自然景观资源与人文历史遗产并重，构建出了较为完整的乡村休闲农业环境体系，形成了自然原生态与村落原生态的和谐统一，使得北美原生态乡村对被休闲农业产业吸引而来的游人们来说，既能满足其亲近自然、追寻原生态环境的初衷，也能兼顾探寻人类文明历史、体验别样人文旅程的学习兴趣与归属感等多重需求。

2. 巩固基础农业

休闲农业作为传统农业与旅游业、商业等现代产业结合的新兴产物，始终是以农业生产环境、农产品产出、农活体验等传统农业活动为基础而发展衍生出来的行业，农业对于休闲农业这一分支产业的重要性是不言而喻的。在休闲农业较为发达的国家中，或以广袤的土地以及保护良好的优越自然环境为农业发展提供保障，或以小范围精致农场以及便捷的使用条件，通过实现了高度信息化、现代化、自动化的农业生产线保证农业产出规模，依靠发达的农业宣传销售网络为农业发展提供了便利，同时较为完善的监管系统也为其顺利发展立下了汗马功劳；各项利好措施与实施手段，再配套以农业为核心的基础设施建设，保证了传统农业的发达兴旺。所以要发展休闲农业，基础农业的发展与巩固工作是必不可少的。

图 4-17 宜兴阳羡乡村旅游度假区内自然生态环境良好的茶田

3. 优化资源配置

休闲农业对于传统农业而言本身就是一种调整结构、优化分配的发展进步模式，对资源利用的妥善与否就成为了衡量休闲农业是否成功的重要标准之一。对于发达国家来说，充分利用乡村的自然环境资源、历史人文资源、传统农业资源以及当地居民资源就是实行乡村休闲农业转型的关键所在，大部分成功案例正是合理组合调配了原有资源，并在此基础之上积极开发新的可用休闲农业资源或是改善资源的利用方式，才使得原先以传统农业为主要支柱产业的村落在休闲农业转型进程之中焕发出了新的活力。

例如，欧美各国都在休闲农业发展过程中致力于对已有的乡村历史文化景观遗产进行了保护与再利用。英国、加拿大等地更是通过多样化的古镇、古村落保护开发工作使有限的资源起到了积极弘扬当地传统文化的极大作用，以此形成地方甚至国家范围内的休闲农业文化形象，给本土与国外游客们留下深刻印象；加拿大在部分地方资源不足的情况下能够果断地扩大资源利用范围，甚至进行至州省范围的大规模整体动员，以大范围内多个地方统合的休闲农业资源进行统一的优化配置利用，形成集群效应，达成大型休闲农业目的地建设的目标，从而带来更大的收益；日本、韩国等相对资源极度匮乏的国家，更是充分利用国内的每一项休闲农业资源，甚至一些在我国人民看来没有太多价值的仅有十数年历史的乡村旅游资源点都因为政府良好的保护宣传与地域抱团利用而被建设成为较为成功的休闲农业项目，给从业者、当地居民乃至整个国家都带来了巨大的利益。

4. 积极探索创新

不断地探索与创新是使休闲农业产业常葆青春的重要措施之一。上文提及的“CSA”社区支持农业模式，最初出现于日本、瑞典而并非北美国家，却在引入美国之后迅速得到发展壮大，并最终成为美国休闲农业的招牌模式之一，不得不承认这与美国对

图 4-18　横县茉莉花节民俗表演

于“CSA”模式的本土化探索与形式创新工作是息息相关的。从最开始简单的农产品定向供给到市民农园以及之后发展成熟的休闲农业社区，美国政府、休闲农业行业协会以及参与其中的居民与农民都付出了巨大的努力，在实践中不断探索进步方式，创造了种种新颖而独特的合作方式、体验形式、管理模式等，为休闲农业“CSA”模式的发展成熟与广为传播提供了源源不绝的动力。

5. 完善监管制度

在管理制度上，以德国、法国为代表的部分国家实行了国家统一控制的管理制度，由政府有关部门负责制定休闲农业项目的开设与检验标准，并监督管理其中的具体流程、保障运营体系的健康发展；以美国与加拿大为代表的国家政府的上级主管部门则都采取了放权的管理方式，在保证地方休闲农业发展自由度与多样性的同时也面临着管理上各自为政、难以统一的老大难问题，其优势在于当地政府对休闲农业产业的开发能有较符合本地条件的详细规划以充分利用好本地资源，劣势则是个体单位较多且管理繁杂；也有以休闲农业发展早期的意大利等国为代表的行业协会主导管理模式，依靠官方、半官方或民间自发组织的，与休闲农业相关的行业协会对地区休闲农业产业发展进行统一管理。不管哪个国家，行业协会的存在都在本国休闲农业的发展中发挥巨大的作用，可见行业协会对于产业自治、产业规范等有助于休闲农业顺利发展的方面都有着不可替代的重要地位。

在立法方面，发达国家休闲农业方面的法律程序与规定较为完备，甚至各级政府、不同地方都有相关法律条款，对休闲农业的开展、经营等各个方面都有详细的约束作用，为其健康发展铺平了道路。值得重视的是，发达国家在立法之余都配备了完善的监管制度，使得休闲农业在“有法可依”的基础上还做到了“有法必依”“执法必严”，从很大程度上保证了立法的防患和震慑效果。

在政策支持上，可以说休闲农业的顺利发展与相关政策的大力支持是分不开的。各国休闲农业的腾飞正是如此，发达国家为休闲农业发展所配套的扶持政策是十分有成效的。澳大利亚的各级政府都设有专门的农、林、渔业发展部门，在休闲农业方面都有相关的专项扶持政策，农业农村部等国家对口单位也设有多项发展基金，而项目所在的地方政府更是会在交通、设施、产业等规划内容上给予扶持，甚至在办理程序上给予简化等支持。

综上所述，无论是政府主导、协会协助还是从业者自治，国家统一管理或是放权地方，任何国家休闲农业的长远发展都需要建立一套完整而行之有效的监管制度，而这套制度的效能应该能够体现在产业发展的各个方面。例如，我国人口数量极为庞大，在北、上、广等核心城市群范围内更是膨胀密集，但近年来在全国范围内多个无序发展起来的“农家乐”休闲农业项目的惨淡收场也充分说明了监管方面的不足。在这种不利的客观条件之下，我国应该学习法国、美国等国家对于休闲农业项目区域控制的有效措施，对各个相关项目进行认定、登记等监控处理，以切实可行的细部措施有效控制区域范围内休闲农业产业可承载的项目数量以及同质化，保证休闲农业产业健康有序地成长。所以，应该根据具体国情从管理制度、立法、政策支持等各个相关方面以统一的思想制定合理可行的条例规定，对休闲农业发展过程中开发创办、生产经营等过程实行严格的控制管理，如此才能使各个主体抛除后顾之忧，使休闲农业稳定、顺利地发展推行。

第五章

从乡土中国到美丽乡村建设

第一节　乡村问题的缘起

图 5-1　费孝通《乡土中国》封面

乡村问题一直都是困扰中国社会发展的主要问题之一。伴随着城镇化发展过程中的大规模建设扩张，涉及乡村领域的诸多复杂面已直接暴露于整个社会。城镇化过度扩张使得城市过于依赖有限的资源，资源环境问题不断扩大，对生态环境构成威胁，而乡村则在近几十年成为困扰与威胁最集中的区域。乡村问题首次在全国性范围受到普遍关注，归因于 2013 年在北京召开的中央城镇化工作会议，习近平总书记在会议中作了重要讲话。这次会议表明了国家对三十年建设进程的反思，其中以“中央城镇化工作会议的公报”中的主要内容为标志，强调了国家在今后建设发展中的指导转变：“在促进城乡一体化发展中，要注意保留村庄原始风貌，慎砍树、不填湖、少拆房，尽可能在原有村庄形态上改善居民生活条件。”这一席内容为今后城镇化进程中的乡村建设问题指明了总体方向，也使“乡愁”这一关键词成为近五年来最高频的词汇之一。可以说，2013 年“乡愁”一语的出现标志着乡村建设的转型与更新发展全面开启。

党的十九大的召开，除了进一步落实乡村发展的未来步骤，更是将乡村建设问题从转型、更新提升到“全面振兴”的高度——实施乡村振兴战略。报告中明确指出：农业农村农民问题是关系国计民生的根本性问题，必须始终把解决好“三农”问题作为全党工作重中之重。报告内容分别从建立健全城乡融合发展体制机制和政策体系，巩固和完善农村基本经营制度，保持土地承包关系稳定，保障农民财产权益，构建现代农业产业体系、生产体系、经营体系，健全自治、法治、德治相结合的乡村治理体系等多个重要方面，做了具体阐述。2015 年 12 月底，习近平总书记曾针对率先发展的浙江省“特色小镇”建设作出过重要批示：“抓特色小镇、小城镇建设大有可为，对经济转型升级、新型城镇化建设，都有重要意义。”当下全面开展的“特色小镇”建设正逐渐成为“乡

图 5-2　湖南沅陵县荔溪乡明中古村

村振兴战略”的进阶和突出代表，开辟了创新发展的新路径。总的来说，乡村问题将在今后相当长一段时间内持续成为整体社会发展的主要关注点之一，尤其是今后的乡村建设如何依托农业体系与旅游开发，打造生态效益、经济效益和社会效益有机结合的转型升级发展方式，需要寻求更广阔的发展空间。党的十九大报告的理论阐述，将为乡村领域未来的可持续发展与模式创新，提供准确的定位与宽柔并济的政策扶持。

第二节　我国的“乡土性”特点与历来对乡村问题的关注

中国社会是具有广泛“乡土性”的社会，乡土性一词语出自著名人类学家费孝通先生。相对于城市文明，乡村社会是另一种有着自身特殊性的社会和空间结构，村落与城镇在空间构成和社会文化两方面的体系下，共同组成了当代中国社会的基本格局。事实上，以乡村形态为基础的地域范畴远大于城市文明所占据的空间比例，说中国社会问题根源于“乡土性”，这样的说法是有根据的。中国的广大乡村之所以会产生巨大的变化与发展，根植于背后蕴藏的两股力量：一股来自于自身所在的文化格局的变化，另一股则来自于经济结构的变化。换言之，社会文化与经济变化共同推动了乡村变革，这些变化进一步推动并带来了从表象的乡村景观形态直至生活方式、观念意识上的层层变化。

图 5-3　贵州镇远古镇

图 5-4　嘉兴月河古镇

中国也是历来重视乡村社会的，关注其中的社会学者、教育家不在少数。例如早些年的晏阳初，在其践行“定县试验”的过程中，因为认识到平民教育之于乡村整体建设的重要性，遂根据“民为邦本，本固邦宁”的中国古训，将平民教育与乡村改造连环扣合、整体推进。晏阳初通过在乡村试验，意识到当时的中国大患是民众的贫、愚、弱、私“四大病”，主张通过办平民学校对民众（首先是农民）进行教育改造，先教识字，再实施生计、文艺、卫生和公民“四大教育”。晏阳初创建的乡村建设理论与方式，不仅在当时产生了很大社会影响，置于当下也仍有现实意义。

又如著名思想家、哲学家，也是国学大师的梁漱溟先生，也曾进行过相似的探索。1928 年，他曾在河南进行过短期的村治实验，1931 年又来到山东的邹平，进行了长达七年的乡村建设运动，后来实验区逐步扩大到全省十几个县。在他看来，解决中国问题的重点并不仅存于城市，而是落实在以“乡治”为手段的社会改造上。梁漱溟在其著名的《乡村建设理论》中就作过这样的阐述，将涉及乡村传统文化“礼制”的概念，深入浅出地置于当时整个社会剧烈转型的背景下，转释为对“组织”的理解：首先，需要建立一个能

图 5-5　宜兴市白塔村宜人书院，为星云大师捐建

图 5-6　江苏省苏州第九届园博园中的“村口记忆”景观

发挥自治作用的“组织”；第二，“组织”必须是以中国固有精神为主并兼容吸收外来文化长处的；第三，“组织”在解决乡村问题需要借助外部精英的力量。以上三点在今天看来依然富有洞见，不谋而合地呼应了党的十九大报告中“乡村振兴战略”对于“健全自治、法治、德治相结合的乡村治理体系”的观点。

到 20 世纪 30 年代，以著名人类学家、社会学家费孝通先生为代表的社会学者们，再次用自己的方式开展针对中国乡村社会、经济形态的社会学调查研究。梁漱溟提出的“组织”并不等同于一般意义上的乡规民约，实质是针对乡村在整体文化、社会关系上的注解。费孝通等人在这方面的探索也有其共性，即曾用“乡规民约”对乡村的社会关系做出解释，坦言“乡规民约”与法律不同，是习惯化的、自动接受的、适应社会的自我控制，是一种内力。中国老话讲“克己复礼”，这个“礼”是更高境界的乡规民约。由此，费老日后引申出并反复强调“文化自觉”的概念，是基于全球化视角之下的地区文化之间互相对应的逻辑关系。具体地来说，就是指浸润于一定文化环境中的人们对身在其中的文化会有一种天然的敏感，对于这种文化的发展历程以及未来的发展趋势有着清晰的认知。从某种意义上看，今天的乡村振兴恰是一个文化自觉的过程。“各美其美，美人之美，美美与共，天下大同”——费孝通先生以十六字概括了文化自觉的含义，从乡村的视角以小见大地表明今天在全球范围提倡“和而不同”的中国文化观。

显然，乡村问题不仅关乎到景观形态的全面建设，更在于对根植已久的整个乡村社会观念、生存形态的转变。

第三节 “三农”问题与乡村发展

我国的乡村建设及其关乎的诸多方面是随着“三农”问题存在并不断发展变化的，是一个主体社会逐渐从农业文明向工业文明过渡所必然经历的阶段。试图理解乡村问题，则必须首先了解“三农”问题。

“三农”问题指的是农村、农业、农民这三大问题，其独立地描述是指在广大乡村区域，以种植业（养殖业）为主，身份为农民的生存状态的改善、产业发展以及社会进步问题；系统地描述是指21世纪的中国，在历史形成的二元社会中，城市不断现代化，二、三产业不断发展，城市居民不断殷实，而农村的进步、农业的发展、农民的小康相对滞后的问题。因此，“三农”问题实际上是一个从事行业、居住地域和主体身份三位一体的问题，是农业文明向工业文明过渡的必然产物。它并不是中国所特有，无论是发达国家还是发展中国家都有过类似的经历，只不过发达国家率先较好地解决了“三农”问题。

“三农”问题在我国作为一个概念提出来是在20世纪90年代中期，此后逐渐被媒体和官方引用。实际上“三农”问题自新中国成立以来就一直存在，只不过当前我国的“三农”问题显得尤为突出，主要表现在：一是中国农民数量多，解决起来规模大；二是中国的工业化进程单方面独进，“三农”问题积攒的时间长，解决起来难度大；三是中国城市政策设计带来的负面影响和比较

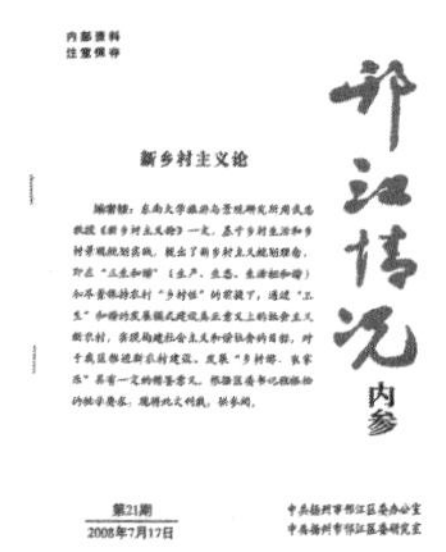
内部资料
注意保存

邗江情况
内参

新乡村主义论

第21期
2008年7月17日

中共扬州市邗江区委办公室
中共扬州市邗江区委研究室

图 5-7 《邗江情况：新乡村主义论》

效益短时间内凸显，解决起来更加复杂。

21 世纪以来，国家的领导集体更加关注“三农”问题，称其为“全党工作的重中之重”，也对“三农”问题有了更深的认识，这一点可以从“中央一号文件”的角度来体现其重视程度。“中央一号文件”原指中共中央每年颁发的第一份文件。1949 年 10 月 1 日，中华人民共和国中央人民政府开始发布《第一号文件》，现在已成为中共中央重视农村问题的专有名词。中共中央在 1982 年至 1986 年连续 5 年发布以农业、农村和农民为主题的中央一号文件，对农村改革和农业发展作出具体部署。2004 年至 2017 年又连续 14 年发布以“三农”（农业、农村、农民）为主题的中央一号文件，强调了“三农”问题在中国的社会主义现代化时期“重中之重”的地位。如果对近 5 年来的中央一号文件中有关农村问题的内容作一个纵览，可以看到如下一系列递进变化：

2013 年中央一号文件提出，鼓励和支持承包土地向专业大户、家庭农场、农民合作社流转。其中，“家庭农场”的概念是首次在中央一号文件中出现。

2014 年中央一号文件确定，进一步解放思想、稳中求进、改革创新、坚决破除体制机制弊端，坚持农业基础地位不动摇，加快推进农业现代化。

2015 年中央一号文件确定加大改革创新力度加快农业现代化建设。

2016 年中央一号文件强调要用发展新理念破解“三农”新难题，提出要推进农业供给侧结构性改革。

2017 年中央一号文件再次明确，要深入推进农业供给侧结构性改革，这将是一个长期的过程，要协调好各方面利益，确保农民增收势头不逆转。

上述内容明确了农村改革发展的阶段性指导思想、基本目标任务和遵循原则，也预示了“三农”问题将始终处于中国改革的焦点问题，随之而来的乡村建设也必将处于总体建设过程中的重中之重。

总的来说，以1978年党的十一届三中全会为标志，40多年来的改革使我国农村取得很大的发展，尤其在农村基础设施、乡村风貌整治、社会事业与公共文化服务体系、民主政治建设等多个方面均有了明显的改善。但同时，在广大农村发展的背后依然存在许多问题，这些问题主要集中在以下方面：

一是如何提升农村人口的收入增长。在广大乡村地区，长期以种粮为主的传统观念束缚了部分中老年人群的思想，没有其他增收渠道，没有特色产业支撑，将进一步制约农民收入的增加和对建设社会主义新农村的投入。如何有的放矢地引导地区调整产业结构，成为乡村后续可持续发展的主要挑战之一。

二是仍须进一步提升基础设施建设，其关键在很大程度上依然取决于投入。由于过去不少基础设施（如公路、水利等）在筹建与建造标准上均低于现行标准，升级改造范围较广，难度也大，国家和地方政府不可能面面俱到地安排资金进行维修，年久失修或利用率低或废弃等状况依然普遍。

三是规划编制相对滞后。虽然过去数十年间政府始终关注乡村问题，但因乡村发展涉及面积之辽阔，情况之复杂，以及必须应对的不断涌现的新问题，使得规划编制进行得相对缓慢。此外，地方各级也存在相对缺乏系统安排，如对规划编制的概念目的不明确，组织方法不够灵活，能力水平有待提高等。过去一段时间曾普遍存在以村容更新代替实质性的乡村建设发展，而忽视了产业特色、民俗风俗、民众意愿等重要元素。

四是发展决策过程中存在概念不清。应当认识到，当前甚至今后一段时期内，乡村建设发展将主要着眼于三个方面：可持续的生态环境，发展现代农业，发掘特色产业。这三个方面既相互清晰又彼此融合。但在实际过程中经常出现定位不清晰，进而在组织、协调过程中产生矛盾与资源浪费的现象，无法形成向心力。例如在一些所谓的示范村建设中，主导产业不明显，导致经济活力疲乏；而在一些特色产业地区的建设中，则存在基础设施不完善，卫生欠佳的状况。当前，支持乡村项目的资金并不少，但也存在相对分散和使用率不高的情况，阻碍了乡村建设的整体推进。

不管怎样，乡村问题关乎整个社会的平稳过渡与进步，需要及早加以重视和解决。正如党的十九大所强调的“实施乡村振兴战略”：农业农村农民问题是关系国计民生的根本性问题，必须始终把解决好“三农”问题作为全党工作重中之重。要坚持农业农村优先发展，按照产业兴旺、生态宜居、乡风文明、治理有效、生活富裕的总要求，建立健全城乡融合发展体制机制和政策体系，加快推进农业农村现代化。

第四节　新乡村主义与乡村振兴战略

党的十九大将乡村振兴战略提升到新的高度，既是对过去乡村发展成效的肯定，也同样表明今后的乡村发展依然是机遇与挑战并存。总的来说，乡村发展与“三农”问题交错并行始终是不可回避的挑战。1994 年，笔者在江阴市的乡村景观改造和自然生态修复实验中曾提出过有针对性的景观设计观，即在介于城市和乡村之间体现区域经济发展和基础设施城市化、环境景观乡村化的规划理念。后笔者经过完善于 2006 年提出“新乡村主义”这一概念，即“从城市和乡村两方面的角度来谋划新农村建设、生态农业和乡村旅游业的发展，通过构建现代农业体系和打造现代乡村旅游产品来实现农村生态效益、经济效益和社会效益的和谐统一”。这是笔者提出的一个关于乡村建设和解决“三农”问题的系统概念，顺应了“中央一号文件”的思想，也完全符合党的十九大指示精神。新乡村主义的核心是“乡村性”，即无论是农业生产、农村生活还是乡村旅游，都应该尽量保持适合乡村实际的、原汁原味的风貌。乡村是农民进行农业生产和生活的地方，应当保有“乡村”的样子，而非追求统一的欧式建筑、工业化的生活方式或者其他完全脱离农村实际的所谓的“现代化”风格。乡村社会中的生命是区别繁华城市的另外一种鲜活状态，是一种充满生趣又充满野趣的、自由的、无拘无束的生命状态，是区别于城市的重要内容，也是乡村生态原真性和可持续性的核心特点。从生命的原真到生态的原真、生活的原真，这一切是人类初始的状态也是人类未来发展的必然状态。乡村性对于乡村旅游而言尤其重要。乡村旅游的核心吸引物就是农村、农业和乡村文化。乡村旅游之所以能区别于其他旅游形式，最重要的特点就是其浓厚的乡土气息和泥巴文化。这也是现有乡村旅游业主题选择的基本出发点，是乡村旅游发展的核心主题所在。除了农业生产、农民生活和乡村旅游的乡村性，农村的生态环境建设（包括自然生态环境、文化生态环境，参见第一章第四节）的乡村性也是不容忽视的一个重要方面。

笔者认为，所谓“三生”和谐发展，即做到生产和谐、生态和谐与生活和谐的全面发展。（详情参见第一章第四节新乡村主义的特征）“生产和谐”即发展以现代农业体系为主导的高效农业。“生态和谐”既以保护和改善农村生态环境为乡村建设的前提，也将是今后乡村建设顺利进行的一项重要保证。如果说“生产和

图 5-8　新乡村主义实践基地——江苏宜兴白塔村

图 5-9　白塔村获得的各种荣誉

谐”“生态和谐”分别是从经济和谐、自然和谐的角度来看待社会主义和谐社会在乡村振兴中的重要意义，那么“生活和谐”则是体现社会主义和谐社会在人的和谐方面的要求。笔者提出的“新乡村主义”认为，要真正缩小城乡差距，就必须使衡量和评价农村发展现状、农民生活水平的评价指标体系与城市居民生活环境的评价指标体系一视同仁，这是使农民的生活环境得到真正改善的重要前提。

总之，新乡村主义就是一种通过建设“三生和谐”的社会主义新农村来实现构建社会主义和谐社会的新理念，即在生产、生活、生态相和谐的基础上和尽量保持农村“乡村性”的前提下，通过“三生”和谐的发展模式来推进社会主义新农村建设，建设真正意义上的社会主义新农村，实现构建社会主义和谐社会的目标。

【案例分析：全国首个新乡村主义实践基地——江苏宜兴白塔村】

宜兴西渚镇白塔村乡村振兴模式

党的十九大报告第五条“贯彻新发展理念，建设现代化经济体系”第（三）部分明确指出要实施乡村振兴战略。农业农村农民问题是关系国计民生的根本性问题，必须始终把解决好“三农”问题作为全党工作重中之重。要坚持农业农村优先发展，按照产业兴旺、生态宜居、乡风文明、治理有效、生活富裕的总要求，建立健全城乡融合发展体制机制和政策体系，加快推进农业农村现代化。巩固和完善农村基本经营制度，深化农村土地制度改革，完善承包地“三权”分置制度。保持土地承包关系稳定并长久不变，第二轮土地承包到期后再延长三十年。深化农村集体产权制度改革，保障农民财产权益，壮大集体经济。确保国家粮食安全，把中国人的饭碗牢牢端在自己手中。构建现代农业产业体系、生产体系、经营体系，完善农业支持保护制度，发展多种形式的适度规模经营，培育新型农业经营主体，健全农业社会化服务体系，实现小农户和现代农业发展有机衔接。促进农村一二三产业融合发展，支持和鼓励农民就业创业，拓宽增收渠道。加强农村基层基础工作，健全自治、法治、德治相结合的乡村治理体系。培养造就一支懂农业、爱农村、爱农民的“三农”工作队伍。

新的施政理念带动具体内容发生了变化，与党的十六届五中全会提出建设“社会主义新农村”相比，最新的总要求从原先“生产发展、生活宽裕、乡风文明、村容整洁、管理民主”，变成了“产业兴旺、生态宜居、乡风文明、治理有效、生活富裕”。结合上级政策引导方向，并分析目前白塔村现有的产业现状和资源优势，提出以下几点白塔村的乡村振兴思路。

一、产业融合发展，建立乡村产业化发展体系

目前白塔村还是一二三产业相互独立的产业发展形势，一产方面全村耕地和山林地面积约 6500 亩主要包括水稻、茭白、南天竹、樱桃、茶叶等经济作物；二产方面共有 20 家企业，以纺织、保温材料、合金制造为主，基本无污染；三产主要以服务业中的旅游业为主，已经初步形成了白塔文化园、甲有生态农业园、兴旺文化园、牵家园民宿、行香竹苑和塔青茶场六处旅游点，年接待游客共 60 万人次左右。

通过对三种产业之间的分析，结合中央对乡村旅游发展的重视，白塔村还是相对传统的产业模式，建议要采取“智慧 +”的发展模式。农业方面对茭白、南天竹甚至葡萄等经济作物果蔬产品种植均不断引进科技化、现代化的互联网手段，由传统农业向智慧农业转变，改进技术，改良产品，节省人力，提高效率。同时做大做强农产品加工业，把更多特色农产品转化为优质初加工产品和高附加值食品。培育新型农业经营主体，支持小农户，鼓励农户自主创业，通过致富带头人带动产业发展，推广“龙头企业 + 合作社 + 农户”模式建标准化种植；积极发展绿色有机无公害农产品，不断将白塔农产品做成品牌特色以扩大知名度和市场

占有率。白塔村可以开展农产品淘宝电商平台，通过线上线下共同为白塔农产品提供展销途径；工业方面在保证无污染的前提下，尽量使工业集中化，保障白塔村的乡村环境；旅游业方面以智慧旅游为方向，积极构建电商网络化平台，充分挖掘白塔文化和名人文化，将文化与旅游结合，丰富白塔旅游产品的内涵，依托大觉寺旧址所在地，将星云大师禅农精髓融入旅游产品中，对农业旅游化进一步提升，在原有农产品基础上为游客开发具有互动体验性质的果蔬采摘、苗木科普、农业观光、采茶体验、乡村民宿、农家餐饮、禅宗养生等慢生活旅居地，为城市中的喧嚣营造一份身体的静谧和心灵的洗涤，并结合“于伶”毕生文化，开展文艺喜剧小剧场等聚集文学家和喜剧家以及高校的学生们。最终白塔村经济将从单一化转向产业化、规模化。

二、营造生态环境，打造新乡村主义实践区

白塔村水系由河道、水库和多个水塘组成，水质环境需要提升，滨水两侧根据现状需要适当种植景观植被绿化，并辅助滨水休闲栈道，防止村内垃圾污水的排放以及生活垃圾到处乱扔的现象，扎实抓好农村生活垃圾处理、生活污水处理和村容村貌整治，建立严格的村规村纪，保护好白塔村原有的农耕文明，规范农产品种植的环境防治，实现生态循环利用；白塔村民房外立面改造，选择位置好的农家开展民宿，感受白塔农家乡风文化，推进“乡乡有民宿”培育发展计划；乡村景观要提升，但不要一味模仿城市化景观建设，白塔村结合当地的竹林特色，以及辅助当地的花卉，将白塔村打造成自身特色的乡村景观，最终实现乡村健康的空气、水、土壤和乡村宁静祥和的环境，并成为有禅宗文化的新乡村主义实践区。

三、挖掘文化元素，研发文创旅游产品

文化是核心，乡村振兴的核心竞争力便是文化资源，要结

合白塔村历史发展脉络，充分挖掘白塔的乡土文化、禅农文化、名人文化、茶文化和竹文化，将文化与旅游产品结合，以“佛”“竹”“陶”为主题，通过定期举办大学生竞赛的形式吸纳创意思维，收集文创类旅游产品，提升白塔村的文化知名度。

利用规划区的资源优势，对星云大师禅宗美食的研究，主打以素食养生特色为主题的禅宗美食各种野菜宴，也可以以此为原料、方便游客品尝、携带、保存、开封的旅游食品、休闲食品和伴手礼系列纪念品。

结合塔青茶场的资源优势，在为游客提供一处静心品茶的闲情去处的同时，增加文创类旅游产品和特有手工艺品的开发和研制，做到可现场品尝、可带走。

结合大面积竹林，可以利用竹子开发特色全竹宴，集合西渚及周边现有的美食，比如乌米饭、绿壳蛋、手剥笋、嫩笋、竹叶茶等，既美味又有地方特色。

采用互联网技术，为白塔村建立一个专门的文化宣传网站，定时更新发布重要消息，也让白塔村民对网络都有熟悉了解。采取符合农村特点的有效方式，深化宣传教育。传承发展提升农村优秀传统文化，推进“星云大师禅农思想”等文化体验活动常态化。保护好“于伶”名人文化品牌，利用白塔文化园优势，定期对白塔居民进行文化宣传教育，健全乡村公共文化服务体系，发挥公共文化机构辐射作用，推进基层综合性文化服务中心、众筹文化院坝等建设。支持“三农”题材文艺创作，培育挖掘乡土文化本土人才。开展文明村镇、星级文明户、文明家庭等群众性精神文明创建活动。

四、推行高效管理，健全乡村管理机制

强调在农村社区事务管理中村干部要尊重农民的民主权利，规范的是干群关系。推进村民自治，依法治村，探索建立农村德治体系。加强农村群众性自治组织建设，健全农村基层民主机制。

探索推行民选、民议、民建、民管的村级公益项目建设新模式。发挥新乡贤作用，培育服务性、公益性、互助性的农村社会组织。加大农村普法力度，提高农民法治素养。深入实施公民道德建设工程，引导农民爱党爱国、向上向善、孝老爱亲、重义守信、勤俭持家。建立道德激励约束机制，引导农民自我管理、自我教育、自我服务、自我提高。在完善村党组织领导的村民自治制度的基础上，进一步加强农村基层基础工作，根据农村社会结构的新变化、实现治理体系和治理能力现代化的新要求，健全乡村治理机制。

五、完善公共服务，保障幸福生活

针对乡村旅游要结合旅游相关标准，配套相关的旅游服务设施，结合竹林开展竹林休闲，竹林茶舍、林间瑜伽等林间高端住宿，结合牵家园开展禅居休闲养老项目，配套丰富的当地美食和禅意民宿，还有随处可以见的旅游特色文创产品，要把白塔村建设成为幸福美丽新家园。完善农村基本公共服务供给，还要推进城乡义务教育一体化均衡发展，推进健康乡村建设，强化农村公共卫生服务，加快农村“三留守”关爱服务体系和养老服务体系建设，坚持以水利、道路、农村能源和通信为重点，统筹抓好农村基础设施建设，拓宽农民增收渠道，强化民生工程和惠民资金监管。鼓励农民土地资源入股、集体资产入股、技术入股，增加财产性收入。巩固提升脱贫攻坚成效，确保所有建档立卡贫困户持续稳定增收，同步达到小康。

第五节　20 世纪 90 年代江阴的农村园林化实践

农村园林化是中国农村社会经济高度发展的必然产物，也是缩小城乡差别、稳定发展农业的有效手段。笔者在江阴农村园林化实践的基础上，总结了农村园林化的规划思想和设计原则。并对实践过程中遇到的一些问题作了探讨。农村园林化为全面而深入地理解园林的意义提供了新的思路。

5.1 农村园林化的必要性

近几年来，农村城市化是一个颇为热门的话题。它是一个由以农业为主的经济转变为以工业为主的经济过程，是农村工业化的必然趋势。然而，不少农村在城市化过程中，认为农村城市化就是把农村变成城市，而城市似乎就是工商林立、高楼大厦、车水马龙……把农业置于城市化之外。这种片面理解的城市化，特别是农村工业经济的高速发展，使农业特别是林业的比较经济效益大为下降，广大农民祖祖辈辈赖以生存的农田已不再成为经济收入的主要部分。这一方面动摇了农业的基础地位，另一方面又将把城市中的环境污染、人口拥挤、交通阻塞等难题转嫁到农村。

农村园林化有着其出现的必要性。在当前环境下，农村经济的发展已不能单纯依靠消耗自然资源为代价。与环境协调发展、营造和谐人居环境是农村发展的必然方向。农村园林化则恰好满足这一要求。在改革开放的大好形势下，我国乡镇企业的迅速崛起和蓬勃发展，不仅为我们提供了巨大的物质财富，而且促进了我国农村经济一系列深刻变化，对整个国民经济的改革与发展也发挥了重要作用。然而，由于在 1984 年以后的一段时间内，国家几乎放弃了对乡镇企业的宏观调控，以致发展速度过快，而企业管理、技术人才和装备等又跟不上，使我国的乡镇企业明显存在着“小而全”“小而粗”“小而散”、重复建设、低水平、过度竞争等缺陷。这种缺乏宏观调控，以大量消耗资源、粗放经营为特征的传统发展模式，不但使乡镇企业的发展带有盲目性，而且资源、能源的利用率、转化率不高，必然会造成高投入、低产出、排污量大。不少乡办、村办企业直接就是那些因污染严重而在城市不准上马或继续兴办的企业。由于这些厂点与农业生态环境紧密交错在一起，污染物给土壤、水资源、农作物以及人体健康已带来明显危害，农村环境的不断恶化，制约着农村经济的发展，危及着农村人口的健康与生存。因此，我们一方面要尽快发展农村经济，满足人类日益增长的物质文化需要；但不能剥夺或破坏后代人应当合理享有的同等发展与消费的权利。农村经济发展不能超出环境的容许极限，经济与环境必须协调发展。而实施农村园林化，正是健全农村生态环境，促进农村经济与环境协调发展的有力措施之一。同时，农村园林化对于保护耕地和乡村景观建设的需要。对于农业现代化建设和改善外部投资环境也发挥着有益的作用。

当我们心里出现“风景”一词时，便会立刻想到开阔的乡村。但是，随着城市化步伐的加快，乡村正在快速地消失，至少在从公共道路的景观中消失。这不是说开发活动应该或能够停止，而是应明确规定基本的农业土地，绝对禁止将它们用于其他类型的开发。尽管我们主要考虑的问题是如何充分地利用土地资源，而第二位的好处是保护从公路上看到的乡村风景。与此同时，农业现代化不仅要求农业基础设施、管理和技术的现代化，也需要整洁优美的农业生产环境，以提高农业生产的效率。而且，要生产出高品质的“绿色食品”，建设好商品农业、创汇农业和生态农业三位一体的现代化农业，更是需要清洁卫生、没有污染的高质量农业生产环境。农村园林化的实施不仅可以为农业现代化提供最卫生、最安全、最优美、最理想的生产空间，还可为吸引外资、发展创汇农业营造一个良好的外部投资环境。此外，农村园林化还是农村精神文明建设和人居环境改善的需要。随着农村经济的发展和农业现代化水平的提高，农民生活富裕了，空闲时间也多了，但农民的精神文化生活相当贫乏。农村园林化不仅可以为农民提供优雅的环境，还可以在中心村台的园林环境建造一些健康文明的娱乐和体育设施，这不仅可吸引农村居民在园林中休息、娱乐，还可以让广大农村人口在其中进行各种各样的健康有趣的户外活动，进行体育锻炼，提高文化素质和健康水平，为农村精神文明建设作贡献。而从人居环境提升的角度看，富裕的农民把绝大部分积蓄用于“办大事”——造房子、娶媳妇，而周围环境脏、乱、差，村庄公共设施的落后似乎与己无关。多数农民依旧在积聚着工业和生活污水、在含有农药残留的池塘水里淘米、洗菜，甚至将其作为饮用水，这严重影响着农村人口的身体健康。可见，农民富裕，并不标志着生活质量提高了。只有通过农村园林化，彻底改变农村环境的落后面貌，才能使农民的生活质量得到真正的实质性提高。

那么，在中国当前的环境下发展农村园林化是否具有可行性呢？首先，从经济发展的角度看，当前国家经济发展水平以及农村经济发展的要求都为农村园林化提供了经济基础保障。农村园林化作为一项公益事业必须有雄厚的经济基础。改革开放以来，我国农村，特别是在江阴这样的经济发达地区，县（市）、镇、村集体经济的发展为农村园林化提供了较强的经济后盾。如江阴市周庄镇三房巷村就投入200万元用于绿化，道路树木绿化总长10km，400多家农户家家前后种花栽树。顾山镇古塘村每年投入50万元用于绿化，这里的村中心绿化带，除了时下农村常见的宽敞水泥路面和青葱树木，还有极富艺术性的园林小品建筑点缀其间。江阴市政府决定由三方（市、镇、村）两线（工业、农业）一户（农户负责自家门前绿化费用）共同出资，保证了农村园林化的资金来源。第二，法律层面上，政策法规等相关法律文件的出台以及“两区”规定工作的完成为农村园林化提供了可靠依据。为了科学地编制村镇规划，加强村镇建设和管理工作，创造良好的劳动和生活环境，促进城乡经济和社会的协调发展，国家于1993年9月27日发布了强制性国家标准《村镇规划标准》GB 50188-93，于1994年6月1日起施行（现已废止）。江苏省第八届人民代表大会常务委员会也于1994年6月25日公布了《江苏省村镇规划建设管理条例》，明确规定：村镇规划的编制应“保护和改善生活环境与生态环境，防治污染和其他公害，加强绿化和村容镇貌、环境卫生建设”。这为农村园林化规划提供了法律依据。此外，江苏省各地在 1996 年 6 月底前全部完成的乡（镇）域规划的修编及“两区”（即基本农田保护区和村镇建设规划区）划定工作为农村园林化提供了基本资料。第三，农田基本建设的现代化为农田园林化提供了现实条件。随着农业丰产方、吨粮田的建设和低产田的改造，原来大小不等、高低不平、随地成形的农田已被格田成方、平整成片，农田基本建设和沟渠、田埂、干道等均已用混凝土浇筑，路边、田头均留有绿化用地，有的还在田边砌了花坛、建了花架，园林化条件齐备。第四，各方力量对建设美丽乡村建设的重视和向往是农村园林化的内在动力。从农民角度看，农村经济发展了，农民生活富裕了，对环境质量的要求也就更高了。农民们希冀城乡一体化，不断追求更舒适、更优美、更符合时代的生活、憩息、娱乐环境。他们的自愿为农村

图 5-10 江苏省首批四星级乡村旅游点——江阴市朝阳山庄（2016年10月16日）

园林化的生长培育提供了肥田沃土。领导重视、各方配合则是农村园林化取得成功的组织保证。由于对农村园林化的认识一致，各级领导十分重视和支持，主要领导还亲自动手，作出表率。加上农业、水利、林业、土地、建设等部门的相互配合和共同协作，以及乡（镇）、村，特别是广大农民的支持，使农村园林化得以顺利进行。

由此可见，在中国开展农村园林化建设有着其发展的可行性和必要性。那么，在具体实施过程中则应当围绕当前中国农村的实际情况，秉持以下指导思想展开规划活动：通过农村园林化改善农村人口的生产环境和生活环境（包括物质生活环境和精神文化环境），从而提高农业劳动生产力和农民生活质量，以达到缩小城乡差别，稳定、发展农业，保护耕地和乡村景观（城市化以后无法再生的风景资源）的目的。

5.2 农村园林化的设计原则

基于这一规划指导思想，在具体规划过程中有几点原则需要注意：农村园林化与城市园林化都是以园林化为中心内容，即创造一个理想优美的环境。但是由于农村与城市的现实情况不能完全吻合，我们不可能以城市园林规划设计的原则来硬套生搬。怎样才能使园林在风格上与农村相一致，与农业现代化相合拍，以正确反映现代农村特有的风貌，是农村园林化规划设计过程中必须考虑的问题。

我们在经过对江阴农村与城市差异性的分析后，确立了以下原则：

1. 珍惜良田，高效用地

在人多地少“寸土寸金”的江阴，土地十分珍贵。规划时决不能因为农村是广阔天地而随意圈地绿化，而应有效地利用空地、建筑四周的边角地以及公路沿线的狭长空间来绿化美化。同时，应经济利用土地，在创造出美的同时，创造出财富，产生效益。

2. “眼高手低”，力求“五化”

农村园林化处于刚起步的阶段，江阴农村大部分地区的园林化程度还相当的低，这给规划设计者提供的弹性余地较大，但也可能会错误地认为我们设计时可以很随意；我们设计在重视农民喜闻乐见、易于操作、可接受的同时，还应该清楚这是百年大计的事，应以长远的眼光来设计，即着眼点要高，以农村园林化不阻碍农村现代化，现在与将来的进一步发展为依据。但具体实施时可从简单的做起（即“手低”），力求“五化”，提高到绿化、净化、香化、彩化、美化的高度。

3. 因地制宜，借景造景

农村中农作物的景致将引进规划设计者的视野，作为园林化的大背景或补充，为园林化提供新思路。对农村景物有一定感情的人，一定会注意到 4 月油菜花万顷金波，令人心襟摇颤；冬季小麦一望无边的嫩绿，使人感慨万千。如果我们将它们很好地利用起来，形成透景或做大背景，那将真正体现农村园林的气息。同时，应将农村原有的树丛（林）、河流等纳入风景，形成田园风光。而对于中心村、镇，则与城市园林设计相近。

4. 精选植物，科学搭配

农村园林化的植物应该主要使用抗逆性较强的园林植物品种。现在和将来的江阴农村，人口还将比较分散，与城市相比人口密度还是较低，人均的园林化面积将比城市大且难以管理，这导致江阴农村园林从总体上不可能有城市园林的那种较为精细的管理，它的管理还将是粗放的，因此选用抗逆性强的园林植物十分重要。植物选择时，应注意“三优先”原则，即乡土植物优先，耐粗放管理的优先，价廉物美者优先。

5. 点线面景，循序推进

由于农村园林化范围广、难度大、耗资巨、历时长，应按点（村、镇）、线（公共道路）、面（除点、线外的农村）、景的顺序逐步推进，即在点、线、面上绿化的基础上，有条件地在重要地段营造景点，甚至可以把习惯上保留在城市中的文化娱乐设施，移至邻近的城郊或农业地区，正如应该把大自然引入城市一样。

5.3 江阴市农村园林化建设方案

由于农村园林化工作尚处于探索阶段，目前在江阴农村全面推广为时还早。江阴市政府依据风景规划理论和江阴的具体情况，提出了先从云顾、镇澄、澄扬、锡澄 4 条主干线着手，在线上合理选择 10 个村作为试点，然后在江阴农村全面推广。这 4 条线纵横东西、联通南北，是江阴与常熟、张家港、常州、无锡等地经济交流的要道，也是江阴经济发展的大动脉。要求试点村及公路沿线可视范围内可供绿化的区域全面园林化。因此，在实际规划过程中，考虑到农村园林化的目的、原则以及当地的实际情况，规划方案从以下几点入手：

1. 点上农村园林化规划

（1）集镇的园林化规划

江阴市的乡级集镇均已按规划初步建成了现代化的新型小城镇、街道整洁、环境优美，各个镇均已在镇区规划了镇级公园、镇中心、广场或重要地段还建有雕塑或园林小品，园林化水平较高。

（2）中心村的园林化规划

江阴市现有不少经济发达的村建起了中心村，这些村庄先规划后建设，不仅交通和自然条件好，基础设施也比较完善，相当于城市中的居民新村，园林绿化设计可以参照城市居住区绿化的做法。有不少中心村（如华西、长江等）的农民住宅全是一家一幢的独立式别墅建筑，均已同时规划建设附属花园和中心花园。

（3）自然村的园林化规划

目前江阴市的绝大多数村庄是在长期的自然经济基础上形成和发展起来的，分散零乱、基础设施差、园林绿化水平低。有两种类型，一类是农民住宅成排布局，多为 20 世纪七八十年代兴建的楼房，这类村庄的建筑虽略显陈旧，但环境整齐，只要修建道路、厕所等公共设施，即可绿化。通常在家前屋后栽种香樟、榉树等园景树，或梨、桃、柑橘、葡萄等果树，也可统一规划花坛、菜圃，由农民自行栽种。可在村头或中间空地利用原有疏林等营造富有乡村情调的景点或小游园。

图 5-11 2016 年 11 月 12 日，浙江台州路桥区新桥镇金大田村，一个把毒土壤改造成乡村花田的成功案例

另一类是农村住宅分布不规则的旧自然村，这类村庄的环境往往脏、乱、差，公共设施基本没有，甚至在村庄内无整齐的路贯通。最好的做法是将其合并改造成中心村。否则，只能先拆除危房、旧房、破房、披屋（紧挨主房的简易房）等违章建筑，在治理脏、乱、差的基础上，增加公共设施，进行园林绿化。

2. 线上农村园林化规划

（1）一般性线段的园林化规划

一般性线段，指公路旁边没有村庄和农民住宅的公路绿化带及其旁边的区域。在公路上基本没有游人而只有行人，他们不可能长时间地逗留，给他们较深印象的只能是一种动态的视觉效应。因此在这类设计上应从视觉角度出发，抛开原有的“一条路，两行树”的简单而呆板的思维定式，用色彩丰富的花木品种和高低错落的绿化树木，增加道路绿化的色彩和层次；同时，尽量利用路旁原有的树丛、树林和自然景物，美化公路走廊，使单调的旅途变成令人愉快的车行与人行道路，展现出本地区的最佳特征，给过境客人留下愉快而美好的印象。最好的保护和“美化”公路的方法，就是获取和保存最好的自然特征，和它们已经形成的现状。

（2）特殊性线段的园林化规划

特殊性线段，指公路与镇村、工业小区以及农民住宅相交的线段。园林绿化不仅要与一般性线段上的设计相衔接，还要注意美化“公路走廊”：在公路红线与临街建筑的宽窄不一的地块内布置花坛、行道树、树丛、草坪，点缀小品，对丑陋的建筑还可用树墙或垂直绿化遮挡，使混乱的交通、建筑变成令人赏心悦目的街景。同时增加一些具有芳香味的乔灌花木，为人们休息、娱乐创造出良好的环境氛围。

（3）面上的农村园林化

即农田园林化。在完成农田现代化基础设施建设的基础上，

图 5-12 玫瑰花景观

结合农田林网化，沿主干道种植水杉、池杉或其他适合作农田林网的树种，点缀整形常绿球和耐粗放栽培的花卉（如美人蕉、丰花月季等）作适当美化。

5.4 农村园林化问题讨论

当然，农村园林化的实践也遇到了一些实际的问题，大致可以总结为以下几点：

1. 关于农民的认识问题

部分农民在现有情况下可能不会支持。有些农民只顾眼前利益且思想不解放，他们对农村园林化这个陌生的概念将会置之不理，甚至由于惯性思维及经济利益的冲突（如拆除农民发展三产的沿路店、铺、厂等违章建筑影响其经济利益），他们可能尽力地反对。由于农民受小农意识、封建习俗的影响，整治脏、乱、差的自然村时必将涉及到部分农民的自家利益（如拆除少数农户的旧房、乱搭建等），导致难度增加。当然，大部分农民还是比较注重新事物的出现，现在有些农民自己搞家庭绿化就是这种思维的良好表现，故而，当实施后的良好情况一旦被那些思想不解放的农民所认识，他们就会积极支持配合。这就需要层层发动加强宣传（江阴市已着手解决这个问题），对农民进行不懈的引导。

2. 关于绿化用地问题

尽管在规划原则中要求“珍惜良田”，但有时出于造景需要，难免要占用少量的农民口粮田或自留地，此时，政府要主动协调，及时帮农民调整用地，或按有关政策补偿损失，安置农民。

3. 关于农田园林化问题

目前有一种偏向，认为有亭台花架才算园林化。因此，不少地方农田基本建设尚未搞好，却已在田头建起了廊架小品。这种本末倒置的做法不应提倡，而应在农田林网化的基础上适当用植物美化。在用地和经费许可的村庄，则可根据需要营造亭台廊架，布置雕塑、喷泉，栽种名贵花木，甚至可规划中小型的游乐设施。

园林化，就是人们在自己的工作、休息、游览、文化等生活

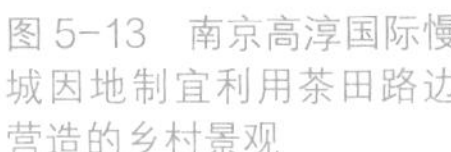

图 5-13　南京高淳国际慢城因地制宜利用茶田路边营造的乡村景观

图 5-14　上海金山乡村

环境中，按照自己的爱好、思维及对特定环境的理解与判断，结合地形地貌和原来环境中的基础设施，依据一定的艺术规划和工程技术，因地制宜地种植园林植物，组合改造空间领域，从而达到保护或美化自然界的面貌，改善卫生条件和地区环境条件，使人们的生活环境更净、更香、更美。从这层意义上来说，农村园林化与城市园林化的地位是平等的。事实上，许多有识之士在新中国成立之初就提出了大地园林化与大环境的规划，他们客观地分析了农村与城市的差距，确立了我国园林化在庭院的基础上发展为城市园林化再向农村进军，最后形成园林化包围城市与农村的格局。如果认为要把城市园林化搞得尽善尽美后方能搞农村园林化，或因长期我国农村经济的相对落后，精神生活质量不高而永远地否定农村园林化，那么这实在是人们思想认识中的一种局限。江阴市提出了以高要求高标准来绿化村镇的思想，认为将来的江阴农村应该是园林化的农村，并积极进行农村园林化的实践。这标志着园林艺术已不再是城里人的专利，而是属于包括亿万农民在内的向往美好生活的全人类的共同财富。只不过由于造园条件城乡有别，农村园林化与城市造园在追求理想环境的手法上有所区别：前者是在极富自然情调的田野上整理乡村的风景，点缀人造景观；而后者是在满目人工痕迹的城市里讨回失去的自然，再造自然风景。由于在广袤的农田之中镶嵌着现代化的小城镇，园林化的农村将是田园风光与都市气息的交织。这不是 19 世纪美国浪漫郊区运动的结晶，而是改革开放后的社会主义中国农村经济和社会飞速发展的产物。

第六章

中国最美乡村与农业遗产

第一节 “美丽乡村”建设计划与最美乡村

改革开放四十多年来，我国的各个方面都经历着可谓是几千年来最为巨大的变化，相较而言，“城市”这一与现代化、信息化等标签更为契合的人类聚居场所，以其林立的高楼、充满现代气息科学气息的新技术、新材料结构等突出特点充分吸引着人们的目光。然而随着轰轰烈烈的城市化运动不断深入，城市的诸多问题一一显现，传统文化的缺失、环境的不断恶化尤其令人关注，也引发了回归本源、亲近传统的新一轮文化风潮，承载了源远农耕文明的乡村再次回到了人们视野之中，这是我国深厚文化底蕴的显现，是一种文化的回归，“美丽乡村”建设计划也应运而生。

美丽乡村，是指中国共产党第十六届五中全会提出的建设社会主义新农村的重大历史任务，自此以来，我国新时代乡村建设成就有目共睹，为深入贯彻“美丽乡村”建设目标以及党的十八大、十八届三中全会、中央一号文件和习近平总书记系列重要讲话精神，进一步推进生态文明和美丽中国建设，全国上下的各个区域各个部门都开展了如火如荼的美丽乡村建设运动。

2015 年 6 月 1 日，中国美丽乡村建设的国家标准出台，农业部国家美丽乡村建设办公室主任魏玉栋，用一句话概括什么是美丽乡村建设——实际上就是新时期的社会主义新农村建设。可以理解为，生态文明加社会主义新农村建设，这就是美丽乡村建设[1]。但美丽乡村建设的目标与实际工作、最美乡村的评价标准，却难以简单地用三言两语来形容。

在提出“美丽乡村”的现代发展理念之前，人们对于乡村的印象不可避免地与“发展滞后”“生活条件较差”“物资供应不足”等缺陷关键词相关，这是城市化进程中的必然过程。纵观世界发达国家的发展之路，现如今提及“风情小镇”“乡野风光”时人们还是会不自觉地想起充满英伦风情的古朴小镇、美国与澳大利亚原生态的郊野风光，或是捷克、奥地利等别具一格的绿丛古堡。

1 刘源源、农业部“国家美丽乡村建设办公室”主任魏玉栋解读“中国美丽乡村”，央广网，2015.08.21.

图 6-1　富裕的乡村，仍在使用污染的河水（2016 年 11 月 12 日，浙江省某乡镇）

与“小镇”的概念相比，“乡村”“村落”的概念更像是较低发展等级的行政单位，建筑城镇化程度、设施完备性等方面都有所不足，这与我国相对外国更为悠远的发展历史以及身为农耕文明古国之一的特性是息息相关的，传统农耕文化在历史上的发达与多样化、地域的广博度、不同文化文明的交织、区域发展的不平衡使得许多非现代的生活方式在我国得以留存下来，塞翁失马焉知非福。正因城镇化进程在我国广域疆土上的不完全性、现代化发展时间较短等所谓发展劣势，大量中国式原汁原味的乡村被保留了下来，也得以在现时代多产业转型发展的契机下结合多种新兴业态绽放全新的光彩。因此，中国的传统乡村是更为原生态的，更为亲近大地、融入地域风情且泥土气息浓厚的。

近年来，伴随着新时代乡村的不断发展，围绕各个知名乡村的评选榜单也层出不穷，其中更是不乏“最美十大乡村”“最美村落”等响亮的叫法，从名称、评选标准与严谨程度上和早期相比都体现出了人们关注点的变化。2005 年在第五届全国“村长”论坛上，与会代表们评出了“中国十大名村”，号称“中国改革开放第一村”的小岗村与最早家喻户晓号称“中国第一村”的华西村都赫然在列。小岗村在 1978 年底即积极响应党的十一届三中全会精神和中央两个农业文件，充分实行“大包干到户”的任务包干制度，大幅度提升了乡村产能，有着“中国农村改革发起村”的响亮名号；华西村更是推出村庄兼并新模式、将集体经济做到极致的知名村落，在钢铁、纺织、汽车工业等方面都处于全国领先地位。其他“名村”也大多如此，共同特点是政治色彩浓厚，经济实力突出，但于早期的村庄发展过程中在环境景观、休闲产业等方面都乏善可陈，例如华西村在发展过程中，因为过于偏重短时经济效益显著的建材、纺织等工业产业而部分忽略了对于村落良好环境氛围的营造，在乡村建筑群规划上也曾有过忽略规划而显杂乱无序、风格样式“不中不洋”的尴尬境地，这是村落发展探索中的常见问题。好在随着人们对于居住环境的日渐重视、国家对于产业转型的不断反思，包括华西在内的越来越多的知名村庄开始利用自身的环境、资源与名气优势，以充分发展如环保材料、休闲旅游等绿色经济的形式进行产业转型，从而营造出更为宜居宜游的乡村环境。2008 年，浙江省安吉县成为第一个正式提出“中国美丽乡村”计划的乡村，期冀以 10 年时间把安吉县打造成为中国最美丽乡村；2013 年中央一号文件中，第一次提出了要建设“美丽乡村”的奋斗目标，进一步加强农村生态建设、环境保护和综合整治工作；国家农业部于 2013 年启动了“美丽乡村”创建活动[1]，于 2014 年 2 月正式对外发布美丽乡村建设十大模式[2]，为全国的美丽乡村建设提供范本和借鉴，并同年正式开展了中国最美休闲乡村和中国美丽田园推介活动；中央电视台 CCTV7 农业节目频道《美丽中国乡村行》栏目组也从 2013 年开始推出一年一度的“中国十大最美乡村”评选活动，迄今已举办 5 届。

1 农业部科技教育司，《农业部办公厅关于开展“美丽乡村”创建活动的意见》，中华人民共和国农业部官网，2013.02.22.
2 农业部科技教育司，《农业部发布中国“美丽乡村”十大创建模式》，中华人民共和国农业部官网，2014.02.24

这些实践案例说明，在“美丽乡村”战略出台之前，新时期伊始人们更多关注的还是区域经济实力，即使对象是乡村也是如此。经历了二十多年改革开放的巨大变化，在十六届五中全会提出“美丽乡村”建设计划之前，“村庄”这样一个人们传统意识中相对城市较为落后的区域，评判其是否美丽的唯一标准似乎只能基于生活是否富足安定，甚至能否满足基本温饱和初步触及“小康”水平，因此经济实力绝对是人们优先考虑的因素，“中国十大名村”“最富村庄”的评价标杆即是如此，上榜村庄无疑都是在经济生产领域有着重大贡献。然而发达国家的城乡历史发展路径已经清晰地向我们展示了“宜居、宜游、宜养”环境的重要性，英国人眼中的最美乡村是“聚集在教堂周围，抑或是沿着曲折的街道错落分布”，以文化性建筑为中心的村落突显传统文化沿革，辅之以乡村小酒馆、农场、原汁原味的小村舍，能“最完美地展现英国风格”[1]，同时也随着时代变迁增添现代化功能，以传统与现代的交织让不同国家的人们领略英式田园风光的温暖旅行方式；我国传统文化“天人合一”思想对人与环境和谐共生的追求、“落叶归根”的强烈归属感也都让我们逐渐意识到，仅仅依靠经济支撑的乡村离“最美乡村”还有很大的距离。因此，自安吉开始的生态保护型乡村逐渐声名鹊起，越来越多的乡村开始重视侧重原生态保护与开发的互相结合，之后涌现出的各式“最美乡村”无一不有着令人心驰神往的美丽画卷。

1　詹姆斯·本特利，雨果·帕莫尔．英国最美乡村 [M]．广东旅游出版社，2014.

图 6-2　江苏扬中：长江边的自然生态景观保护

当然，美丽乡村问题不仅仅是经济与生态的二者兼顾，也不存在“鱼与熊掌兼得”的悖论，而是全方位多样化乡村发展的笼统概述与统一名称。多年来，中央始终高度重视“三农”问题，强调把“三农”工作牢牢抓住抓好，各省份也实现了农业综合生产能力、农村经济发展、农业产业转型、农村改革、新型农村建设与农业主体开发、生态文明建设、农村公共服务等多个方面的长足进步，为美丽乡村建设打下了坚实的基础。国家职能部门农业农村部的直接介入起到了很好的引领作用，十大美丽乡村发展模式从经济、生态、城乡统筹、社会治理、文化传承、特型产业这些方面几乎涵盖了美丽乡村建设的全部内容，对指导美丽乡村建设工作有重要意义。央视每年评出的十个最美乡村也不意味着美丽乡村的妄评滥行与竞相淘汰，更多的是对全国各地乡村实行的最美乡村建设工作给予充分的肯定与激励。

如今，党的十九大明确提出实施乡村振兴战略，将其视为我国未来发展进步的重要战略方针之一，并指出要以产业兴旺、生态宜居、乡风文明、治理有效、生活富裕的总要求，加快推进农业农村现代化，可以说是从各个方面为美丽乡村与乡村振兴建设指明了方向，既要求保证乡村的自然生态之美，也要求彰显村落的社会人文

图 6-3　2016 年 10 月，周武忠教授在浙江台州路桥区乡村建设动员会上做关于新乡村主义的宣讲

之美，既延续了充满乡土气息的传统文脉，也拓展了新时代乡村的现代文明之美。因此，要建设最美的中国乡村，外在景观美与内在发展美不可偏废，应避免急功近利地只重视短时发展与眼前之利，而忽视了生态资源、文化资源之类的与景观、旅游等绿色产业息息相关的长时性资源。一方面巩固完善基础设施、净化村域环境、优化治理模式；另一方面积极挖掘文化内涵、合理建立优质项目、健全乡村产业链，以具有历史价值、研究价值和经济价值的文化脉络为核心对村庄物理条件、整体景观环境、历史遗存与文化风俗进行保护性开发，建成能够体现地域特色的最美乡村，以物质条件的完善与精神需求的不断满足真正实现乡村振兴。

第二节　农业遗产的“乡村性”特质

2.1　农业遗产与地域景观

作为农业大国的我国，自古至今传承数千年的农耕文明绵延不息，这项利用动植物生长发育规律通过人工培育来获得人类活动必需品的产业一直都备受关注并牵动亿万人民。而农村与乡村则是从事农业生产为主的劳动者聚居的最主要聚落形式，在进入现代工业化社会之前，乡村地区囊括了绝大部分的人口数量，有着与城市区别化的围聚居住、零散分布、亲近自然等特点，可以说，乡村的形式是以农业为核心形成的，乡村个体的建立离不开农业产业，这也是用以区别古代农耕民族与游牧民族的主要依据。

正因为我国历史上历朝历代对农业的重视，再加上我国文明古国的悠久历史，有太多的农业遗物、遗址、遗存、遗风得以传承了下来。所谓“农，天下之大本也”（汉，班固，《汉书》），“农者，天下之本也，而王政所由起也”（宋，欧阳修，《原弊》），充分体现了在封建制王朝中农业的根本性地位；而“国之所急，惟农与战，国富则兵强，兵强则战胜。然农者，胜之本也”（汉，陈寿，《三国志·邓艾传》）以及耳熟能详的近代俗语“兵马未动，粮草先行”也都或直接或间接地说明了农业的重要性；中国古代劳动人民积累的数千年耕作经验更是留下了诸如《氾胜之书》《齐民要术》《农书》《农政全书》等专业农书，更不必说种种民间传说典故、各式民间风俗了，其农业文化遗产之丰富可见一斑。而众所周知，乡村的起源几乎可追溯至人类的出现，更是古代各时期的基本行政单位，也都伴随着农业这一产业最基本形式的兴衰而兴衰，因此，农业遗产的“乡村性”特质可以说是不言而喻。

党的十九大召开期间，在与国际园艺科学学会景观与都市园艺委员会前主席哥特·格鲁宁教授共同参观上海市与山东省的行程中，每当路过城郊结合区域以及郊野乡村的时候，来自德国、身为传统园林与风景园艺专家的格鲁宁教授无时无刻不表现出对中国传统园林景观文化的浓厚兴趣，在听取解说、交流思想的同时，他也有许多关于乡村景观的困惑。格鲁宁教授认为，对于乡村来说，最具有代表性也最能打动人心的就是融汇了当地文化的独特地域性环境景观，这牵涉到许多相关领域及多学科的知识与实践经验；乡野区域最值得人们去关注的就在于其农业文化景观，此类景观的形成不是仅有大量农田、特色乡村建筑的简单组成，而恰恰是积淀成百上千年的人类农业活动与乡村生活方式的总和，大到村落、街巷与农田的排布方式，小到门户照壁的纹饰中蕴含的久远典故、农具组合的各种妙用，当你真正了解其意蕴时，求知而所得的快乐以及文化相同、相似的归属感或是南辕北辙的异质性所引发的认同度或好奇心无不令人心旷神怡。教授对于两地目前所呈现出的乡村景观有许多或褒或贬的看法，他会为知道了小型盆景的文化意蕴、树种与花卉搭配的选取原因而眉飞色舞，也会为某地传统农地景观因开发建设的损毁而扼腕痛惜，同时他也好奇地问道，我国是否有美化乡村区域、整体施行园艺景观改善的区域性计划，与园艺疗法、绿色景观运动等有异曲同工之妙。愚以“美丽乡村”计划回答之，并阐明了我国在国家、

图 6-4 周武忠教授在朝阳山庄接待国际园艺学会主席安东尼奥·门特罗教授（右）和国际园艺学会景观与都市园艺委员会主席哥特·格鲁宁教授

省、市不同层面因地制宜的一些具体施行方式，教授深以为然，也提出了一些建议。他认为我国乡村有如此庞大的体量与如此丰富的文化遗产，尤其应该在乡村区域重现古代或当代的农业文化景观，对农业空间的重构与农业景观的再现是非常重要的，并不是简单地模仿性重建，而是将文化细节布置于各个角落，以农业软性文化的张力形成感官冲击，从而改善村落单一的结构性形象。教授非常赞同“新乡村主义”理念中的“三生和谐”理念，也因此可以理解为，在“新乡村主义论”所强调的“土、物、俗、景”[1]四大乡村产品中，基于乡村风土之上的风俗与风物是最具备开发价值的，由之整体打造与构建的文化风景是最美乡村所呈现出的理想状态，由此可见农业遗产对于乡村景观的重要性。

在中国古老的疆域中，人们的世代栖居、耕作为现今遗留了丰富的农业遗产及景观，因地域文化的延续性，这些或为实物或为精神的农业遗产会被人了解、认同并随之产生强烈的归属感，使民族精神具象化而成为国民的精神寄托与社会进步的源泉，也无可辩驳地成为了乡村振兴的驱动内核。传统农业活动遗留的器物、风俗、经验在历史长河中都曾是巧夺天工且弥足珍贵的，而现今不断演进的农业景观也将不断在社会发展史上留下足迹，因此对农业遗产的保护利用也就是保护与传承农耕文明这世界上存在最为广泛的文化集成系统，这点对于城市化进程日益繁盛的我国尤为重要。正如习近平总书记“记住乡愁”的思想精髓一般，民族的乡愁，源于中华文明对优秀传统文化的重视和保护，“要让农村和农民享受和城市一样的公共服务。必须留住青山绿水，必须记住乡愁。什么是乡愁？乡愁就是你离开后还很想念。要像保护眼睛一样保护生态，要像对待生命一样对待环境。现在离两个百年目标，全面建成小康还剩 5~6 年了，不能空喊口号，要真抓实干，要精准扶贫，真正扶到根上，让人民群众得到实惠”（央视时政新闻）。

“乡村振兴”口号的提出是乡村农业遗产发展的完美契机，人们应当敏锐地意识到，依靠多年“美丽乡村”建设工作所打下的

1 周武忠，新乡村主义论 [J]. 南京社会科学，2008(07): 123-131.

图 6-5　浙江省温岭市石塘渔村

坚实基础，时下是千载难逢农业遗产保护利用与最美乡村建设相结合的黄金时段，农业遗产的保护与开发利用要和新乡村社会、经济的可持续发展与“三农”问题的解决有效结合起来，为新时代下民族复兴的乡村振兴新使命赋予其全新的发展活力。

2.2 农业遗产对乡村发展的意义

联合国粮农组织（FAO）对农业遗产的定义是“是农村与其所处环境长期协同进化和动态适应下所形成的、独特的土地利用系统和农业景观，这种系统与景观具有丰富的生物多样性，而且可以满足当地社会经济与文化发展的需要，有利于促进区域可持续发展”[1]，农业遗产对乡村发展的重要意义主要体现在四个方面：

1 联合国粮农组织（FAO）官网，全球重要农业遗产 [R/OL]. http://www.fao.org/sd/giahs/

1. 维持乡村内部生态系统的稳定

参见第一章第一节恩格斯的相关论述，不同的农业遗产大多已形成适应地域环境的体制，以知识、经验驱动，技术、技能为方法，道德、社会伦理为支撑，实现了生物循环链的补足与平衡，凭借生态系统内物种的多样性和群聚优势满足乡村的功能性需求，正应和了“天之道损有余而补不足”（春秋，李耳，《老子》）的天地至理，因此能够实现稳态延续而绵延千年，得以制度化地运作传承下去。

2. 抵御外部自然的危险

人类聚落形成的初衷就是为了以半封闭的群居行为抵御来自外部自然的各种危害。农业遗产中的建筑遗产蕴含着构筑住所遮风挡雨的古老智慧，对形式、材料、纹样的运用也充满了地域文化色彩，对后世乡村建筑的风格也有指导作用；遗产中的农具多种多样，不仅展示了我国传统造物置器技艺的高超，也为现代化农具、农器的大生产提供了范本，使生产效率不断优化，以避免灾荒、旱涝等自然灾害的侵袭；如此案例不胜枚举。此外，农耕文明本身长时期所形成的美丽景观画卷也左右着乡村审美，而同时兼顾其农业之外的其他功能性作用，云南省哈尼族人传承千年、享誉世界的农业遗产哈尼梯田不仅是各大摄影师的宠儿，为人们奉献出一幅幅秀美的劳作美景，也保证了崇山峻岭中来之不易的粮食储备，其对山体水土的围护与保持还充分起到了固土缓坡的功效，大大削减了雨水侵蚀下山体滑坡、泥石流等灾害出现的可能，保障了人民群众的生命财产安全。

辩证地看待乡村地域内的人类农业行为，虽然人类改变自然、在一定程度上破坏自然生态而重构人类农业生态的行为情有可原，但仍然应该多考虑维持天人和谐的传统思想精髓，不应随科技的进步就主张多用农药、强耕等强行抑制、改变环境的手段，而是该遵循农业遗产中顺应天时的乡村伦理观念，尽量用原生态的绿色方式规避自然危险。例如，在原生状态下，我国南方的湿地生态系统内会有成百上千种动植物和无可计数的微生物，被开辟成稻田后虽能满足粮食用途，但物种的单一化却不可避免地会对当地生态系统稳定性造成危害。然而我国云南东南部的各少数民族中，却早就建构起了优秀的农业种植系统，将不同品种的稻谷分行种植，利用其抗病防害能力的差异去应对病虫害，有效减轻了农药对生态环境的负面影响，提高了经济效益。这一农业遗产经农学家发展和创新后，现今已成为我国南方普遍推行的水稻种植规范[1]。

1 罗康隆，杨庭硕. 中国各民族农业遗产的特殊价值分析[J]. 资源科学，2011, 33(06): 1025-1031.

3. 乡村原真性的保障

乡村原真性与文物古迹、世界遗产的原真性异曲同工，保证了乡村所呈现风貌的真实性与不可替代性，这是现代人厌倦了千篇一律的城市环境、从城市回归农村寻找乡愁的出发点。因此倡导原生态乡村风貌的新乡村主义的核心理念便是追求“乡村性”，即无论是农业生产、农村生活还是乡村旅游，都应该尽量保持适合乡村实际的、原汁原味的风貌，乡村就是农民进行农业生产和生活的地方，乡村就应该有“乡村”的样子，而不是追求统一的欧式建筑、工业化的生活方式或者其他的完全脱离农村实际的所谓的“现代化”风格。乡村环境特殊而珍贵之所在正是其与城市环境的差异性、异质性，其文化内涵、表现形式、生活方式、环境气候等都有自身的特点，它们最直接的载体与最纯粹的寄托就是在乡村环境内存在、延续、推陈出新了千百年的农业遗产，这是乡村本位产业——农业所有精华的体现，是农耕文明物质、精神生产资料以及生活方式的记录，通过文化传播、信息传达、技术革新在不同的时代以不同的面貌将乡村风貌呈现于人前，也为乡村打上了深刻的农业文化烙印，使人铭记于心。

4. 代表着乡村进步的方向

2007年下发的《中共中央国务院关于积极发展现代农业扎实推进社会主义新农村建设的若干意见》中指出：“农业不仅具有食品保障功能，而且具有原料供给、就业增收、生态保护、观光休闲、文化传承等功能。建设现代农业，必须注重开发农业的多种

图6-6 江西婺源篁岭景区，地道的乡村旅游点

功能，向农业的广度和深度进军，促进农业结构不断优化升级。”大力发展特色农业，要立足当地自然和人文优势，培育主导产品，优化区域布局。文件表明，现代农业的发展方向是功能的多样化和地域文化的挖掘深度化。功能的多样化是农业产业现代化发展的必然拓展途径，为满足新时代人们更多更复杂的生理、心理要求而不断精进，其基础是历史上地域性农业产物与农业技术的不断继往开来、推陈出新；对地域文化的深入挖掘则是发展特色农业的根本手段，是农业遗产区别于其他资源、最美乡村体现其乡村性魅力的文化核心。近年来渐趋火热的乡村旅游从“风景观光游”向“文化体验游”转型的过程越来越深刻地体现出农业遗产中传统农业文化的吸引力。

2006 年，无锡市新区管委会为了进一步强化城市和乡村的互动关系，提升无锡新区农业现代化水平，决定大范围建设生态农业示范基地和都市农业旅游区。在规划建设过程中，如何在合理有效保护和利用生态农业资源的同时也兼顾对鸿山遗址的保护和开发成为了一大难题，但“新乡村主义论”中农业产业化“生态、生活、生命”的“三生”理念为规划建设的实施提供了理论指导，在此理论原则之下，通过都市农业与乡村农业的耦合，构建了农业科技创新与应用体系、农产品质量安全体系、农产品市场信息体系、农业资源与生态保护体系、农业社会化服务与管理体系五大现代农业发展体系，提出了生态农业和生态旅游发展战略、产品错位开发战略、品牌战略、环境友好型战略、生物多样性发展战略五大发展战略以及以有机农产品、绿色农产品、无公害农产品、观光旅游产品、度假旅游产品、休闲旅游产品为主的产品体系，深入挖掘区域内农业文化、吴地文化及大鸿山遗址文化，完善其整体功能以及全面推动园区生态效益、社会效益与经济效益的协调发展。一晃十余年过去，无锡新区更名为无锡市新吴区，区域内以吴文化为核心的吴文化博览园在旅游业上也已成气候，但随着旅游业发展得如火如荼，更大规模发展建设旅游度

图 6-7 江西龙虎山花语世界内的园艺体验店

假区的要求和区域内以农业为本、现存大量基本农田的现状看似存在着不可调和的矛盾，实则不然。通过对区域情况的深入调查了解以及对国内外相关产业发展趋势的研读可以发现，将农业遗存以现代农业的新形式表现出来，能完美结合农业生产加工以及休闲度假旅游的“休闲农业”新产业形式可以完美地解决规划区域内城郊与乡村发展的难题。在此认知基础上，通过对区域文化脉络、农业遗产、旅游资源与建设现状的深度挖掘，以古时吴地文化传说典故、古今地域性农业遗产的糅合展现、江南稻作水乡大场景三条主线为核心的区域乡村旅游发展规划赫然成型，以贴近现状而突出主题的功能性板块划分、农业遗产项目的文化挖掘与旅游包装、基础设施的更新换代使新吴区的城郊接合部与乡村区域焕发出了全新的活力。乡村旅游、休闲农业旅游等新业态的出现代表着乡村进步的新方向，而其根本依然是农业遗产。

由此可见，农业遗产的乡村性、农业遗产对于乡村的重要意义，以及乡村对农业遗产所起到的重要载体作用都为最美乡村的建设指明了农业遗产与乡村振兴耦合的道路。农耕文明是在长期

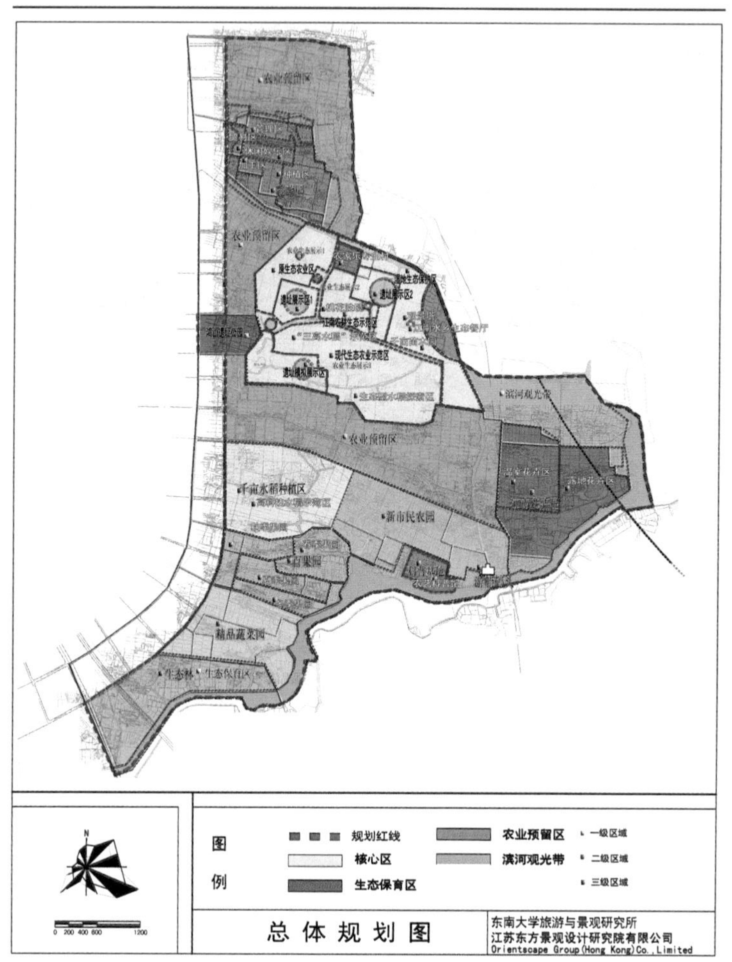

图 6-8 无锡新区鸿山生态农业园总体规划图（规划设计：东方景观）

农业生产中形成的适应农业生产、生活需要的国家制度、礼俗制度、文化教育的文化集合，其独特文化内容和特征都以农业遗产的形式很好地传承了下来。对农业遗产的保护有维持农业发展稳定的作用，对传统农耕系统的动态保护和适应性管理是实现乡村区域人与自然和谐共生的必由途径；对农业遗产的保护与开发可以解决乡村基本特色退化的现代问题；农业遗产系统的传承创新产生了独有的农业文化景观，可以充分反映乡村区域人类活动多样性与自然环境多元关系的演进历程，丰富了乡村景观系统的类型；同时农业遗产也是联系城市空间与乡村区域的良好纽带，基于地域文化框架内的城乡农业产品生产、供给、消耗、文教衍生与归属感唤醒都会大大地缩短城乡发展差距。

第三节　以农业遗产为文化内核打造美丽乡村建设

3.1　农业文化遗产与乡村振兴

农业遗产是人类社会发展进程中创造的独具特色的农业系统和乡土景观，具有极高的历史文化研究与乡村产业建设实践价值，美丽乡村建设与农业遗产利用有较大的互动开发空间，乡村振兴大计为农业遗产保护与传承提供了百年难遇的战略性机遇，同时农业遗产也以其珍稀价值为美丽乡村建设提供了无与伦比的文化驱动力。中央农村工作会议明确指出，“必须传承发展提升农耕文明，走乡村文化兴盛之路”[1]，将农业遗产融入美丽乡村建设工作、持续不间断地研究与实践有利于继承与发扬优秀的农耕文化、挖掘传统农业文化内涵、发挥农业遗产价值，同时农业遗产中所蕴含的“人地”平衡思想也能促进乡村生态环境景观系统的重构，从而促进新时期农业的可持续发展、乡村文化繁荣等乡村振兴的关键性问题。

1　新华社,《2050 年乡村全面振兴！中央农村工作会议定了这些大事》，新华社官方微信平台，2017.12.29.

“美丽乡村”建设计划是“美丽中国”建设总目标的重要组成部分，须坚持弘扬和践行社会主义核心价值观，传承发展提升乡村优秀传统文化，加强思想道德建设，改善乡村物质景观与精神景观风貌，不断提高乡村社会文明程度，而农业遗产在其中起到了举足轻重的作用。对乡村农业遗产应持有“保护式再利用”的开放探索态度，尊重遗留农业系统与文化景观较强的生产与生态功能优势，研究其随社会经济、技术、文化发展而不断协同进步、适应环境的规律，坚持整体保护、差异化动态调整、文化内涵优先、原真性保护等原则，充分开发其中蕴含的生态、经济、文化、科研等多重价值。

以农业遗产为文化内核打造中国最美乡村，可以有效地规避如乡村发展模式单一、乡村城市化、表里发展不均衡以及景观空心失真等实际问题。

1. 乡村发展模式单一

乡村与城市一样，是集中了大量人口的人类聚居地，牵涉到政治、经济、社会、文化等多个方面的问题，但因区域环境限制、生产方式相对城市的单一性等多种制约因素的存在，极易出现过度依赖单一产业的不当发展模式，如改革开放早期工业制造业对国家范围内大发展大建设起到了支撑性作用，许多乡村区域也大规模发展工业、建设厂房，以及至产能过剩时造成大量资源、材料、人力的浪费，历史上的毁林造田、退耕返林，到现在的乡村旅游大幅跟风，都有资源过度集中而效能不足的风险存在，也极易造成失去自身特点甚至“千村一面”的窘境。

2. 乡村城市化

乡村之所以为乡村是因为其“乡村性”，但在城镇化进程中因受全球城市化、城市现代技术优越性的冲击，不少乡村过于注重对基础设施现代化的追求而忽视了文化内涵，导致乡村与城市的界限越来越模糊，以钢筋水泥的冰冷慢慢取代了乡野风光的如沐春风。

3. 表里发展不均衡

“美丽乡村”建设计划是较为全面的乡村发展战略，不能虚有其表，“最美乡村”的打造不是政绩工程，只注重最易辨识的基础设施和建筑外观，对乡村的传统建筑、民间习俗和传统节庆等文化遗存关注不够是本末倒置的行为。

4. 景观空心失真

现代景观设计中所常见的“文化失忆、生态错位、经济浪费、功能残缺、审美缺失”五大问题[1]在乡村区域并不鲜见，甚至许多乡村都是“重灾区”。景观系统需要整体设计，盲目使用现代材料；迷信整齐的“瓦房白墙”；为追求整体效果滥用非本地树种草种；不计成本追求“大场面”等问题都会使乡村景观出现与本地文化格格不入的“空心化”现象。可以说，乡村建设中处理稍有不慎就极易出现“建设性破坏、自主性破坏、随意性破坏、自然性破坏”[2]等弊端。

1 周武忠，翁有志. 现代景观设计艺术问题与对策 [J]. 南京社会科学，2010(05): 122-129.

2 魏家星，姜卫兵，武涛. 美丽乡村建设与农业遗产保护耦合发展研究 [J]. 中国农史，2017, 36(01): 136-142.

上述乡村问题的产生是多方面共同作用的结果，多与现代乡村人口组成、土地性质、空间结构安排等问题相关，其关键性原因是文化经济矛盾所产生的利益失衡。由于乡村设施条件、生活水平与城市间的现存差距，大量青壮年都选择离开乡村区域奔赴城市谋生，导致乡村老龄化问题严重，人口组成严重失衡；许多区域大量农地的闲置以及农业相对落后的生产方式与乡村建设开发有难以满足的需求差距；再加上乡村区域普遍缺乏规划设计，农、工、商、住的空间结构安排杂乱无序，现代乡村的生活方式

图 6-9　山东省井塘村

图 6-10 河南林州红旗渠是具有世界唯一性的特品级乡村旅游资源

产生了巨大的问题。在国家倡导产业转型的大背景下，传统农业经济的困境亟待通过挖掘文化遗产核心、打造文化产业、重塑文化自信的方式整顿乡村环境，而农业遗产作为乡村振兴的重要载体，可以从物质供给、文化内涵支撑、产业发展依据方面提供较全面的解决方案，应以地域农业遗产分布为根据在区域范围内实行层次性差异化发展规划方案，降低小范围内同质化竞争的可能性与激烈程度，以具象化、规模化、产业化的遗产开发利用手段，可在很大程度上根本性地淡化乡村资源劣势与治理弊病。“乡愁中的传统，传统中的乡愁，正是我们一刻都不能离开的春风”[1]，乡村文化遗产是历史文化与乡村成长的交织，发掘乡村农业遗产、保护结合产业建设的建设过程是一种尊重乡村历史文脉、尊重乡村环境的态度。

1 郭文斌，记住乡愁，就是记住春天 [N]. 人民日报，2015.01.08, 24 版.

3.2 农业文化遗产与美丽乡村建设案例分析

1. 浙江青田稻鱼共生系统

浙江省青田县的稻田养鱼技术至今已有 1200 多年的历史。清光绪《青田县志》曾记载：“田鱼，有红、黑、驳数色，土人在稻田及圩池中养之。”金秋八月，家家“尝新饭”（风俗活动）：一碗新饭，一盘田鱼，祭祀天地，庆贺丰收，祝愿年年有余（鱼）。

稻田养鱼产业是青田县农业主导产业，面积超 8 万亩，标准化稻田养鱼基地 3.5 万亩，为当地农民主要收入来源。种养模式生态高效，鱼为水稻除草、除虫、耘田松土，水稻为鱼提供小气候、饲料，减少化肥、农药、饲料的投入，鱼和水稻形成和谐共生系统，青田田鱼品种优良特质，有红、黑、驳数色，肉质细嫩，鳞软可食，是观赏、鲜食、加工的优良彩鲤品种[1]。悠久的田鱼种养史孕育了灿烂的田鱼文化，青田田鱼与青田民间艺术结合，派生出了一种独特的民间舞蹈——青田鱼灯。青田鱼灯曾参加国庆 50 周年庆典、第五届中国国际民间艺术节、第七届中国艺术节和第十三届“群星奖”、“中西建交 30 周年庆典”、北京奥运会、上海世博会、第八届全国残运会、中意建交 40 周年庆典等国内外文化交流活动，被誉为“天下第一鱼”。“稻鱼共生”不单是祖辈创造出来的生产模式，更是一种富有地方特色的农耕文化。“稻鱼共生系统”被列入全球重要农业遗产保护项目，是对传统农业文化的充分肯定和高度评价。得益于稻鱼共生系统这项农业遗产以及其他优势资源，青田县有“中国金融十强县，外汇第一县，人均存款第一县”等美称，根据中国社会科学院《中国县域经济发展报告 2015》，青田位居全国第 84 位，金融位居第 3；2013 年全县农业总产值就已超过 10 亿元，粮食总产量超过 6 万吨，渔业产值近亿元[2]。

青田县自古以来稻田养鱼与“饭稻羹鱼”的生产、生活方式创造了丰富多样的区域乡村文化，除稻田耕作文化与田鱼烹制饮食文化外，还衍生出包括与稻鱼共生系统有关的民间习俗、民间传说、历代谚语、民谣与诗词等民俗文化以及含首批国家级非物质文化遗产——青田田鱼灯舞在内的民间文艺活动，与祠堂、古建筑、道桥等历史遗存[3]共同形成了以“稻鱼共生”为核心的农业遗产。其农户地处山区，家家邻水、户户有池、人人耕种养鱼的传统习俗形成了山、水、田、鱼、农和谐共生的独特农家田水景观，这是当地无数代农人创造性、动态适应环境而发展起来的

1　资料参考：中国休闲农业年鉴编委会，中国休闲农业年鉴（2016）[M]，北京：中国农业出版社，2017.

2　青田县统计局．青田县 2013 年国民经济和社会发展统计公报 [R]．2014.03.20.

3　李永乐．世界农业遗产生态博物馆保护模式探讨——以青田“传统稻鱼共生系统”为例 [J]．生态经济，2006(11): 39-42.

一整套可持续的农业遗产发展模式。考虑到遗产特性、环境要素等客观原因，青田县乡村振兴的方式是对稻鱼共生农业遗产系统坚持动态保护、整体保护和原地保护的原则，利用新时期的新技术和新机遇积极发展相关产业，保持高效产能，是乡村振兴中对农业遗产进行良好保护传承，取得较好发展成果的案例。

2. 江苏兴化垛田传统农业系统

江苏省兴化市自古地势低洼，湖荡纵横，历来饱受洪涝侵害，地形地貌条件并不适合耕作。然而当地先民在沼泽高地之处垒土成垛，渐而形成一块块垛田，发展出一种独特的土地利用与农业运作方式。垛田因湖荡沼泽而生，每块面积不大、形态各异、大小不等，四周环水，各不相连，形同海上小岛，人称“千岛之乡”。兴化共有 6 万多亩这样的耕地，如此规模的垛田地貌集群，在全国乃至全世界都是唯一的。垛田地貌先后入围江苏省第三次文物普查十大新发现和全国第三次文物普查重大新发现，2011 年被列为江苏省第七批文物保护单位[1]；江苏兴化垛田传统农业系统于 2013 年 5 月 9 日入选第一批中国重要农业文化遗产名单，2014 年 4 月 29 日入选联合国粮农组织评选的全球重要农业遗产名单。至今，垛田还保存着传统的农耕方式，用天然生态的肥料种植蔬菜。垛田独特的岛状耕地，是荒滩草地堆积而成，土质疏松养分丰富，加上光照足、通风好、易浇灌、易耕作，使得生产的蔬菜无论是品质还是产量，都是普通大田种植不可攀比的。

兴化垛田农业遗产中遗留的完整农业运作系统既代表了农业发展科学先进的方向又处处透露出我国农耕文明中天人和谐共处的传统思维哲学，充分体现了本地先民的传统智慧，也是人类利用自然条件改善农业运作环境的良好例子。垛田存在于河道水系之中，由泥土填充成行时既低又窄，方便播种、种植与养护，经历过因肥料与淤泥的反复使用而不断扩大体积的“自然增幅”，也有人工“放岸”[2] 扩大耕种面积而形成的“连垛”，既需要精心维

1 资料参考：中国休闲农业年鉴编委会，中国休闲农业年鉴（2016）[M]. 北京：中国农业出版社：2017.

2 垛田话“垛”，垛田镇政府网站 [R]，2012.09.17.

护和保养，也有对选种、播种、移植独特的要求和技法，随时代的变迁有高低错落的风雨沧桑，也有星罗棋布于碧波之上的水乡韵味，显现出了垛田人勇于开拓创新的勇气和顺应于时代的咏叹，是研究当地生态环境变迁和农业生产方式转变的珍贵样本。

追忆垛田的过往，这灵秀的水与垛也曾吸引历史上诸多文人墨客的驻足。兴化地区早先属于楚文化范围，后又融入了吴文化的内涵，在造就了许多文集雅事的同时也孕育了丰富的民间艺术。发生在这芦苇荡里的抗金反元故事，正是施耐庵创作《水浒传》的渊源；扬州八怪代表人物郑板桥出生于垛田，其别具一格的“六分半书”，据说就是受了垛田耕地散而不乱、错落有致的启发；晚清也有“琼林耆宿”王月旦活跃于此；此外，垛田歌会、农民画等也小有名气。

近年来，聪明的兴化人民利用垛田地区河道水系纵横、万“垛”点缀其中的独特地貌与具有代表性的水乡农作景观，从事大规模油菜生产，发展休闲旅游观光农业。万岛耸立、千河纵横，可谓天下奇观。连续举办五届的“中国兴化千岛菜花旅游节”已经成为享誉全国的新兴旅游亮点。

由此可见，垛田农业遗产的历史遗存价值、文化价值与旅游开发价值都值得研究保护与深入挖掘，需正确处理好保护与发展、传统与现代、整体与个体之间的关系。研究表明，“垛田的旅游开发虽然对本地经济的整体带动作用较强，但对居民个人收入的增加、生活水平的改善作用并不明显”[1]，旅游产业的建设为兴化垛田乡村区域带来了可观的经济收入与知名度，但经营农业人口的下降、农业产业规模的缩减也是客观事实，区域内家庭经营结构和收入结构正在发生改变，产品附加值的缺乏在一定程度上反映了垛田农业遗产文化特性开发的必要性，同时须警醒因农业水平下滑而带来的生态环境破坏与农业文明传承载体丧失的可能性。因此，应以农业遗产中所蕴含的丰富文化内涵为乡村建设开发的“软实力核心”，不断扩大区域文化影响，积极倡导生态自然、文

1 崔峰，李明，王思明. 农业文化遗产保护与区域经济社会发展关系研究——以江苏兴化垛田为例 [J]. 中国人口·资源与环境，2013(12): 156-164.

化气息浓厚的绿色产业发展，统筹协调农业遗产保护与乡村振兴中社会发展、文脉传承、环境治理等方面的关系。

第四节 更广义的“农业文化遗产”与更美丽的中国乡村

农业遗产是乡村赖以生存并不断发展进步的动力源泉，但农业遗产是所有与农业相关遗产的统称，泛指性较强；同时“遗产”本身有一定的价值要求门槛，却并没有清晰的界定，对于哪些应属于农业遗产哪些不应被囊括在内似乎缺乏统一的评定标准。另一方面，即使我国疆域广阔、地大物博、农业遗产覆盖面较广，仍然有许多农村区域尚未发现较有价值的农业遗产类型，或是考虑到遗产资源的同质性价值差异，缺少农业遗产或是农业遗产价值不够出众的乡村区域该如何建设美丽乡村、实现乡村振兴呢？“最美乡村”的名号或许因其稀缺性而备受珍视，但作为美丽中国建设目标的重要组成部分，“美丽乡村”的建设愿景应该是所有乡村区域的普适性建设目标之一。

联合国教科文组织（UNESCO）在《世界遗产名录》中所定义的文化遗产、自然遗产、自然与文化双料遗产以及文化景观遗产四种最为典型的遗产类型经过多年在世界各国的联合保护与推广已为人所熟知，类似的，在农业方面对我国美丽乡村建设工作最有影响的遗产评定类型是联合国粮农组织（FAO）的“全球重要农业遗产”（GIAHS）以及我国农业农村部认定的“中国重要农业文化遗产”两种类型。

一个有趣的事实是，粮农组织“GIAHS”概念的直接翻译就是“全球重要农业遗产”，但国内最常见的翻译却是“全球重要农业文化遗产”，有学者认为（韩燕平、刘建平，2007），这完全是国内学者“想当然的误译”，其定义应该是“在概念上等同于世界文化遗产，是农村与其所处环境长期协同进化和动态适应下所形成的独特的土地利用系统和农业景观，这种系统与景观具有丰富的生物多样性，而且可以满足当地社会经济与文化发展的需要，有利于促进区域可持续发展"，且纵观 GIAHS 遗产名录，如哈尼梯田般同属 UNESCO 文化景观遗产名录的文化景观类农业系统被称为"文化遗产"也不合理[1]，其他学术文献中关于"是农村与其所处环境长期协同进化和动态适应下所形成的独特的土地利用系统和农业景观，这种系统与景观具有丰富的生物多样性，而且可以满足当地社会经济与文化发展的需要，有利于促进区域可持续发展"定义的使用也并不鲜见[2]。

实际上，众所周知，"文化景观遗产"虽然是 1992 年 UNSCEO 世界遗产委员会第 16 届会议时提出的新遗产类型，但无论是在 1992 年版还是 2015 年版的《实施〈保护世界文化与自然遗产公约〉的操作指南》中都可以清晰地看出，文化遗产的评定标准中也涵盖了文化景观遗产的评定标准，许多内容都透露出两者的紧密联系和被包含关系[3]，我们可以认为，"文化景观遗产从本质来说属于文化遗产"[4]，因此农业遗产与农业文化遗产性质相冲突的说法不成立。而在 FAO 官网所公布的资料中，无论是"常见问题"页面的第一项"什么是 GIAHS"还是"信息包"文件中有关定义的部分所阐述的 GIAHS 定义都是"在人类群落和与其相适应的环境内，能够满足其需求及可持续发展渴望的，在全球范围内具有丰富生物多样性的卓越非凡的土地利用与景观系统"[5]，并非文献中同样引用地址下被"农村化"压缩了范围的定义内容。同时官网对"GIAHS"设立背景的阐释内容如下：全球重要农业遗产系统（GIAHS）是与传统遗址、保护区域或景观遗产相区别开来的更为复杂的复合性遗产保护概念。GIAHS 是一个综合了人类群落及其生活的土地、地域文化、农业景观、生态与更广泛社会环境的复杂关系的，活态化并不断协同进化的系统。人类以其赖以生存的生计活动在不断向自然环境的潜在限制妥协的同时也在不断地在不同程度上改变着自然景观与生态环境。这使得人们通过一代代的经验积累逐渐扩大了知识体系的范围与深

1 韩燕平，刘建平. 关于农业遗产几个密切相关概念的辨析——兼论农业遗产的概念 [J]. 古今农业，2007(03): 111-115.

2 闵庆文，张永勋. 农业文化遗产与农业文化景观的比较研究——基于联合国粮农组织全球重要农业文化遗产和教科文组织农业类文化景观遗产的分析 [J]. 中国农业大学学报（社会科学版），2016(02).

3 UNESCO, Operational Guidelines for the Implementation of the World Heritage Convention 1992[S]、Operational Guidelines for the Implementation of the World Heritage Convention 2005[S]，1992.03.27/ 2015.07.08

4 单霁翔. 走进文化景观遗产的世界 [M]. 天津：天津大学出版社. 2010: 56.

5 GIAHS Informational Package，联合国粮农组织（FAO）[R/OL]. http://www.fao.org/giahs/，2018.01.01.

度，通常与此同时一套不一定复杂但一定行之有效的生存活动方式也随之成型。许多全球重要农业遗产都已被开发出足够的恢复能力来应对自然气候的变化无常、新技术所带来的革新以及不断变化的社会和政治环境，以此来保证食物供给、生计安全并降低风险。归功于系统内的世代传承与创新以及不同群落与生态系统间的彼此交流，对遗产的动态保护策略和保护过程维持着区域生态系统的稳定。其在农业资源管理与使用过程中积累的知识与经验即使在全球范围内也是具有重要价值的财富，需要在合理保护的基础上不断提升，从而继续进步。

从其定义与背景中可以看出，本项农业遗产的设立最为看重的是对于前人所总结的土地利用的合理方式及其经年累月生成的饱含农事活动文化意蕴的农业景观的保护传承与发扬利用，其本身并非某项单独的遗产类型或某个遗产、遗址，而更倾向于复合性的，关注“人类与生活环境复杂关系”的农业生产、生活方式，强调对农业资源的妥善分配以及对合理调配资源方式方法的交流发展。因此在 GIAHS 看来，人类从事农事活动以适应自然、改变自然并满足自身需求的过程中所产生的丰富农业文化如和璧隋珠般价值连城，再加上我国农业文化繁盛、农耕古国绵延万年、恢弘博大的农业遗产存量与历来对文化内容的尊崇态度，翻译成“全球重要农业文化遗产”，同时设置“中国重要农业文化遗产”的举动顺理成章。

学者苑利认为，农业文化遗产至少应包括广义农业文化遗产与狭义农业文化遗产两个方面，尽管所谓的“农业生产经验和农业生活经验”与“农耕生产经验”在含义界定与范围上稍显模糊，但需要兼顾由特有农业生产方式衍生的一系列习俗、文化等生活模式的理念仍然被清晰地表达了出来。同时，“秉持大遗产概念似乎更有利于农业遗产保护”[1]，应以整体全面的眼光看待与核心农业活动相关的“衍生过程”与“副产品”，同样重视与之紧密相连的民间传说、文艺表演、工艺美术等，力求完整地呈现出农业遗产的全貌。享誉世界的云南红河哈尼梯田是以农业遗产促进地方

1 苑利. 农业文化遗产保护与我们所需注意的几个问题 [J]. 农业考古，2006(06): 168-175.

图 6-11　活化人文历史吸引游客

建设最美乡村的典型案例，同时也充满着将农业遗产真正应用扩展至更广义的“农业文化遗产”的宝贵实践经验。红河哈尼梯田分布于云南红河南岸的元阳、红河、金平、绿春 4 县的崇山峻岭中，面积约 18 万 hm^2，已有 1300 多年的耕种历史，养育着哈尼族等 10 个民族约 126 万人口。几乎所有人都会因为一幅幅美丽多彩的梯田画面而对此心生向往，但让人们流连忘返的除了美丽的梯田景观外，还有文化之美。2010 年云南红河哈尼梯田以“哈尼稻作梯田系统”入选全球重要农业遗产名录，2013 年则分别以“云南红河哈尼稻作梯田系统”与“红河哈尼梯田文化景观”入选中国重要农业文化遗产名录以及世界文化景观遗产名录，看似相近的名称却因遗产名录类型的不同而大有差异，这得益于哈尼族人与当地政府对传统生活方式的完美保护与良好呈现，其精髓在于对以山间农业耕作为核心的一整套农作生活方式、价值体系、文化命脉的扩展保存。如今的云南红河哈尼梯田，森林在上、村寨居中、梯田在下，水系贯穿其中，是它的生态农业结构体系；依山围土造田，最高垂直跨度 1500m、最大坡度 75°，最大田块 $2828m^2$，最小田块仅 $1m^2$，田块间垂直感强烈、层次分明，是

图 6-12　海南黎族的竹竿舞，吸引不少游客参与（2006 年 2 月 27 日）

它的山地农耕景观；“三犁三耙”“夏秋种稻、冬春涵水”是它的稻作农业管理体系，哈尼族创造发明了“木刻分水”和水沟冲肥，利用发达的沟渠网络将水源进行合理分配，构建了多套微循环再利用系统，稻草喂牛，牛粪晒干做燃料，燃料用完做肥料，同时为梯田提供充足肥料，肥料养育稻谷；以哈尼族“寨神林”崇拜为核心的森林保护体系，使这里的自然生态系统保存良好，良好的自然生态又为梯田提供着丰富水源，哈尼人珍惜土地资源，房前屋后的空地用来种菜，路边的墙缝也会成为菜地，屋旁沟箐凡是有水的地方就会用来养鱼，鱼在池塘下面，池塘上面养浮萍，浮萍喂猪，猪粪喂鱼；鱼长大后又被放回梯田。这种充分利用并遵循自然的劳作传统，不仅创造了哈尼民族丰富灿烂的梯田文化，还集中展现了天人相合的思想文化内涵，而这个内涵是千百年来以稻作为生的哈尼族人所认同的，也是中华民族所认同的，云南红河哈尼梯田稻作农业生活景观以古老的农业遗产为基础，充分发掘其文化价值内涵，从农业遗产文化方面出发，以真正意义上具有地域灵魂性质的地域标志性文化影响到当地人民的文化性格与红河乡村区域的发展走向，依托价值观念的统一逐步唤醒了当地居民、中华民族乃至世界人民的认同感，使人们自发地投入建设哈尼族、中国同时也是世界的“最美乡村”工作中去，将对乡村生活美好的希冀，对农业文化遗产的发展愿景以及地域农业文化景观的具体形式呈现在世人眼前。

根据上述对“农业文化遗产”概念定义的讨论以及对哈尼梯田典型例子的分析，参考农业遗产“历史时期与人类农事活动密切相关的重要物质（tangible）与非物质（intangilbe）遗存的综合体系”[1]的定义，美丽乡村建设对景观类农业遗产、聚落类农业遗产、遗址类农业遗产和民俗文化类农业遗产四个方面的影响内容[2]，以及文化景观国际公约定义内容，更广义的“农业文化遗产”可以被划分为器物、遗址、持续与关联性文化景观、非物质文化民俗四个类型。器物类泛指农具、物件等与农业文化相关

1 王思明，卢勇. 中国的农业遗产研究：进展与变化 [J]. 中国农史，2010(01): 3-11.

2 魏家星，姜卫兵，武涛. 美丽乡村建设与农业遗产保护耦合发展研究 [J]. 中国农史，2017, 36(01): 136-142.

的文物，德国“乡村博物馆”的乡村旅游新形式就是以农作器物为基础吸引点建设扩展至整个乡村区域；遗址类指历史上遗留下来的具有突出的普遍价值的人类考古遗址，能够为后世农业教育与文化发展做出突出贡献，我国公认“最美乡村”之一的江西婺源便是发掘遗址类农业文化遗产的范本，其美丽乡村建设主要依托江湾、晓起、李坑、汪口等传统村落遗址，通过对村落结构形式及其建筑类物件的修葺，配合以保存了农业村落文化核心的现代化文保小区建设，推动农业文化遗产活态传承；持续与关联性文化景观指在区域农业历史上起到重要作用的，延续、传承发展至今仍为农业文化产业链中重要一环，并形成独特地域景观风貌的农业文化景观类遗产，如上述云南红河哈尼梯田；与农业系统相关的民间文艺、生活趣味与工艺技术等属于非物质文化民俗类，更多的在于对农业文化生活方式的补足，陕西省礼泉县袁家村便是依靠乡土农业民俗所打造的美丽乡村，其将乡土民俗文化贯注于街巷田间景观、民间自营产业等各个方面，以充满关中风情的油坊、醋坊等原生态农业设施和民间传统工艺行业、文艺表演描绘出完整的关中农业生活图景，使袁家村向“最美乡村”的目标不断前行。这四项广义层面的“农业文化遗产”类型对于我国“美丽乡村”建设工作的行进与“最美乡村”的发掘打造都至关重要。美丽乡村建设和农业文化遗产保护有着共同的终极目标。故而在建设美丽乡村的工作中，应该摒弃对农业遗产落后、无价值、不适合时代的偏狭观念，包容性地考虑其地域性农业文化精髓对于乡村区域的内在发展驱动作用，充分利用“农业文化遗产”全方位地建设充满中华民族文化意蕴之美的现代化最美乡村，同时也要对农业文化遗产类型与内容认真进行论证与筛选，提取精华舍其糟粕，防止虚有其表、以偏概全。应坚持“新乡村主义”，以乡村生态环境复育与文化、产业多样化发展为核心，实现生产、生活、生态“三生”和谐的乡村美好愿景，尊崇“乡村性”十足的地方风土、风物、风俗、风景，在做好农业生物多样性与文化多

图 6-13　广西壮族的乡土建筑

样性保护的前提下，靠充分挖掘乡村文化内涵带动乡村伦理反思，正确处理多主体与乡村建设内容间的复杂伦理关系，通过文化内核驱动相关产业发展、提振乡村振兴、优化乡村治理，使乡村产业完备，功能性增强，百姓安居乐业，在对农业文化遗产保护利用的基础上建设更美丽的中国乡村。

第七章

乡村旅游及其景观形态

近几年来，国内掀起的乡村旅游发展热潮着实让许多原本十分落后的农村尝到了甜头，也为中国农村经济发展问题的解决提供了一条很好的发展道路。然而不可否认，在这个过程之中也出现了很多的问题，如乡村旅游发展目标和形式的蜕变，乡村生态与乡村景观的破坏等，其原因在于对乡村旅游的本质及其核心价值景观问题上认识的偏差，如何让乡村旅游真正走上可持续发展的道路，实现乡村旅游为中国新农村建设事业做出巨大贡献确实非常值得我们去研究和探讨。

早在 1994 年，在江阴市的乡村景观改造和自然生态修复实验中，作者就提出了“新乡村主义”观，即在介于城市和乡村之间建设体现区域经济发展城市化和环境乡村化的规划理念[1]，从城市和乡村两方面的角度来谋划新农村建设、生态农业和乡村旅游业的发展[2]，通过构建现代农业体系和打造现代都市旅游文化产品实现生态效益、经济效益、社会效益的和谐统一。

1 周武忠：The Exploration of Rural Landscape in China 中国乡村景观研究. XXV International Horticultural Congress, 2-7 August 1998. Brussels, Belgium.

2 周武忠，等. 农村园林化探索[J]. 中国园林，1998(05): 6-9.

第一节　中国乡村旅游的发展现状

乡村旅游（Rural Tourism）最早出现在欧洲第一次工业革命之后，源于当时一些来自农村的城市居民“回老家”度假的生活方式[1]。发展至今，其历史也有300年之久，然而国内外学术界仍没有对乡村旅游给出一个完全统一的定义，主要表现在乡村旅游与农业旅游、生态旅游等概念的互用和混淆以及乡村旅游涉及内容的确定以及其在大众旅游业中的身份问题。但这并不影响乡村旅游在全世界许多国家和地区的迅猛发展以及学术界对乡村旅游的积极而富有成效的研究和讨论。不过可以确定的是，乡村旅游就是指发生在乡村地区，并以其乡村性（Rurality）为依托的旅游活动[2]。它兼有农业旅游、生态旅游、文化旅游等旅游活动的形式与特点，却又有自己的独特性。而独特性是否就是其核心价值所在，这也是我们所要研究的根本问题。

1　文军，唐代剑. 乡村旅游开发研究[J]. 农村经济，2003(10): 30.

2　绿维创景. 中国乡村旅游发展模式研究[EB/OL] http://expertzou.blog.hexun.com/1608832_d.html，2017-12-18.

在中国，现代意义上的乡村旅游出现在20世纪80年代，大规模发展在20世纪90年代。它是在中国旅游业迅猛发展和城市化进程不断加快的前提下应运而生的。尽管目前还仍处于起步阶段，但中国乡村旅游所取得的成就有目共睹。

2006年是原国家旅游局确定的“乡村旅游”年。由原国家旅游局倡导创建的全国乡村旅游示范点当时已达359家，遍布全国31个省区市，覆盖了农、林、牧、副、渔等农业的各种形态。根据原国家旅游局的2006年7月公布的测算数据，目前我国乡村旅游的年接待游客人数已经达到三亿人次，旅游收入超过400亿元，占全国出游总量的近1/3，比欧洲参数（Euro Barometer，1998）中“乡村旅游占所有旅游活动的10%～25%”要高。但相比较2006年中国旅游业总收入的8800多亿元，乡村旅游的收入只占旅游业总收入的4.55%左右，比重有些偏低。乡村旅游在接待人数和旅游收入上的不成比例，说明现在的乡村旅游产品还处于所有旅游产品体系中的下游，含金量不高，利润不高，但也从

图 7-1　暮色里的河横村

另一方面说明其市场潜力和未来发展空间巨大。

到 2016 年，经过 10 年的发展，全国休闲农业和乡村旅游接待游客近 24 亿人次，从业人员 850 万（2012 年：2800 万），营业收入超过 5700 亿元，占全国旅游业总收入的比重上升到 12.15%。其土地产出率每亩接近 12000 元，是全国农业用地平均产出率的 6.2 倍，经营休闲农业的农民人均产值 5.41 万元，是同期全国农业劳动力人均产值的 2.75 倍。这说明休闲农业和乡村旅游的市场规模极大，休闲农业迎来黄金十年。

现在，国内乡村旅游在一片“吃农家饭、品农家菜、住农家院、干农家活、娱农家乐、购农家品”的口号声中红红火火的发展起来。乡村旅游已然成为中国稳定农村社会、减少贫困、调节农村人口向城市流动的重要手段，也为丰富城市居民休闲生活，开创新型“城市反哺农村”的社会主义建设新道路提供了一片更广阔的空间。

第二节　乡村旅游的特点

乡村旅游被认为是传统农业的后续产业，是传统农业产业链的进一步延伸，可以说是第一产业和第二、第三产业结合的产物。在现代社会中，农业已不仅是为人们提供衣食基本物质产品的生产部门，而且日益与环境、休闲、教育、文化等精神生活相连，成为多部门结合的产业，即第六产业。休闲观光农业是农业和旅

图 7-2　采摘葡萄（南京江心洲）

游业有机结合的一个新兴产业。它以发展绿色农业为起点，以生产新、奇、特、优农产品为特色，依托高新科技开发建设现代农业观光园区，是世界范围内农业产业化的一种新选择。

2.1　乡村旅游的核心主题

根据世界经济合作与发展委员会对乡村旅游的定义，“乡村旅游是指在乡村开展的旅游，田园风味是乡村旅游的中心和独特的卖点”，我们不难看出，乡村旅游区别于其他旅游形式的最重要的特点就是其浓厚的乡土气息和泥巴文化。旅游者在选择旅游目的地时，考虑最多也就是旅游活动的意义，即如何让自己的旅游行程收获更多或者说更难忘怀。而这其中起根本作用的就是旅游目的地的核心吸引物。乡村旅游的核心吸引物就是农村农业和乡村文化，这也是现有乡村旅游业主题选择的基本出发点，也是乡村旅游发展的核心主题所在。

图 7-3　富有云南地域特色的鲜花饼

图 7-4　云南西双版纳的农家乐—千桌万人宴

图 7-5　颇受游客欢迎的篝火晚会

2.2　乡村旅游的核心理念

乡村既不是微缩了的城市，乡村旅游也不是微缩了的城市旅游，乡村旅游区别于城市旅游的一个重要不同就是两者在对待自身存在核心理念上的不同。“城市是反生命和反生态的根源，城市的活力和生命力是乡村不断充实和加入所赋予的”[1]，这与农村农业生产的有序和自然截然相对。而乡村旅游的理念为农村拯救

1（美）刘易斯·芒福德．城市发展史——起源、演变和前景 [M]. 北京：中国建筑工业出版社，1999.

城市提出了很好的设想和努力方向。在乡村旅游业中所提倡的三生理念“生产、生态、生活（生命）”正确反映了乡村给未来城市发展带来的目标和意义。

乡村旅游中的生命是鲜活动人的，乡村生态具有原真性和可持续性，乡村中“日入而息，日起而作”的生产生活更是多少城市人所梦寐以求的。为此，《促进乡村旅游发展提质升级行动方案（2017年）》明确提出促进乡村旅游发展提质升级、要因地制宜，突出特色，同时要坚持产业协同、融合发展，最为重要的是，必须强化规范开发，严守生态保护红线，以农业、农村、农民作为乡村旅游发展的基本依托，加强对乡村环境和乡村风貌的保护，保持村庄原有格局肌理和整体风貌，通过发展乡村旅游带乡村环境改善，促进农民增收、农业增效[1]。

1 中国乡村旅游网. 2017年乡村旅游市场分析[EB/OL]. http://www.crttrip.com/showinfo-6-2538-0.html，2018-01-17.

2.3 乡村旅游的核心动力

根据资料显示，与全国平均旅游消费水平相比，乡村旅游消费水平偏低；出游方式以家庭、亲友结伴旅游和单位组织为主，独自一人和参与旅行社组织较少；旅游交通工具以汽车为主，包括私家车单位车；信息来源主要以亲友介绍和电视广播为主，其

图7-6 河横村油菜花田

图 7-7　农耕艺术

中旅行社作用不显著；出游距离一般有一个理想的目标距离，选择车程以在 1 小时以内为主；停留时间一般为一天，并且选择不过夜；出游呈现明显的时段性特点，集中在“五一”“十一”；具有乡村特色，可参与性的旅游产品普遍受到青睐。随着经济的发展，城市居民闲暇时间的增多、收入提高，乡村基础设施的改善和可进入性的增强，居民进行乡村旅游活动会越来越普遍，也会成为城市居民经常性的消费活动，乡村旅游也越来越成为城市居民短途旅行的首选。

因此，旅游需求是乡村旅游发展的动力，乡村旅游规划应遵循市场与供给面原理（即为满足旅游业发展必须提供的各类基础设施和服务设施），而城市居民主要的旅游动机是缓解压力，并且具有特色的乡村旅游景点是吸引旅游者的一大亮点。基于此，可以开发有特色的乡村旅游产品；通过多种渠道进行乡村旅游促销宣传；开展多样的乡村旅游体验活动，使更多的旅游消费者能够参与其中。未来，乡村旅游会成为旅游业的主导品牌之一[1]。

1　胡绿俊，文军. 乡村旅游者旅游动机研究 [J]. 商业研究，2009(2): 153-157.

2.4　乡村旅游的核心景观

乡村是一种独特的旅行目的地，因为工业化的发展并没有给乡村带来多大的改变，因此，不同的乡村都保留着它们以往的面貌。乡村旅游是以村庄野外为空间，以人文无干扰、生态无破坏、以游居和野行为特色的村野旅游形式。乡村旅游顾名思义就是前往乡村和野外旅行，观赏当地乡村的美景，并体验当地的民俗风情。现在很多城市人们的生活节奏都特别快，平日的生活和工作都充满了压力，再加上城市发展导致的空气环境的变差，使得越来越多的人在假期的时候选择远离城市，来到乡村，体验和平时不一样的生活[2]。

2　伊秀女性网. 了解乡村旅游的特点 感受不一样的旅行氛围 [EB/OL].https://baijiahao.baidu.com/s?id=1567835047553976&wfr=spider&for=pc，2018-01-10.

旅游区是以旅游及其相关活动为主要功能或主要功能之一的空间或地域，是指具有参观游览、休闲度假、康乐健身等功能，

乡村景观形态 表 7-1

乡村旅游类型	乡村山水风光旅游	农庄旅游或农场旅游	乡村民俗旅游 & 民族风情旅游
核心吸引景观	乡野农村的自然风光	农田、果园、茶园等农业景观	乡村生活方式、民居建筑与民俗文化
景观类别	自然景观	半自然景观	人文景观
特色乡村旅游点	生态农业示范区	都市农业园	原真性乡村农耕

图 7-8 江南村庄景观

具备相应旅游服务设施并提供相应旅游服务的独立管理区，该管理区应有统一的经营管理机构和明确的地域范围。而乡村景观主要由乡村聚落形态、乡村建筑和乡村环境所构成，因此，乡村旅游区则以“体验农业”为核心，利用田园景观、自然生态及环境资源，结合农林渔牧生产、农业经营活动、农村文化及农家生活，提供休闲、增进对农业及农村之体验为目的的农业经营形态。

第三节 乡村旅游的“乡村性”及其景观形态

德诺伊（Dernoi，1991）明确指出乡村旅游是发生在有与土地密切相关的经济活动（基本上是农业活动）的、存在永久居民的非城市地域的旅游活动，他还精准地指出：永久性居民的存在是乡村旅游的必要条件。布罗曼（Brohman，1996）则认为保持乡村性的关键是小规模经营、本地人所有、社区参与、文化与环境可持续。然而，目前，我国的乡村景观遭受严重破坏，据报道，我国近 10 年每天消失 80 个自然村落；农业景观的生物栖息地多样性降低，自然景观高度破碎；乡村片面追求形式上的城市化，破坏了乡土风貌与文化景观，新建村落平庸无味、千村一面等。

旅游文化研究者李光梓即以“乡村旅游体验真实性的塑造”为议题，根据乡村旅游真实相对性的内部循环体系，从而精彩地提出了乡村旅游体验“真实性”的塑造途径：一是构建乡村意象，创建乡村真实；二是重视项目创新，促进客主交流；三是开发传统技艺，模拟原真生活。

3.1 构建乡村意象，创建乡村真实

一般来说，乡村意象主要包括乡村景观意象和乡村文化意象。乡村意象是人们对乡村的整体感觉和印象，是人们对乡村的反馈和映射在心理上的积淀。由此可见，乡村意象强调的是乡村的整体氛围，而乡村旅游的开展客观上也必须以这种整体氛围为基调。要提升乡村旅游活动体验的真实性，就必须重视乡村意象的构建。这首先要求在景观上不能出现与乡村风貌不相符合的建筑，比如在村镇中抛弃具有地域特色的传统民居而大肆修建富丽堂皇的高楼大厦。其次，在基础设施的修建上也不能完全按照城市化的标准来进行，如果全盘城市化，不仅对乡村场景感造成伤害，同时又会加剧乡村假城市化现象的出现。再者就是要通过各种手段维

图7-9 2016年11月14日，浙江天台山乡村旅游资源

护具有浓郁乡土气息的乡村意象，增强乡村真实场景感。

3.2 重视项目创新，促进客主交流

乡村旅游者一般都是为了寻找区别于城市的生活状态和自然景观而前往乡村旅游目的地进行旅游活动的，那么旅游者所追求的往往是乡村的“古”“真”“朴”“野”“土”等特殊的感受。利用良好的乡村整体景象，围绕田园风光景观和传统乡村民俗文化进行相关旅游项目开发，以提升旅游参与性和体验性。乡村旅游项目不能只是局限于吃吃饭、打打牌，应该围绕乡村本土文化做足文章。比如开展特色农事活动，推广乡土节庆，或是开办游客能够参与的乡村农事生产运动会等项目。同时还应加强乡村民宿的发展，提升民宿环境质量和服务水平，为游客逗留乡村提供必要条件。通过这样的努力，可以促进旅游者与当地居民的交流和联系，使旅游者更好更深地了解当地文化和民俗，提升其旅游体验的真实性。

3.3 开发传统技艺，模拟原真生活

随着旅游者成熟度的不断提升，在进行旅游活动时，他们已经不再单纯满足于简单的观赏，而是更注重体验参与之后带来的精神享受。乡村旅游地应加大对传统技艺和文化的挖掘，保持具有地方特色的艺术作品和制作技艺。同时还应注重培养将传统技艺转化为旅游商品的能力。这样一来，不仅能够创建传统文化传承的良好环境，保持传统工艺的真实性，还能提高当地居民的经济收益，激发其保护传统技艺与文化的积极性。无论传统艺术形式还是传统工艺技艺，其旅游展示的环境应注重原真性。这就要求首先要构建原真的乡村环境，其次对旅游者的行为也要进行约束，最后应培养和吸纳专业人员进行展示和讲解，以提升其文化

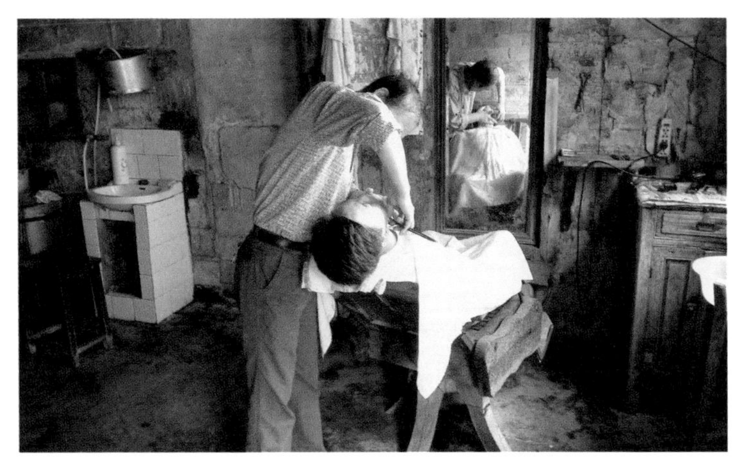

图 7-10 安徽皖南碧山村传统理发店（2015.10.4）

性和真实性[1]。

因此，自然（休闲观光）/ 半自然（务农参与）景观在国内外乡村旅游发展中地位显著。现阶段，我国乡村旅游发展中忽视了自然 / 半自然景观的作用，应大力发展基于自然 / 半自然景观的乡村休闲度假旅游，从“真实性”乡村旅游体验景观建构出发，注重旅游者的感知、旅游目的地居民的认可度以及旅游经营者的营造等三方的相互统一来进行塑造。

1 李光梓. 浅析乡村旅游体验真实性的塑造 [J]. 新西部，2011(27): 20-21.

第四节 乡村旅游的成功模式

乡村休闲农业度假村的发展道路，必须坚持以下 5 个原则：（1）以农业经营为主；（2）以自然生态环境保护建设为重点；（3）以农民增收为核心；（4）促进城乡一体化；（5）因地制宜，突出特色。同时，专业的旅游规划机构应为乡村旅游区做好旅游导向的乡村景观规划，而且，乡村旅游资源普查和乡村旅游产品布局布点规划往往是规划前期的重中之重（往往意识不到价值所在），政府也必须出台规划建设、经营、管理、服务规范，示范重

注：本节内容摘编自搜狐“景观微评”国内外乡村旅游经典案例分析。

点样板，也可以结合乡村旅游节，实施评比、奖励计划。

4.1 国内模式

1. 成都模式——规模乡村旅游

1992年，联合国发展计划署都市农业顾问委员会成立了都市农业国际支持组织，致力于在全球范围内研究和推广都市农业理念，加强交流与合作，促进都市农业发展。在此基础上，2004年，由荷兰国际合作部、加拿大国际发展研究中心等国际机构支持成立了国际都市农业基金会（RUAF）。目前，参加国际都市农业基金会的国际组织和机构有联合国粮农组织、联合国发展计划署等。国际都市农业基金会成立以来，在全球建立了7个区域性中心，为区域都市农业发展提供各种支持和服务。

继北京之后，成都成为中国第二个由国际都市农业基金会选定的国际都市农业试点城市，温江、郫县、都江堰也被列为国际都市农业示范区。之所以选择成都作为都市农业试点城市，就是因为成都的休闲文化是中国独有的。近些年来，成都的发展不是将城市和农村分开，而是使两者很好地结合起来。成都的城乡统筹、四位一体科学发展为发展都市农业奠定了基础。中国工程院院士李文华精准地认为，发展都市农业虽然是一个新话题，但与新农村建设、与循环经济、与建设集约型社会、与城乡统筹可持续发展都是吻合的。他强调，在发展都市农业中必须要将生态保护与经济发展统一起来，走两者兼顾的道路。他认为，成都的都市农业其实早就起步了，而且已经摸索出了一些经验、做法。从成都人到成都的自然环境再到农业科技，都有发展都市农业的基础，占了“天时、地利、人和”，这也是国际都市农业基金会要把成都作为试点城市的原因[1]。

中国乡村旅游发展的“成都模式”更体现在“全域开放”，这是成都“充分国际化”的重要支撑。如今，成都由传统、单一、

1 成都日报. 成都继北京之后被确定为国际都市农业试点城市[EB/OL]. http://news.sohu.com/2006830/n245062945.shtml, 2018-01-20.

图 7-11　成都三圣花乡景区靠农家乐起步，实现乡村振兴战略。图为首届中国乡村旅游会议中心

图 7-12　成都三圣花乡景区内的荷塘月色入口

低层次的农家乐向园区、景区和综合体模式发展，打造一批精致休闲农庄和乡村旅游度假区，促进乡村旅游集聚发展、高端发展。全域开放，体现在乡村旅游的经营模式转变中，未来成都农户分散经营将向公司化、规模化经营转变。鼓励和支持村民以各种资产入股等形式参与公司经营，做强乡村旅游的企业主体，拓宽乡村旅游的融资渠道和农村非农就业空间，最大程度发挥土地的综合整理效益。“全域开放”，还体现在乡村旅游的营销模式转变中。成都正在建设乡村旅游网络营销平台，开发成都乡村旅游电子地图，出版乡村旅游卡通地图和口袋书，实现了远程预订、精准营销和便捷服务[1]。

成都三圣乡的“五朵金花”即为多元化乡村旅游知名案例，

1　360doc 个人图书馆. 中国乡村旅游发展的“成都模式”[EB/OL]. http://www.360doc.com/content/12/1121/16/3320305_249342272.shtml, 2018-01-20.

“五朵金花”是指三圣乡东郊由红砂、幸福、万福、驸马、江家堰、大安桥等6个行政村组成的5个乡村旅游风景区，通过以“花香农居”“幸福梅林”“江家菜地”“东篱菊园”“荷塘月色”为主题的休闲观光农业区的打造，现已成为国内外享有盛名的休闲旅游娱乐度假区和国家5A级风景旅游区。其成功之处就是在乡村休闲的一个主题下，按照每个乡村的不同产业基础，打造不同特色的休闲业态和功能配套，将乡村旅游与农业休闲观光、古镇旅游、节庆活动有机地结合起来，形成了以农家乐、乡村酒店、国家农业旅游示范区、旅游古镇等为主体的农村旅游发展业态。

花乡农居：发展科技花卉产业和小型农家乐

依托3000余亩的花卉种植规模，发展以观光、赏花为主题，对花卉的科研、生产、包装、旅游等方面进行全方位深度开发的复合型观光休闲农业产业。

幸福梅林：发展梅花种植产业和农家乐，旅游商品（梅花）和科普教育功能

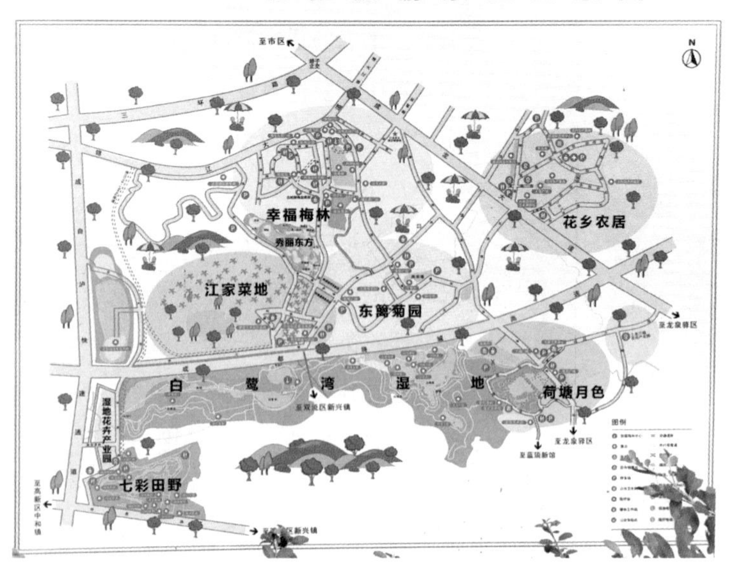

图7-13　成都三圣花乡旅游景区“五朵金花”全景图

农居建筑风格充分借鉴了“川西民居”的特点，景区内建有“梅花知识长廊”“照壁”“吟梅诗廊”“精品梅园”“梅花博物馆”等人文景观。

江家菜地：发展蔬菜种植产业，开展生态体验旅游和度假旅游（乡村酒店和乡村客栈等）依托面积达 3000 余亩的时令蔬菜、水果种植基地，以“休闲、劳作、收获”为形式，吸引游客认种土地、认养蔬菜，在体验农事中分享收成，把田间耕作的过程，变成全新的健康休闲方式。

荷塘月色：发展乡村艺术体验旅游，开展国学传统（锦江书院）观光旅游依托数百亩荷塘形成的优美风景，利用自然的田园风光打造人文环境，在景区内道路两边设立姿态各异的艺术雕塑，吸引了中国著名油画家、国画家等入驻从事艺术创作，逐步形成了万福春光画意村，使荷塘月色散发出自己独有的艺术气息。

东篱菊园：发展菊花观光、养生养老和乡村休闲度假。东篱菊园契合现代人返璞归真，回归田园的内心愿望，其精美的乡村酒店，形成集居住、休闲、餐饮、娱乐于一体的特色产业，为城市人、旅游者、退休老人提供一个可供长期包租亦可短居的“乡村酒店”，让人们更多时间品味快乐的乡村休闲时光。今天的东篱菊园是一处拥有绚丽菊花美景和丰富菊文化的观光休闲农业、乡村旅游度假胜地。

“五朵金花”的发展路径借鉴主要包括：

（1）突出“三结合”的发展思路：一是同推进城乡一体化结合起来。“农家乐”的市场在城市周边，在建设时要紧密结合城市规划，“城中村”改造，失地农民再就业，农民转市民等同步发展。有条件的“农家乐”集中区，尽量形成新的小城镇。二是同产业开发与环境保护结合起来。重点帮助解决“农家乐”集中区的外部环境、农户连片联户规模化发展、污水排放垃圾处理、农户卫生许可与检疫、片区社会治安等公共服务问题。三是同新农村建设结合起来。在城乡接合部发展“农家乐”，对推进周边农村产业结构调整，农民思想观念转变、带动新农村建设等方面都有着十分重要的示范作用。

（2）着力抓好品牌化。经营“五朵金花”的品牌效应，吸引了大量人流、物流、资金流。对于在旅游产业上有独特历史文化、自然风光优势的地区，发展“农家乐”的市场前景十分广阔。各地区要重点抓一批具有地方特色的“农家乐”品牌。从而带动和促进各地“农家乐”向专业化、产业化和品牌化方向发展。

2. 蟹岛模式——生态观光农业

创建于1998年8月的北京蟹岛绿色生态度假村有限公司是位于北京市朝阳区金盏乡境内，集旅游、观光、农业种植、养殖、农业观光、有机食品加工、销售为一体的农业产业化集团。蟹岛度假村占地面积3000亩，其中90%的土地用于生态农业种养，10%用于旅游休闲观光，其收入70%来自旅游，30%来自农业。园区采用“前店后园”式经营格局，并依据生态农业与旅游观光需要，形成“五大区域”相互依存、相互促进的良性可持续发展模式，成为“北京市现代农业示范园区”，原农业部、原国家环保总局、中国环境科学学会确定的“北京绿色生态园区基地”，并于2004年成为全国首批“农业旅游示范点”[1]。

1 付秀平. 北京市蟹岛绿色生态度假村生态农业旅游示范模式报告[C]. 发展循环经济 落实科学发展观——中国环境科学学会2004年学术年会论文集，2004.

（1）核心理念——“销售绿色”

蟹岛模式的核心理念是“销售绿色”，生态、生产、生活“三生合一”，其发展目标是以开发、生产、加工、销售有机食品为本，以旅游度假为载体，建设集种植养殖、生物能源、田园观光于一体的绿色环保休闲观光度假项目。

图7-14　北京蟹岛绿色生态度假村——种植园区

绿色环境：全球环境的恶化、自然资源的破坏，人们回归大自然的迫切需求也不断提高，人们在物质生活丰富的同时其精神生活的品位也越来越高，尤其是都市居民长期生活在喧闹的高楼大厦之间，他们向往大自然的宁静、农家小院的田园风情，崇尚自然生态美和人与自然的和谐统一，因此项目充分抓住处于亚健康消费者的真实需求，将充满自然生态的农业与休闲体验旅游相结合，打造充满绿色的生活体验。

绿色食品：在当前市场上，食品因大量施用化肥、农药而使质量下降，安全性得不到保证，绿色食品、有机食品受到人们的普遍欢迎，而项目在其农业种植区，严格按照生态农业（以有机质肥料、生物防治为主）、有机农业（不使用化肥、农药）的要求，以无公害的名、特、高、新、鲜结合特征的绿色蔬菜为主，全面开发绿色食品与有机食品，并形成自身的品牌，最终销售给消费者，在旅游与农业两方面同时获利。

循环经济：基于生态链的旅游循环经济，强调景区的生态循环经济，实现景区可持续发展。循环经济是一种善待地球的经济

图 7-15　北京蟹岛乡村旅游区

图 7-16　北京蟹岛绿色生态度假村项目体验

图 7-17　蟹岛自产的有机农产品（摄于 2005 年）

发展新模式。它要求把经济发展活动组织成为“自然资源——产品和用品——再生资源”的闭环式流程。它强调最有效利用资源和保护环境，做到生产和消费“污染排放最小化、废物资源化和无害化”，以最小成本获得最大的经济效益和环境效益。保证绿色的措施是：不烧煤、不烧油、不烧锅炉，用地热、太阳能和沼气，物质能量大循环，基本实现污染物“零”排放。

（2）空间布局——“前店后园”

蟹岛按照“以（农业）园养（旅游）店、以（旅游）店促（农业）园”经营思想，在布局上采取“前店后园”的方式，“园”有种植园区、养殖园区、科技园区；“店”有可容纳 1000 人同时就餐的“开饭楼”；四季可垂钓的“蟹宫”；综合性大型康乐宫；特色农家小院客房和仿古农庄；各种动物观赏的“宠物乐园”；夏日室外冲浪的海景水上乐园、各类农家民俗表演、农业观光、采摘、自捡生态蛋等项目。园塑造绿色的旅游环境，提供消费的产品，是成本中心，店是消费场所，为园的产品提供顾客，是利润中心。前店后园的布局保证了农业与旅游的互补与融合。

体验交流场所：即通过具有参与性的乡村生活形式及特有的娱乐活动，实现城乡居民的广泛交流，其开展形式有：乡村传统庆典和文娱活动、农业实习旅游、乡村会员制俱乐部等。农产品

图7-18　蟹岛“村公所”

交易场所：即向游客提供当地农副产品、产品销售（可采摘型果园、农产品直销点、乡村集市）、食宿服务。

前店（旅游度假店：利润中心）

①住宿区内容：标准间、商务套间、农家小院和“仿古”农庄。体验：建筑风格保留了农村的“村容村貌”，装饰布局突出了京郊独有的风土人情，展现出了老北京住宅那独有的民俗文化。提供农村、农民生活体验。

②娱乐区内容：康体宫、蟹宫、宠物乐园、特种桥、城市海景水上乐园、水上人家。体验：享受到更全面、更现代化的娱乐活动。垂钓、民俗表演、宠物表演、斗鸡、斗羊、骆驼骑乘、羊拉车、猪拉车、狗拉车。城市型休闲与乡村性娱乐相结合。

③餐饮区内容：开饭楼、田禾源、蒙古宫。 体验：开饭楼的

“有机食品”原汁、原味，突出一个“鲜”字，所有食品是绝对的无污染、纯天然，突出一个“绿”字。田禾源集中御、彷、宅、汇四方菜品风味之精华，以老北京风味为特点加之“有机食品”为菜基，发展了独树一帜的老北京风味菜肴。

④购物区内容：农副食品专卖店、加工食品专卖店。体验：有机食品粮、油、豆、林、果、菜、花等，猪牛羊、马驴骡、鸡鸭鹅等10余种家畜家禽及鱼蟹等10余种水产品，在保证饭店所需的肉、禽、蛋、奶供给的同时，进行规模化加工生产，已成功树立“蟹岛”有机食品品牌。

后园（生态农业园：成本中心）

①种植区内容：种类齐全的北方农作物、高科技温室大棚。体验：农机站、农业场院、明渠、水车等观光项目。走进自然、接触有机农业、认识有机农业、享用有机食品，还能够在这儿亲身体验“农民”的生活乐趣。

②养殖区内容：各种家畜家禽，生产、加工、销售“一条龙”体验：吃猪肉、见猪跑、体验乡村养殖、农产品加工等。

③再生能源区内容：地热水系统、水循环系统、污水处理厂、沼气池构成园区生态链的心脏与血管。体验：体验循环经济。

（3）塑造“绿色的乡村生活”体验——成功吸引消费者消费

吃：现场消费是销售绿色的关键，绿色食品重“鲜”，蟹岛实现了：肉现宰现吃，螃蟹现捞现煮、牛奶现挤现喝、豆腐现磨现吃、蔬菜现摘现做。提供的农家菜有：菜团子、糊饼、清蒸河蟹、葱烤鲫鱼，还开发了蟹岛特色菜：蟹岛菜园（什锦蔬菜蘸酱）和田园风光（蔬菜拼盘）。“开饭楼”餐厅同时可容纳千人就餐，二楼雅间的名字别具一格，“柿子椒”“嫩黄瓜”“蒿子秆”等比比皆是。海鲜、粤菜、农家风味、盘腿炕桌，自由选择。住：投资6000万元兴建的蟹岛仿古农庄以展现中国北方自然村落为宗旨。“蟹岛农庄”是复原老北京风情，展现50年前农村各阶层生活情境的四合院群落，包括豪华宅邸、书斋雅室、勤武会馆、茅屋草堂、酒肆作坊等，古钟亭、大戏台、拴马桩、溪水、小桥、辘轳以及房前屋后的绿树、菜园、鸡鸣狗叫。玩：采摘、垂钓、捕蟹、温泉浴、温泉冲浪以及各种球类娱乐项目，逛动物乐园。冬天嬉雪乐园可以滑雪、夏天水上乐园可以戏水，常规娱乐、特色娱乐兼备。如果您想考验勇气、耐力和韧性，可以来攀爬横跨百米宽水面的 12 座铁索桥：臂力桥、软桥、独木桥、秋千桥等。游：园内采用生态交通，可以体验羊拉车、牛拉车、马拉车、狗拉车、骑骆驼。尽可能地使用畜力交通工具，或者以步代车，不用有害于环境和干扰生物栖息的交通工具。同时对道路交通网要求生态设计，合理的道路设计及绿化屏障是生态交通的重点之一。购：销售的都是游客自己采摘与垂钓的农产品，或者是绿色蔬菜盒，虽然价格往往是市场价的 4 倍以上，却很受游客青睐。

3. 梅县雁南飞茶田度假村模式——农业融入旅游胜地

梅县雁南飞茶田地处广东省梅县雁洋镇境内，占地面积 667hm^2，由广东宝丽华集团公司投资开发，计划总投资 2.5 亿元。是把农业与旅游有机结合，融茶叶、水果的生产、园林绿化和旅游度假于一体的生态农业示范基地和旅游度假村。雁南飞茶田依托优越的自然生态资源和标准化生产的茶田，以珍爱自然、融于

图 7-19　广东梅州雁南飞茶田乡村旅游区景观

图 7-20　广东梅州雁南飞茶田景区的自榨花生油体验店

自然的生态为理念，以完美体现中国博大精深的茶文化和客家文化为内涵开发旅游度假，吸引了众多游客。

度假区内配套有独具客家特色的围龙大酒店、欧陆风情的豪华别墅、华贵典雅的围龙食府、古朴的茶情阁、清静宜人的仙茶阁、多功能会议厅等完善的旅游及会议配套设施，以及专业的客家歌舞艺术团。客家饮食文化，在这里得到传承和发扬，雁南飞创立的新客家菜系，是客家饮食的继承和改良。雁南飞茶田度假区作为现如今梅州唯一的国家五 A 级旅游景区，按照“茶田风光、旅游胜地”为发展方向，通过茶叶种植、加工、茶艺、茶词等形式营造了浓厚的茶文化内涵，并融客家文化于其中，取得了很好的旅游效益。度假区在开发过程中，注重打造精品文化、客家文化、旅游文化，以及文化的外延和内涵显示旅游的魅力。以文化打动人，以文化教化人，在文化、旅游、游客之间找到共鸣点是雁南飞茶田景区打造企业文化的优势之一。

特色景观：

游客中心和茶情阁

度假村中提供咨询、休息、免费品茶、购买雁南飞茗茶和客家特产的场所。这里有雁南飞金单丛乌龙茶、金桂兰乌龙茶、茉

图 7-21 围龙食府的特色演艺

莉花绿茶等十大系列茗茶，其中金单丛乌龙茶获得国家“绿色食品”认证和“名牌产品”认定。另外还有各式茶具、平远梅菜干、柚皮糖等旅游纪念品和客家特产。

围龙大酒店

根据客家围龙屋的反围龙结构建造，建筑面积 12000 多 m^2，楼高 6 层，从大堂进入直接到第 4 层，上下各 3 层，共有标准房、套房和单间 138 间。每个房间都有一个特别设置的阳台，站在阳台上可以尽情观赏度假村的美景，这是酒店最突出的特色之一。

围龙食府

参照客家土楼的建筑结构建造，第二层是宴会大厅和歌舞表演台。宴会厅共有 32 台，可接待各种大型宴会。每天晚上或中午饭市时间由雁南飞山歌艺术团表演具有浓郁客家特色的歌舞节目。围龙食府以出品客家盐焗鸡、梅菜扣肉等传统客家菜为主，并对传统的客家饮食进行继承和改良，进一步发扬了客家饮食文化。

在经营模式上，度假区以“公司 + 基地 + 农户”的产业化经营模式，努力推进农业产业化，大胆开拓市场，追求效益；以旅游带动当地新农村建设，以当地农村的发展带动整个景区旅游环

7-22 | 7-23

图 7-22 广东梅州雁南飞茶田度假村建筑（2008 年 6 月 29 日）；
图 7-23 雁南飞茶田富有乡村自然特色的室内休闲区

境的改善，实现雁南飞茶田景区与当地农村的双赢。整个度假区在建设中不断完善景区景观，构建整体规划，注重生态开发，注重可持续发展，始终把生态环境保护作为重中之重，每开发一处，便绿化一片。在景区茶山的开发过程中，注意保护生态自然，不以牺牲环境为代价的前提下进行建设改造。另外度假区有着自己高效的管理方法，那就是紧紧抓住“服务 + 环境 + 出品 = 竞争力”的管理模式，致力于打造一流企业和精品景区。在景区细化管理中注重细节，采用人性化管理模式，在工作中用制度约束人，在生活中用人性感动人，极大地提高了员工的工作效率和工作积极性。

雁南飞茶田度假区还有一个成功之处便是它的“品牌效应”。雁南飞茶田景区从环境、服务、出品、文化四个方面精心铸造品牌，而后对外输出品牌，逐步成为梅州最亮丽的一张旅游文化名片。同时，雁南飞还不断加强旅游宣传营销，正所谓“酒香也要靠吆喝”，雁南飞茶田景区就是在不断“吆喝”中打响知名度的。雁南飞茶田度假区能够一直吸引游客，打动游客，最重要的还是它给游客带来的优质服务。度假区一直在加强从业人员的技能培训，全面提升景区的各项服务质量。

4. 台湾乡村旅游模式——宁静的产业革命

20 世纪 60 年代后随着台湾工商业的快速成长，农业在国民

图7-24 台湾休闲农场景观

生产总值中所占的比例仅达9.2%，同时面临各种经济发展问题。基于健康、效率、永续经营的施政理念，台湾于2009年5月提出“精致农业健康卓越方案”，是推出生技、观光、绿能、医疗照护、精致农业及文化创意六大新兴产业之一，是对抗金融海啸的大战略，也是“宁静的产业革命”，更是政府推动的重点发展产业。“自然就是美，宁静无限好”，远离都市尘嚣，迈向乡村田园应是人间享乐。农业虽是传统的生产事业，也是最现代的绿色生态与服务业，不仅是经济产业，更兼具自然保育及人文建设等多元功能，是创造人类优质生活环境的产业。

创意无处不在——创意驱动，文化为魂

台湾乡村旅游与大陆乡村旅游是同一产业形态的不同阶段，台湾乡村旅游经过40多年的发展，已进入了创意驱动、文化为魂的深度开发阶段，充分发挥资源的潜在价值，取得了良好的经济效益。

主题创作经典——主题各异，深度挖掘

乡村旅游选择不同的主题，使台湾乡村旅游实现错位发展，呈现出千姿百态、亮点迭出的精彩形式，从而避免了同类资源的同质开发与恶性竞争。同时，每处围绕专一主题深度挖掘，展现旅游主题的不同构成，给游客以独特的深刻体验。

凸显当地风情——钟情本土，魅力独具

坚持“越是本土的就越是世界的”的理念，钟情当地的自然、人文、宗教、民俗、工艺等各种资源，使台湾乡村旅游独具风情，魅力无穷。

精致进行到底——高端线路，体现价值

台湾乡村旅游以深度开发见长，不求“大而全”，追求“小而美”，并将这种理念做到极致。

营销贴近游客——游客至上，贴心服务

在市场营销方面，从游客的需求出发，大胆使用各种新型营销方式，使乡村旅游发展事半功倍。

“精致农业健康卓越方案”提供前瞻的农业愿景，创造民众新的生活价值，是“软实力”的展现，有许多无形的外部经济效益，农村再生、海岸新生、绿色造林皆有助于生态环境及休闲观光发展，可安适身心、稳定社会，更能对抗经济发展问题，其价值无

图 7-25　台湾南元休闲农场

法简易计算，重要性极高。乐活农业，将发展农业深度旅游与农业精品，其中农业深度旅游结合森林漫步、渔钓鲸赏及农村休闲生活。结合生态、产业、休闲观光的方式，作为农业乡镇特色产业经济的活化策略，能让台湾农业开启另一片天。

5. 西厢村——一个“新乡村主义”的试验田

西厢村地处山区，位于淄博市博山区西北面，处在博山、章丘、莱芜三地交界处。从济南出发，预计 1.5 小时抵达。该村原是一个贫困山村，因此也保留了较为完整的，原生态的石头房屋、部落格局及生活方式。这里 70% 以上的原住村民都已离开，只剩下十几户，其他全部是“城里人”投资建设。从西厢村的发展中，不难看出“新村民”对西厢村这个“新乡村主义”试验田的促进跟推动是功不可没的。“新村民”的初衷或许仅仅是圆自己的乡村梦，或找一处可以安身休闲的栖居之所，但无疑推动了乡村旅游，特别是高端民宿的发展。而且，“新村民”更加重视传统民居的保护、利用以及文化的植入，更在呼吁规范化的管理，和高水准的介入[1]。

1 大众网. 西厢村，一个“新乡村主义”的试验田 [EB/OL]. http://tour.dzwww.com/lvnews/201606/t20160630_14552135.htm，2018-01-20.

图 7-26 山东博山西厢村

图 7-27 山东西厢村民宿

4.2 国外模式

1. 荷兰模式——城乡一元化生态系统

荷兰也有“农家乐”——在 2006 年 08 月 29 日举办的国际都市农业成都论坛上，国际都市农业基金会总干事汉克先生以荷兰兰斯塔德地区（RANSTAD）的空间规划与都市农业为例，介绍了荷兰都市农业的操作模式和先进经验。据介绍，在兰斯塔德地区，虽然大部分土地还是用作农业，但城市化给农民带来了极大的机遇，其中有三方面的经验可供借鉴。

（1）建设农业产业化组团：在靠近超级市场和运输节点的地方建设大规模农场，形成组团，缩短农产品的运输路径，提升农业产业的规模效应；

（2）农业提供社会服务：荷兰的农业在为社会提供服务方面与中国有相似性。荷兰也有“农家乐”，为城里人提供农业生态旅游，为城市里的老年人提供疗养地，还可以为城市儿童提供教育基地，让他们知道，“所有的食物是从超市里长出来的”这种想法是错的；

（3）多利益群体在规划中协调关系：都市农业的理念之一是"生活在绿色中，同时保护自然"。区域内会有不同的利益群体为整个空间如何利用而发生矛盾。因此，在规划建设之初，除了研究机构提供的专业规划外，要求所有的利益群体参与到建设规划中，在保护环境的前提下，协调各利益群体的需求[1]。

1 成都日报. 成都继北京之后被确定为国际都市农业试点城市 [EB/OL]. http://news.sohu.com/20060830/n245062945.shtml, 2018-01-20.

2. 法国模式——法国普罗旺斯的"薰衣草的国度"

法国南部地中海沿岸的普罗旺斯不仅是法国国内最美丽的乡村度假胜地，更吸引来自世界各地的度假人群，到此感受普罗旺斯的恬静氛围。在彼得·梅尔的《重返普罗旺斯》一书中介绍道："普罗旺斯作为一种生活方式的代名词，已经和香榭丽舍一样成为法国最令人神往的目的地"，几乎是所有人"逃逸都市、享受慵懒"的梦想之地。

普罗旺斯旅游形象定位是薰衣草之乡，功能定位是农业观光

图 7-28 法国普罗旺斯索村（Sault）的薰衣草花田（摄影：周文澄）

7-29 | 7-30

图 7-29　法国普罗旺斯泉水小镇 Fontaine de vaucluse；
图 7-30　法国普罗旺斯索村（Sault）的向日葵花田

旅游目的地。旅游核心项目及旅游产品是田园风光观光游、葡萄酒酒坊体验游、香水作坊体验游。在业态方面设置家庭旅馆、艺术中心、特色手工艺品商铺、香水香皂手工艺作坊、葡萄酒酿造作坊。

农业产业化——游客体验，乐在其中

法国农村的葡萄园和酿酒作坊，游客不仅可以参观和参与酿造葡萄酒的全过程，而且还可以在作坊里品尝，并可以将自己酿好的酒带走，其乐趣当然与在商场购物不一样。同样，游客在田间观赏薰衣草等农业景观的同时，还可以到作坊中参观和参与香水、香皂制作的全过程。

生产景观化——有机结合，增加业态

运用生态学、系统科学、环境美学和景观设计学原理，将农业生产与生态农业建设以及旅游休闲观光有机结合起来，建立集科研、生产、加工、商贸、观光、娱乐、文化、度假、健身等多功能于一体的旅游区。

活动多元化——大众参与，感悟乡村

旅游活动多样化，真实体现乡村生活，增加乡村旅游的大众参与度。可通过庄园游、酒庄游等乡村旅游都可以让游客体会到真正的乡村生活，这得益于旅游区开展的项目丰富多彩，集中体现了乡村地区居民的生活特征。因此，在开发过程中要力求旅游产品的多元化。

节庆多样化——节庆举办，特色凸显

普罗旺斯地区的活动之多，更是令人目不暇接，几乎每个月都有 2～3 个大型节庆举办，从年初 2 月的蒙顿柠檬节到 7～8 月的亚维农艺术节、欧洪吉的歌剧节，到 8 月普罗旺斯山区的薰衣草节，四时呼应着无拘无束的岁月，吸引着来自世界各地的度假游客。

3. 美国模式——美国纳帕溪谷的“梦里田园”

纳帕溪谷距旧金山以北 80km，此处最早的葡萄园建于 1886 年，区域内有从家庭或小作坊生产的葡萄酒到大酒厂近 200 家，出产美国品质最高的葡萄酒，近年来葡萄酒连续获得世界第一。当地风景美丽、淳朴自然，不但很适合葡萄的生长，而且也成为以红酒文化、庄园文化闻名于世的旅游观光度假地，它是电影《云中漫步》的外景地。

美国纳帕溪谷以“葡萄园、乡村庄园、小镇”为依托，采用六大元素构建理想田园生活：当地特色的建筑风格、开阔生态的田园空间、原汁原味的农业作坊、舒适现代的生活设施、雅致脱俗的艺术品位和处处渗透的文化历史，其发展模式主要包括以下特征：

图 7-31　美国纳帕溪谷

标杆农庄，一户一特色

便利的配套设施

环境优美的户外购物中心

提供高品质的食、住、行、娱的纳帕小镇

其他休闲娱乐活动设施

专门的游客服务

信息齐全、服务细致的游客服务中心

独特的交通体验

精致系统的博物馆

专门的高端服务

精致农业

高品质的红酒、精致的衍生工艺纪念品等

4. 日本模式——日本水上町的“工匠之乡”

走观光型农业之路的日本乡村水上町的“工匠之乡”包括“人偶之家”“面具之家”“竹编之家”“陶艺之家”等三十余家传统手工艺作坊，其旅游概念的提出吸引了日本各地成千上万的手工艺者举家搬迁过来。1998 年至 2005 年间，每年来“工匠之乡”参观游览、参与体验的游客达 45 万人，24 间“工匠之家”的总销售额达 3116 亿日元（约合 271 万美元）。

图 7-32　本水上町宝川温泉

图 7-33　日本水上町农业构想园（引自设计视觉）

核心旅游项目：胡桃雕刻彩绘、草编、木织（用树皮织布等）、陶艺等传统手工艺作坊，形式多样，精彩纷呈。水上町群山环绕，当地人以务农为生，种稻、养蚕和栽培苹果、香菇等经济作物，把区域整体定位成公园，探索农业和观光业相互促进、振兴地方经济之路。目前水上町已经建成了农村环境改善中心、农林渔业体验实习馆、农产品加工所、畜产业综合设施、两个村营温泉中心、一个讲述民间传说和展示传统戏剧的演出设施。

旅游产品：田园风光观光游、乡村生活体验游、温泉养生度假游、传统工艺体验游。

业态设置：特色餐馆、传统手工艺体验活动、水果采摘及品尝体验活动、温泉中心等。

水上町的“一村一品”特色旅游产业发展模式，极大地提高了农民的生产生活水平，促进了地方经济的活跃和产业化发展，它们承载着当地人振兴家乡的“农村公园”构想，为建设现代化新农村、发展地方经济做出了贡献，经验值得思考和借鉴。 游客不仅可以现场观摩手工艺品的制作过程，还可以在坊主的指导下亲自动手体验。“工匠之乡”以传统特色手工艺为卖点，进行产业化发展和整体营销，提供产品生产的现场教学和制作体验，大力发展特色体验旅游，获得了极大的成功。从而带动区域经济发展，地方经济添活力。农业与观光相结合的模式促进了地方经济的活跃，使居民们获得了实惠。居民观念大转变，当地土生土长的匠人不仅感受到了家乡面貌的变迁，还感慨于人们观念和意识的转变。

第五节 乡村旅游的景观整体性营建方法

城市景观的设计意图或是隔绝城市中的不良因素，或是表彰城市中美好的部分。而乡村景观则是与自然、生活密切相关的，甚至有一些就是在人的生活与自然相互作用时所逐渐形成而非刻意规划的。但两者的相同之处在于他们都是他们所处环境的产物，不同之处不过是人工环境还是自然环境的差别而已。随着城乡一体化进程的加快，城市与乡村之间的边界将会逐渐模糊化。那么这两种景观将会如何发展呢？既然两者都是由其所属环境所决定的，那么在城市与农村相互作用所产生的新的环境中也就会产生相应的新的景观形式。城市目前仍是经济，文化等社会要素发展的重点地区。那么很可能未来的乡村会成为城市景观的一部分。而对乡村而言，越来越接近城市的乡村生活和机械化的生产方式也对乡村景观产生了相当大的影响。未来的农业景观可能也会突出某种人工性和纪念性。而科技的发展使生态农业成为新的发展模式，这对乡村景观的发展是有利的。在城市周边发展乡村景观既可以为城市中的人们提供休息放松的场所，也可以解决城市发展中所产生的环境问题，同时也可以为乡村带来额外收入，促进城乡发展[1]。

1 田平．城市景观与乡村景观对比分析 [J]．科技风．2015(07): 32-32.

因此，乡村旅游景观的整体营建体系从本质上说是学习传统乡村景观的精神根基，在新的时代发展背景下，将自然生境、农业生产、农民生活景观进行整体考虑，从而实现三者的动态平衡与协调，最终实现自然、社会、经济可持续发展的系统方法。乡村景观的整体营建体系包括内容、过程、格局、利益四部分——指向营建内容的系统性、营建过程的控制性、景观格局的生态性、利益主体的共生性。其中，内容的系统性营建属于思路性方法，过程的控制性与格局的生态性属于技术性方法，利益的共生性思考既属于思路性也属于技术性方法。具体包括：

1. 营建内容的系统性

整体的营建必然需要实现营建内容从散在到系统化的转变。乡村景观系统包括了生境、生产、生活三个子系统，各子系统之间存在着相互作用、相互影响的关系。乡村景观的整体营建不是停留在物质形态或是经济发展的层面，而是将产业纳入进来，整体、全面地审视与协调“生境—生产—生活”之间的关系，最终实现“三位一体”的平衡发展。因此，在尺度上乡村景观整体营建的范围不局限于单体、村落景观，而是扩展到了包含单体、村落到村域的整体范畴，这也是营建内容系统化的必然要求。

2. 营建过程的控制性

整体营建强调过程性、控制性与可操作性。整体营建是一个包含了专业人员、管理者、村民、工匠等的共同参与，包含了自上而下和自下而上的、能够“循环反馈”的过程体系。目标在于通过不同环节的“控制”与“非控制”，培育乡村景观自然演化的良性机制，最终引导推动系统健康地自组织演化，使景观自发呈现完善、有机、多样的特征。这是一个由专家体系向开放体系建立的过程，是一个传统匠人营建机制“修复”的过程，是一个推动村民参与自发、自觉、互助合作的家乡建设的过程，也是一个社会整合的过程。该过程强调综合目标的实现、强调开放的村民参与和一步步的过程推进，最终方案是不断协商后的结果而非某预设的蓝图，因此具有较强的可操作性。

3. 景观格局的生态性

作为一个“生境、生产、生活”高度复合的生态系统，景观格局的生态性指向系统的循环再生能力。这三者中，自然生境、历史文脉的保护是基础，但这种保护也不是静止的保护，而是直面乡村建设面临量的扩张、质的提升的双重需求，在需求与矛盾之下，更加合理地利用自然、提升村民所期许的生活品质，实现自然保护、文脉传承与发展的平衡，最终实现生态、社会与经济的平衡发展。这更多地强调资源的保护、集约与高效利用，以及系统机能的优化提升。

4. 利益主体的共生性

对于人类复杂活动参与其中的乡村景观，景观生态学尚不足以解决乡村景观营建中的所有问题，还需要运用共生原理的思维平衡多元主体利益之间的关系，使其互相作用，互相促进。整体的营建在过程中针对专业人员、管理者、外来资本、村民、游客等不同的利益主体，通过共同参与讨论、协商、平衡以及适当的空间策略，来共同评价与决策景观的利益归属，协调多主体利益的共生平衡，也因此能够兼顾生态、社会、经济效益。

乡村旅游景观的营建涉及自然、社会、经济等很多相关学科理论。其中，系统论原理是乡村景观营建方法的总理论，控制论原理、景观生态学原理、共生原理等是实现各景观子系统、要素之间的协调与整合理论。对系统论、控制论、景观生态学、生物共生等原理的分析，本研究即提出了系统、完整的乡村景观整体营建体系，包括营建内容的系统性、营建过程的控制性、营建格局的生态性以及营建利益的共生性四个方面[1]。

1 孙炜炜. 乡村景观营建的整体方法研究——以浙江为例[M]. 东南大学出版社. 2016: 45-49.

第八章

乡村旅游产品设计

乡村旅游是指游客到乡村地区以观赏农业风光、体验农家生活为目的的悦己经历，同其他的休闲旅游活动相比，旅游者通过身处广阔宁静的户外空间，感受乡村自然的特质，获得更为亲切友好、更为放松自如的生活观[1]。旅游产品与农产品性质是不一样的。在不少休闲农业园或者乡村旅游区，当地有着优美的生态环境和丰富的农产品资源。但是，此时这些农产品并不是真正意义上的旅游产品。那么，怎样才能将优质的农产品变成旅游产品呢？

1 龚友国. 抓住大机遇 谋求大发展——发展乡村旅游思考 [J]. 农村经济与科技，2006(06): 59-60.

第一节 旅游产品与农产品的区别

乡村旅游产品的设计有很多是在农产品上实现创意设计，甚至可以说某些乡村旅游产品本身就是农产品，例如，各地采摘节时销售的水蜜桃、猕猴桃等。旅游目的地出品的农产品能借助“原产地效应”获得较好的溢价，同时通过产品承载的信息更好地实现旅游目的地文化的传播。因此，旅游产品的首要特性是地方性。然而，只有地方特色（或称地方性）从根本上解释了“旅游产品为什么有纪念意义，可以作为礼品”这个问题，并且将旅游纪念品与当地出售的其他商品区别开来。当旅游纪念品成为目的地特色的物质载体，有些甚至成为某个目的地的标志时，旅游者看到它就能回想起某段旅游经历，这时它才具备了纪念性、礼品性。其次，具备艺术性和实用性的商品并非都能成为旅游纪念品。艺术性和实用性只是旅游纪念品地方特色的表现方式，通过这些方式，一件旅游纪念品最终以艺术品、工艺品，或者实用物品的形式展现在旅游者面前。因此，地方特色（或称地方性）是旅游产品最为本质的特征[1]。此外，旅游产品与农产品这两个概念还有如下的关系。

关于旅游产品（Tourism Product）与旅游商品（Tourism Commodity），旅游产品指的是旅游产业生产的所有商品，其概

1 周武忠，李义娜．论旅游商品设计中的文化资源整合[J]．东南大学学报（哲学社会科学版），2012, 14(02): 92-95.

图 8-1 第六届河横菜花节标牌
图 8-2 河横村土特产

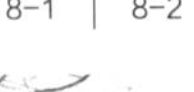
8-1 | 8-2

图 8-3 乡村旅游纪念品

念内涵包括旅游产业中有形的商品以及无形的服务，而旅游商品指的是可流通的有形商品。而农产品指的是农业生产各部门生产的所有动植物产品。包括种植业部门的产品、畜产品、林产品、水产品等。因此，前两者的区别主要在于对无形的服务在商品属性上是否认同，而农产品则是另外一个学科语境下的定义。但是，在乡村旅游活动中，农产品是否可以因其本身具有的独特性和消费性，转而成为旅游产品呢？

1.1 面向终端消费者的农产品才可能是乡村旅游产品

农产品（Agriculture Product 或 Farm Product）是指种植业、养殖业、林业、牧业、水产业生产的各种植物、动物的初级产品。食品是最常见的农产品，但是农产品这一概念还包括农业产生的可燃烧能源、纤维（如棉花、羊毛、丝等）和其他的原材料（如饲料）。同样一种农产品的用途有多种，如有的农产品可供消费者直接食用，有的只能作为原材料经过再加工才能面向消费者。因此农产品可以直接定位终端消费者，也可以面向采购商销售。那些定位于面向终端消费者的农产品经过设计才能最终成为旅游产品。

美国得克萨斯州的达拉斯地区以当地出产的长角牛著称，并发展出类型丰富的斗牛活动。当地开发出了一种独特的旅游商品——牛粪。牛粪被干燥后制成饼状，经过技术加工后没有异味，用透明塑料包装包裹再贴上声明特色的标签，供游人在观赏过精彩的斗牛活动后购买，可以用于花园施肥。这种特殊的农产品加上“鲜花”“牛粪”等在多国普遍存在的习语的调侃戏谑，让人们产生了很强的互动参与感，受到消费者喜爱。在这个案例中，牛粪这种农产品经由加工和设计，面向终端消费者销售，进而成为受欢迎的旅游商品。

1.2 差异化定位的农产品才可能是乡村旅游产品

随着物流业的发展，消费品的不可得性降低。同时，面对同质化的产品市场，消费者对个性化产品的需求进一步提升。在旅游目的地销售的农产品需要通过差异化定位，与随处可得的其他产品区别开来，从而占据独特的市场空间。农产品的种源、生产和加工技术、产地和当地文化与特色的关联性等特征都是影响产品定位的因素。一般来说，乡村旅游产品往往和体验、探险、小众化的价值评价标准有关，这为旅游商品的诉求定位提供了路径。例如，旅游中的农产品可以分为季节性产品和全年持续供货的产品。某些季节性产品富有当地特色，但是难于储藏或运输（例如某些仅在当地产的时令水果）。那么，强调这些农产品的稀缺性、在其他地理空间的“不可得”，强调游客旅游恰逢其时，可以更新产品的定位，促进将农产品开发成旅游产品。

1.3 深度嵌入旅游活动的农产品才可能是乡村旅游产品

尽管游客对旅游商品的价格敏感度要低于对日常生活用品的

敏感度，但是对旅游目的地商品独特性的需求更高。因此，想要实现旅游目的地农商品的溢价，需要将农产品作为旅游活动中密不可分的组成部分，将农产品所处的旅游目的地的软环境整体的独特性在旅游产品上体现出来。例如，农业旅游目的地的耕作为游客提供了具有很高原真性的动态展演，农产品不仅仅作为贩售的产品，更是游客亲自体验的生产过程的最终产品。购买旅游产品成为整个旅游体验不可或缺的一部分。反之，由于消费者刚性需求导致的农产品消费并不能实现农产品到旅游产品的跨越。

第二节　乡村旅游产品的特征与分类

农产品与旅游产品是存在着比较大的差异的。对于乡村旅游产品来说，尽管有些产品类型可以等同于农产品。但是两者之间还是有区别。比如说有不少乡村地区，自然生态环境优越，非常适合于生产有机农产品。但是，当这些产品被大批量地送到像苏果、农工商这样的大超市时，就不能作为旅游产品来看待。因为许多市民即使不去旅游也能够在自己的居家附近很方便地买到这些农产品。其实在我们的日常生活中，在超市能够买到的产品就是廉价商品的同义词。那么究竟什么是以农业为基础的乡村旅游产品，或者说旅游农产品呢?

乡村旅游产品即：旅游者在乡村向旅游经营者购买的、在旅游活动中所消费的各种物质产品和服务的总和，它包含各类乡村元素包括乡村景观、乡村文化和乡村活动、乡村产物等。依据产品属性，分为基础核心产品：由农村接待和服务、农作景观和乡村文化生活构成，主要由旅游从业人员提供，包括乡村接待和服务及乡村文化的体验。乡村旅游要素产品：由间接从事乡村旅游的成员提供，例如村民、外来修学者等，包括饮食接待、土特产、特殊民俗活动、工艺品等。外延拓展产品：旅游者亲自耕作农作

8-4 | 8-5

图 8-4　白色恋人巧克力薄饼
图 8-5　北海道白色恋人巧克力工厂

物，亲手种植花草树木，自己投放鱼苗，烧制瓷器陶器等。我们不妨来看一个例子。

大家都知道，日本有一个著名的旅游目的地叫北海道。在北海道当地，出产一种很有名的土特产：白色恋人巧克力。游客们从北海道返程的时候都会买一盒白色恋人巧克力送给自己的亲朋好友。自己的亲朋好友吃到这个巧克力的时候，觉得非常不错。他们很想知道究竟哪里能够买到这个产品。然而他们在附近大的商店，比如说北京的王府井、上海的南京路，甚至在巴黎与东京，不管什么店家，都买不到白色恋人。为什么呢？因为白色恋人巧克力是北海道专供游客购买的旅游产品。所以，不少喜欢白色恋人巧克力的，为了吃到这样美味的、具有北海道特色的巧克力，他们就会买上机票，再去北海道形成回头客。试想一下，如果说世界各地的居民能够在自己的家门口买到白色恋人巧克力，他们还会回到北海道去吗？所以我们说白色恋人巧克力，这就是具有北海道风情和地域文化特征的真正的乡村旅游产品，或者说休闲旅游农产品。

广东是我国主题公园建设比较发达的地区，而且有不少是民营的，这里老板的志向高远，比如说佛山市的顺德区就有一座农家乐起源的主题乐园，现名叫长鹿休闲农庄。有一次老板在广州的新华书店看到了我的一本书《旅游景区规划研究》，然后他就专门派总裁到南京来邀请我去他们那边看看，当时我一看他们的景区名称仅仅是一个休闲农庄后我就不愿意去了。过了两年我又再次接到他们的邀请，因此决定去看看。到了那里以后受到老板非常热情的接待，且正好遇见了湖北省一个县为了招商引资到这的考察团，他们分别派出了 3 个工作组在华侨城的欢乐谷、长隆主题公园以及长鹿休闲农庄，分别观察同一天的游客数量。结果发现在广东的这三大主题公园中长鹿休闲农庄居然是游客量最多的一个。休闲农庄的老板跟我说“周老师，你是教授，而我小学都没有毕业，但是我非常喜欢旅游，我要把长鹿休闲农庄打造得超过迪士尼主题公园。”

这是我在广东见到的第二个跟我说他要把自己的景区建设得超过迪士尼主题公园的老板。我同这位老板说这个想法非常好，但是你用什么方式把长鹿休闲农庄建设得超过迪士尼？回答是这样的：他说假如他的投入只是迪士尼主题公园投入费用的 10%，但是其收益是迪士尼主题公园的 90%，那么这算不算超过迪士尼呢？我觉得要真能这样那一定是算成功的。长鹿休闲农庄做到了。

图 8-6　广东省佛山市长鹿休闲农庄

其成功之处就是不管规模扩大多少，主题景区增加多少，始终坚持休闲农业的本质不变。

休闲农业是以农业为基础，以休闲为目的，以服务为手段，以城市游客为目标，农业和旅游业相结合，第一产业和第三产业相结合的新型产业形态。休闲农庄是指以乡野田园、山林、湖泊、河流等自然景观资源为旅游吸引物，融合地方特色的农业生产、加工、经营活动，以乡土文化、农事体验为核心，为游客提供集生产、经营、加工、观光、娱乐、运动、住宿、餐饮、购物等功能于一体的休闲旅游服务综合体。按照用地规模来区别，占地 5hm^2 以下为小型农庄，占地 5hm^2 至 100hm^2 之间为中型农庄，占地 100hm^2 至 200hm^2 为大型农庄，200hm^2 以上为特大型农庄。

英国海格罗夫花园（Highgrove）是生态有机农庄建设最为成功的案例之一。

庄园主人是查尔斯国王，他将海格罗夫——这座他在 1980 年购买的格洛斯特郡庄园变为世界上最著名的有机花园。35 年来，在查尔斯国王的亲自指挥下，经过众多人员的艰苦工作，

图 8-7　海格罗夫花园

图 8-8 查尔斯国王与他的庄园

海格罗夫花园展现出一系列属于查尔斯国王个人的、极为私人化的特色：比如花园中与周围环境融为一体的摆设；一些国家或其私人朋友送给他的礼品；为他和海格罗夫特别设计的作品；比如他两个儿子亨利王子和威廉王子小时候玩耍的树屋等；尤其是当游览接近最后，在“树桩园”看到查尔斯国王特别为其外祖母也即已逝女王的母亲所做的雕像时，更能强烈感受到他个人的情感以及他投入在这个花园里的激情。海格罗夫皇家花园景色非常丰富。由村舍花园、地中海风格花园、百里香步道、日晷花园、繁花草地、杜鹃花步道、厨房花园、植物园和圣所、旱谷花园、树桩园以及地毯花园等多个风格不同、隔而不断的区域共同构成。每一处都反映出查尔斯国王作为一个超级园艺家的个人兴趣、热情和造诣。海格罗夫商店有着门类齐全的特色农产品，分为 8 个大类，分别是食品饮料、家居、珠宝饰品、洗浴用品、文具与卡片、服装与配饰、书籍游戏艺术与媒体、旅游与事件。所有的旅游产品均经过细加工，展示了海格罗夫庄园独一无二的皇家文化，让游客体验无与伦比的“皇家”生活方式。因此庄园产品具有不可替代性。

图 8-9　英国海格罗夫花园是一座著名的生态有机农庄

第三节　乡村旅游产品设计

世界上成立最早的农业与旅游相结合的专业协会是意大利的“全国农业和旅游协会”，成立于 1865 年。但是，直到 20 世纪以后，农业和旅游业才紧密结合成为一个新型的产业部门。20 世纪 30、40 年代，休闲观光农业首先在意大利、奥地利等自然禀赋优异、民众间有休闲度假传统的中欧国家兴起，以后逐步扩展到美国、法国、英国等国家和地区。20 世纪 70、80 年代，乡村旅游度假的风潮扩展到亚洲的新兴经济体，这一时间日本、韩国、新加坡和中国台湾地区休闲观光农业需求呈现井喷式发展，一系列的休闲项目也被陆续开发。其中，一种是住宿在农家，与农家成员共同生活，或是住在由农舍改建而成的游客客房里，由农家提供游客最简单的 B&B（Bed and Breakfast）服务，即仅满足住宿与早餐需求；一种则是住在紧邻农家的出租房里，吃饭自理，甚至仅提供住宿场所，部分住宿用品需游客自备。这两种都是休闲农业发展早期最为常见的简易“度假农庄”。第三种是主题型农场，有与我国近年来兴起的农家乐主题饭店类似的以美食品尝为主的农场饭店，另外还有露营农场、骑马农场、教学农场和狩猎农场等服务型主题突出的农场。这种类型的度假农庄兴起于 20 世纪 60 年代后，发展到那个时期的乡村旅游开始提供徒步、骑马、滑翔、烧烤等多种休闲项目，并举办务农学校、自然学习班等培训，随着私家汽车的普及，游客的出游半径也大大增加，100km～150km 范围内的度假农场成为爱好农事体验的游客的选择地，这无疑丰富了度假农庄的功能。20 世纪 80 年代以后，我国开始进行这方面的探索性研究和开发[1]。

1 刘文敏，俞美莲．国外农业旅游发展状况及对上海的启示[J]．上海农村经济，2007(09): 39-41.

3.1 陕西礼泉袁家村[2]

2 本节内容摘引自网上案例：陕西礼泉袁家村 http://www.haisan.cn/archives/view-1671-1.html

陕西礼泉袁家村距离西安约 1 小时车程，秉持着“越土越地道，土得掉渣才是特色”的设计理念主打关中民俗和美食文化，在旅游规划上没有过分追求复古和高大上，而是以表现原生的地域文化民俗，以最地道的农家美食、民居、民俗文化等为表现方式介绍关中地域文化，吸引消费者。每逢周末及小长假期间，袁家村日客流量超 10 万人，年接待游客 200 多万人，实现旅游综合收入过亿元。从无到有，成为名副其实的关中民俗旅游第一村。

图 8-10　袁家村交通区位良好，距西安约 1 小时车程

图 8-11　袁家村大门

1. 发展历程

“从无到有”袁家村在文化旅游资源丰富的黄土高原，并不是十分的耀眼，只是古城西安西北部的一个普通村子，与皖南青山绿水的古村落也不一样，这里缺山少水，自然和人文条件均不突出。乃至于在 1970 年之前，村内自然、生产、居住条件都极其恶劣，是远近闻名的贫困村落，被称为叫花子村。各项基础设施建设薄弱，且无特定的文化底蕴支撑。2007 年，袁家村因地制宜，确立了打造“关中印象体验地”发展规划。通过集资的方式，筹措资金近亿元，开始修建民俗村。为了体现民俗风情，针对村里没有古建筑的问题，从礼泉、山西运城购买三座古楼房，整体拆卸运回按原貌重建，建成现今游人看到的拥有古茶楼、油坊、布坊、面坊、醋坊、辣子坊及地方名优小吃等百余间各具特色的民俗文化一条街，几年间迅速火遍全国。

2. 规划理念与定位

旅游休闲村落的规划设计对象，主要包含了村落空间设计和村落区域环境景观设计。一个成功的规划设计案例，必须有好的设计定位和指导思想，确定村落主题意象。设计团队在充分分析袁家村地脉、文脉的基础上，确定景区的目标游客为西安市关注民俗文化的人群，也包括团体旅游游客（以西安市为集散地的外地旅游者，包括国内旅游者和入境旅游者）、有家庭出游需求的游客和附近学校学生群体等。根据袁家村所处的地理区位优势，确定了吸收昭陵旅游景点游客，以体验关中民俗休闲为亮点的旅游营销思想。设计确定了以关中民俗聚落生活文化特色为主题的乡村民俗体验意象。在主题意象营造过程中，如何将旅游项目延展，使游客在体验过程中能够逐步体验原汁原味的关中生产、生活方式，在众多舞台化的作坊中感受到民俗的原真性，体验关中饮食文化与记忆中的商贸活动，体验休闲、度假、饮食为一体的仿古乡村院落农家乐，让游客在田园风光中进行果园采摘、烧烤垂钓；在景观规划设计上，根据目标市场定位，确定关中生产作坊、饮食文化、商贸文化为景观表现主题，吸纳周边具有关中地域特色的古民居建筑及街市风格，营造具有古民居特色的农家聚落及乡土特色的活动场所等。

图 8-12　袁家村规划着力体现关中民俗风情

3. 袁家村的民居建筑景观设计

为了使袁家村的民居建筑能够系统还原关中作为贸易枢纽、民风荟萃地的历史面貌，景区内大部分民居建筑都是收购了关中地区自明清时期遗留保存下来的古民居，利用古民居的建筑原材料和建筑构件重新复原修造，重现了明清时期兴盛的民间手工作坊与贸易文化的原始街市及建筑形态，整合关中民居聚落形制，营造关中民居聚落氛围及民俗文化氛围。

袁家村景观轴

以昭陵古道为袁家村景观的核心轴线，在古道两旁设计丰富的景观小品表达景区整体意向，通过设计景观节点实现景区的分区。休闲商业街入口、关中名人村入口、袁家大酒店、关中古街等重要文化体验与乡村旅游项目设置在道路两侧，各个景观节点特色鲜明形成步移换景的效果，以此便作为袁家村乡村景观发展轴线。景观轴同时也是游客进入景区的主要通道，通往九嵕山（昭陵景区）。

农业观光体验区

该功能区将建有关中果蔬大观园、袁家牧场以及花香田居几个部分。主要为游客提供农耕、体验、科普、休闲运动、观光等功能，在花香田居以及袁家村牧场中还能够体验到异域风光。这里还将对整个景区的初级农产品进行加工与销售，为袁家村餐饮业提供放心原材料，同时打造袁家村有机果蔬品牌形成经济效益创收点，提高旅游对原住民经济的直接利益。该区域将是袁家村生态保护的重要区域。

关中印象体验区

为了让游客可以充分体验古时关中的商业繁华，感受关中乃至三秦文化的魅力，规划师设计规划了关中印象体验区，这里充分体现关中古街景象，同时也是礼泉县剧团、袁家戏楼、袁家大酒店的所在地。本区域在现有基础上，提升关中印象体验地的品牌，游客可以体验关中农家风情、休闲娱乐、住宿饮食等服务；

可以在宝宁寺、护国公墓体验关中祭祀、庙宇文化活动；另有新建的跑马场这些都极大地丰富和提升了关中印象体验地的品牌，这里将建设形成西北首个乡村商务中心，形成了集观光、娱乐、度假、科普为一体的综合区域。

关中四合院区

该区域规划从关中名人名景出发，打造的是生态宜居、文化氛围浓厚的理想场所，在乡村文化方面是对袁家文化高度和深度的提升。该区域又称关中名人村，浓缩关中八大景，长期生活在城市的居民可以在这里享受乡村的宁静、田园的美丽风光、关中文化的魅力。

正街农家乐区

设计正街农家乐区的目的是拉长游客游玩观光和消费时间，满足日益增长的游客住宿需求，整个区域在袁家村主入口处，设计有主题旅馆，使休闲农家乐有了更高档次的提升。功能区在为游客提供农家食宿、农家娱乐等功能的同时，在文化品位与科技水平上也有很大的提升并形成其独特的地域文化特色。所呈现的明清民居建筑均为近年改建而成，大部分在色彩、形式和结构上能体现关中地区民居特点：独立庭院，主要布局特点传承了明清民居建筑沿纵轴布置房屋，以厅堂层层组织院落，向纵深发展的狭长平面布置形式。在仿制复建的过程中，对于古建装饰的雕刻艺术极为尊崇，不但是砖雕、石雕、木雕三雕艺术样样俱全，而且在制作工艺上也极为考究。改建过程中的木雕保留了传统的现场手工雕刻的技艺，原料均为实木木方，以松木为主。木作大多采用的是榫卯结构的制作工艺，制作技术精良，有很高的艺术鉴赏性。

4. 袁家村道路规划及铺装设计分析

袁家村道路的主要功能是为旅游服务，它由原先村庄内部道路改造拓宽而成，是引导游客游览景区、观赏景点景物的通行路径道路，是联系景区、景点的纽带，构成袁家村景区的骨架，同时场地内部铺线也沿景区道路铺设，起到协调管线和排水组织的作用。设计伊始，规划团队分析了游客心理需求。袁家村乡村旅游与休闲农业区道路网纵横交错，在每一个交叉路口制作导视牌，设计景区专属 VIS 系统，节约游客游览时间的同时，潜移默化中，植入景区概念形象。区内道路依据设计的旅游主题，以凸显关中印象为主，全程分为：入口—乡村家庭旅馆—乡村休闲商业街—关中古镇—锦绣关中—跑马场—礼泉县剧团—休闲农家一条街—作坊小吃街—酒吧文化街—护国公墓—宝宁寺等多个环节。袁家村主干道为 10m 宽，次级步道在民居两侧，宽窄相宜、曲直有度，路宽在 3m～4m，道路边上还有宽 25cm 左右的水渠，分级的道路，精致的景观点缀其间，使得道路整体极具设计感与灵动性。袁家村的道路布局主次分明、疏密得当，为了满足交通的需要，道路在设计时考虑到了快捷、便利，因此选用“通长抵直”的路线、缩短路长。在沿途有引导物设置，为道路沿途增添了有趣的节点，增强游人在游览过程中的趣味性。

为了保持景观视觉的一致性，在设计袁家村道路时对铺装材质有协调统一的原则，贯穿整个路线设计的是以一种主要材质与形式为主导，少量的其他材质和形式为辅。具有典型民族意向的青石板被作为主干道上主要铺装用材料，与两侧民居建筑的青砖台阶相衔接。在地面铺装的材质选择上，使用纹理和质感上切合度较高的铺装材料，整个袁家村的道路铺装体现着传统乡村古朴的道路特质。在酒吧文化街、艺术长廊除了硬质化铺装路面外还有碎石材、青砖，以及鹅卵石的铺装，这样增加了装饰艺术特色，使道路铺装具有多样性。袁家村康庄老街景观环境设计分析街区巷道是村镇形态的骨架和支撑，既是乡村形态构成中重要的组成要素，也是人们浏览了解乡村的主要路线。乡村道路一般由街、巷、道组成，街为城镇级的道路，巷是街的分支，道是巷的分支。街道的构成要素包含两侧垂直界面（由建筑立面充当），底地面、天空和小品等。袁家村康庄老街的设计很好地体现了街巷构成的四要素，街道两边的小吃铺限定了康庄老街空间大小和建筑比例，形成了袁家村空间结构的轮廓线；小吃铺与地面的交接确定了地面的形状与大小。小吃铺的立面成为康庄老街空间中最具有表现力的一面，街中的景观小品在老街中起到点缀作用。康庄老街中的小吃店面呈有节奏的排列形成了良好的连续性界面，并且具有开合性。从构成的角度出发，康庄老街街道两侧界面，形成封闭的狭长空间是“合”，“开”则是界面一边或两边开敞，袁家村康庄老街分为南北两条街道体现了它的开合性。不论老街中的构成要素还是它的连续性和开合处理，街道的高差，街道的走向和标志物，还是老街入口处理和节点处理都给康庄老街景观带来影响，在这些情况下构成老街条件的本身就含有景观的意义。康庄老街在整个村中规模较大，分别占了南北两个街道，由于饮食作坊是全开放式的，可以方便而近距离感知体验，能最大限度满足游客对饮食的需求，如醪糟坊、豆腐坊、醋坊、辣子坊、烙面、搅团等极具关中人文饮食特色的民俗小吃作坊分列于街巷的两侧。共同打造了一条特色的民俗饮食景观廊道，廊道式的集聚形成了连续体验，强化了其作为民俗旅游核心区的地位[1]。

1 李旻昱. 环境设计在乡村旅游“农家乐”中的运用与研究 [D]. 西安建筑科技大学，2015.

5. 袁家村酒吧街区景观环境设计分析

旅游区酒吧是以酒吧经营为主导，集咖啡店、国际小商品超市等现代都市化时尚元素为一体，主要为游客提供休闲放松的社交场所。随着袁家村旅游的发展，它已经成为“关中印象体验地”的代名词，它的旅游相关产业也逐渐升级。为丰富经营状态，延伸产业链，促进增收，在发展康庄老街的同时，袁家村逐步开发出酒吧街区、文化长廊等新旅游业态。通过招商引资的发展经营模式，袁家村提供铺面由外来经营户承包经营。此前袁家村一直是以关中民俗文化为发展核心，而酒吧街的出现体现出关中民俗文化与西式文化的碰撞与对比，游览内容的丰富程度也影响到游客构成比例的变化，以前来袁家村旅游度假的大多是中老年人，而现在更多的年轻更喜欢利用周末短暂的假期前来游玩。游客白天观赏袁家村景致，体验关中民俗文化生活，到了夜晚可以在酒吧小酌，咖啡厅里聊天，欣赏村中夜景。酒吧街区构成了康庄北街的实体空间部分，它虽是围合康庄北街街道空间的连续性区域，但是在功能属性、建筑样式、装饰特色、外部轮廓等方面呈现明显的差异，风格独立的不同功能分区分别体现了“动”与“静”的结合。

6. 袁家村植物景观配置分析

从古至今人们生活中都离不开植物，自然界中的植物也经历了优胜劣汰。植物对人的心理可以产生一种积极的影响，合理地利用植物资源配置，满足游客渴望回归自然的心理并放松身心。植物不仅可以改善自然环境和空气质量，又可以给袁家村的景观环境带来绿意与无限生机。袁家村由主干道、次干道、步行街道构成了景观的主要脉络，它除了具有引导人流、运输、消防的功能外本身也是一种动态风景。袁家村的大部分植物配置是成排种植的，因为它是根据道路的设计意图和游览、遮阴、分隔等功能而设置，袁家村的植物配置是根据整体景观环境进行综合考虑的。

图 8-13　民居建筑有近一米宽的由青砖堆砌的台阶将建筑与街道衔接

图 8-14　结了果实的柿子树成为袁家村独特的景观

图 8-15　袁家村古建筑仿制复建中的雕刻艺术十分讲究

图 8-16　袁家村关中印象体验区宽阔的步行街

图 8-17　袁家村放置于空地的景观小品——传统拉车

袁家村主干道树种选择主要有柳树和槐树两种，女贞树和法桐是作为行道树穿插种植的，而次干道种有龙爪槐、柿树和毛竹，灌木丛以矮小的冬青树为主。袁家村的植物配置中，以乔木、灌木和毛竹类相互搭配种植，有较强的地域性和乡土性，使得袁家村景观环境格外动人。但是由于袁家村地处关中地区，冬季干燥寒冷且周期时间长，落叶乔灌木类会随着寒冷的气温逐渐凋零。因此在后期开发规划中，应当考虑增加耐寒的常绿树种，增加袁家村冬日里的生机[1]。

1　李旻昱. 环境设计在乡村旅游“农家乐”中的运用与研究[D]. 西安建筑科技大学，2015.

7. 景观小品设计

袁家村用于丰富空间的景观小品，主要有关中传统的农耕的工具、拴马桩、石槽、石碾等，用农村自然素材替代现代人工痕迹过重的景观素材，自然而然提升主题印象，增加乡土民俗文化意境。

3.2 “设计（徐）霞客”旅游产品创意

2016 年秋季学期，上海交通大学设计系《地域振兴设计》课程组选择了游圣徐霞客作为设计主题，开发系列旅游产品。设计团队重点调研了以下七个地点：江阴嘉茂国际花鸟园、中国徐霞客碑刻文化园、中国徐霞客旅游博物馆、霞客故居、仰圣园、赞园以及江阴军事文化博物馆。项目目的在于深入挖掘江阴当地以徐霞客为主题的地域特色文化，并结合创新性思维，进行旅游景观、节庆或产品创意设计。设计成果（如特色旅游景观、创新设计产品、新型建筑等）将对该地域的经济与文化振兴、人居环境改善和社会进步做出积极的贡献。

1. “迹·空间”胶囊旅馆视觉形象设计

设计说明：足迹是一个承载了许多故事的载体，当每个人造访一个新的地方时，都会留下自己的足迹，我们也许会像徐霞客一样周游各地，那么这一间间的胶囊旅馆会出现在我们经过的空间里，我们在天地的空间，在自然的空间，也会走进这个胶囊的空间。空间与空间既有所区别但又存在着千丝万缕的联系，我们在胶囊旅馆里留下了我们的足迹，那么其实也是在自然里留下了印迹，空间与空间相互关联，小空间亦是大天地，就看你如何看待自己所处的位置了。故整个胶囊旅馆系统的命名为“迹·空间”。标志的设计将“迹·空间”的汉字笔画现代化处理的同时加上篆体笔画的结合方式，既与整个旅馆现代化的设计风格相契合，又保留了对于徐霞客这一传统主题的理解。无限延长的“横”笔画既代表了我们会在这个天地间留下探索的印迹永不磨灭，同时

图 8-18 迹·空间胶囊旅馆设计

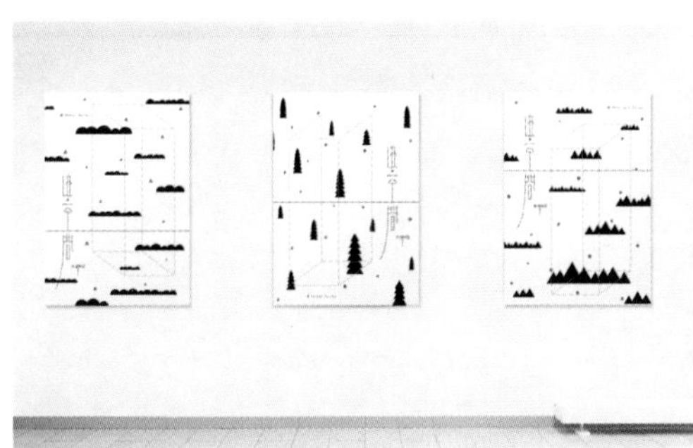

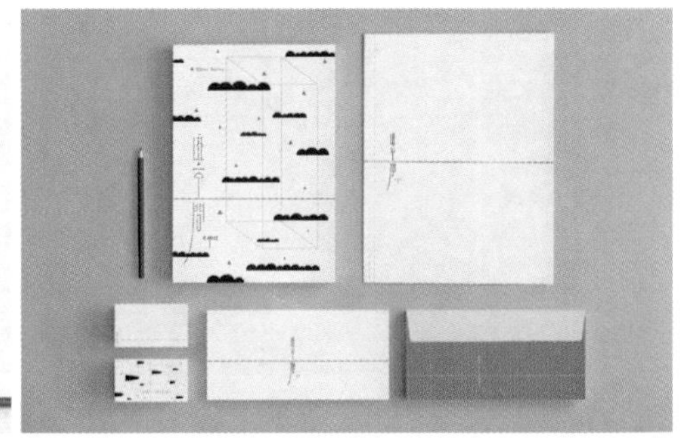

与拉长的“间”字笔画似是将空间分割，但是实际像是中国传统屏风的分割方式一样，也代表了在自然中的胶囊旅馆。当我们住在里面在客观上分割了我们与山水城林，但是又因为胶囊旅馆的存在将我们带到了更广阔的天地间，让我们的印迹留在了大江南北。

设计说明：徐霞客作为中国旅游第一人，对中国地理界，文学界以及旅游界都作出了杰出的贡献。正是他不断地探索，成就了《徐霞客游记》这本流传百世的著作。本次的设计以旅馆为基础，主题在于弘扬霞客的探索精神，可以让更多的人能感受到探索的乐趣。作为一个盒子旅馆，其目的可以串联起江阴市内丰富的旅游资源，将其形成一个巨大的旅游网络。足迹是一个承载着许多故事的载体，当每个人造访一个新的地方时，都会留下自己的足迹，代表着人在此刻与这个场所产生的联系。

2. 霞客行旅游巴士交通线路系统设计

设计说明：徐霞客，因《徐霞客游记》闻名中外，他靠他的

图 8-19 霞客行海报设计

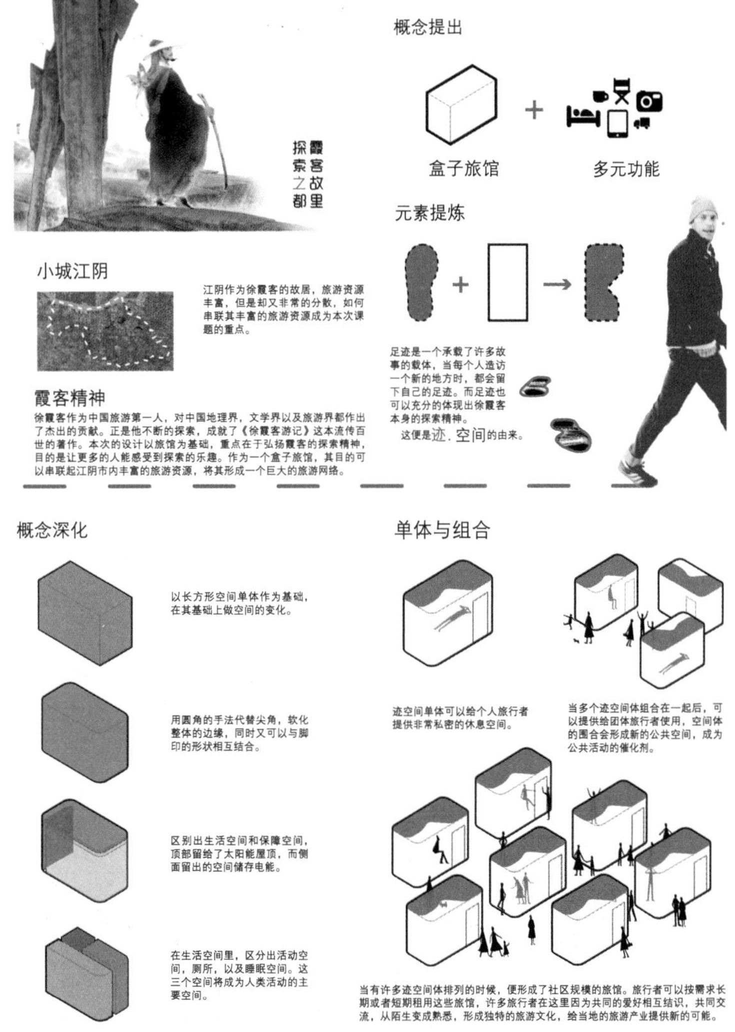

图 8-20　霞客行旅游巴士交通线路系统设计

双脚，走过 16 个省份，他的足迹遍布中国的大好河山。江阴，作为徐霞客的故乡，需要传承发扬他的精神文化。现今社会发展，交通条件优越，当代人们更加体会不到徐老前辈当年的艰苦和坚持，反而一些交通的不便利会阻碍文化传统对人们的影响和熏陶。

通过查阅资料和实地考察，发现徐霞客文化景区位于江阴郊区，现乘公交车即可到达霞客公园，但是各个景区之间还是有一定的距离，不利于背包客、散客的出行；霞客路的现状较为空旷，没有霞客文化特征；大面积的生态绿化自由生长，较为荒凉。

在本次规划中利用原有的优势建立健康自然出行的主题旅游区，沿霞客路增加旅游巴士“霞客行”，连接各个景点，优化已有的景区通达性。

通过在门户通道之间引入优化的道路新布局，设有旅游公交道和人行道，并可种植食物的复合型林荫大道，创造一片更加安全的多元化区域。

图 8-21　霞客行前期场地分析

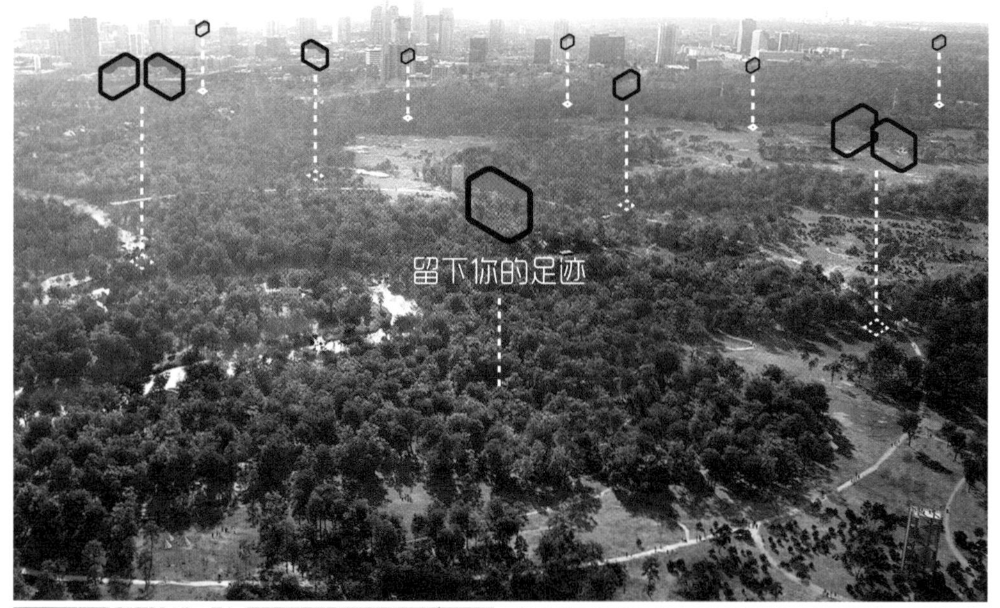

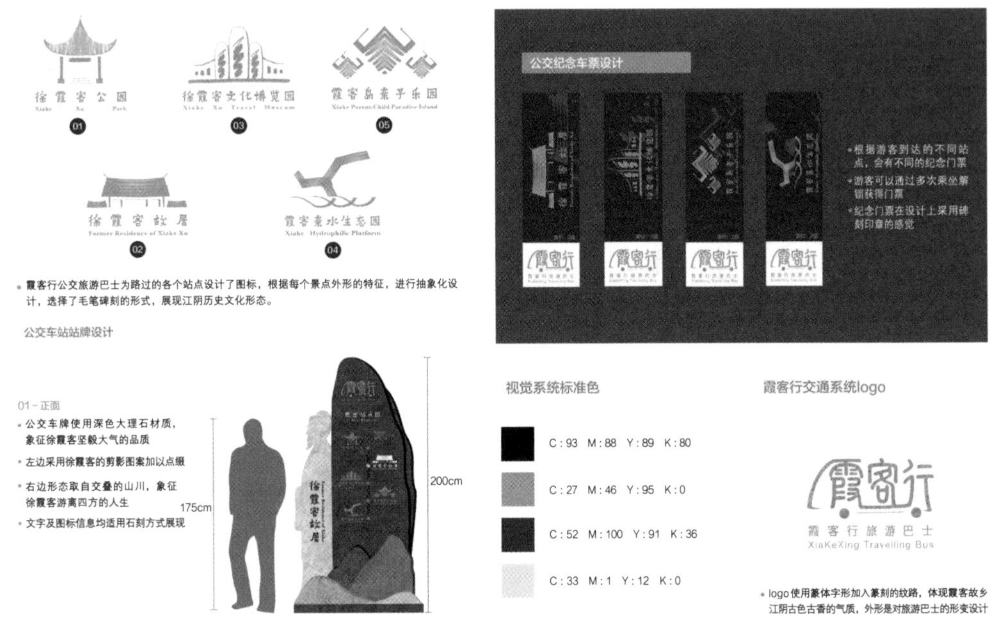

图8-22　霞客行形象标志设计

在特定的节日增加人文旅游的参与性活动，如徒步活动、节庆游行等文化、体育活动，体验霞客精神，增加游客参与性。

设计说明：由游历路线推导出展示空间的行为路线，结合象征山川的过渡空间结构，整合成为完整的展示空间。期望通过不同组合达到丰富体验和感受，配合展示技术向人们传达“探索精神”。

3. 霞客钟旅游文化产品设计

设计说明：通过这款霞客钟，利用时间的概念来与霞客精神的永恒性相呼应。通过画面随着时间推移而改变的形式，对徐霞客勇于探索，追求不止的精神进行更形象的表达。同时，对纪念品的理解离不开趣味性，所以加入了随着时间旋转的“霞客小人”，并在钟体上用两个凹槽来使用户能自由地拿取，在手中把玩。从而兼顾这款纪念品的纪念性，功能性以及趣味性。

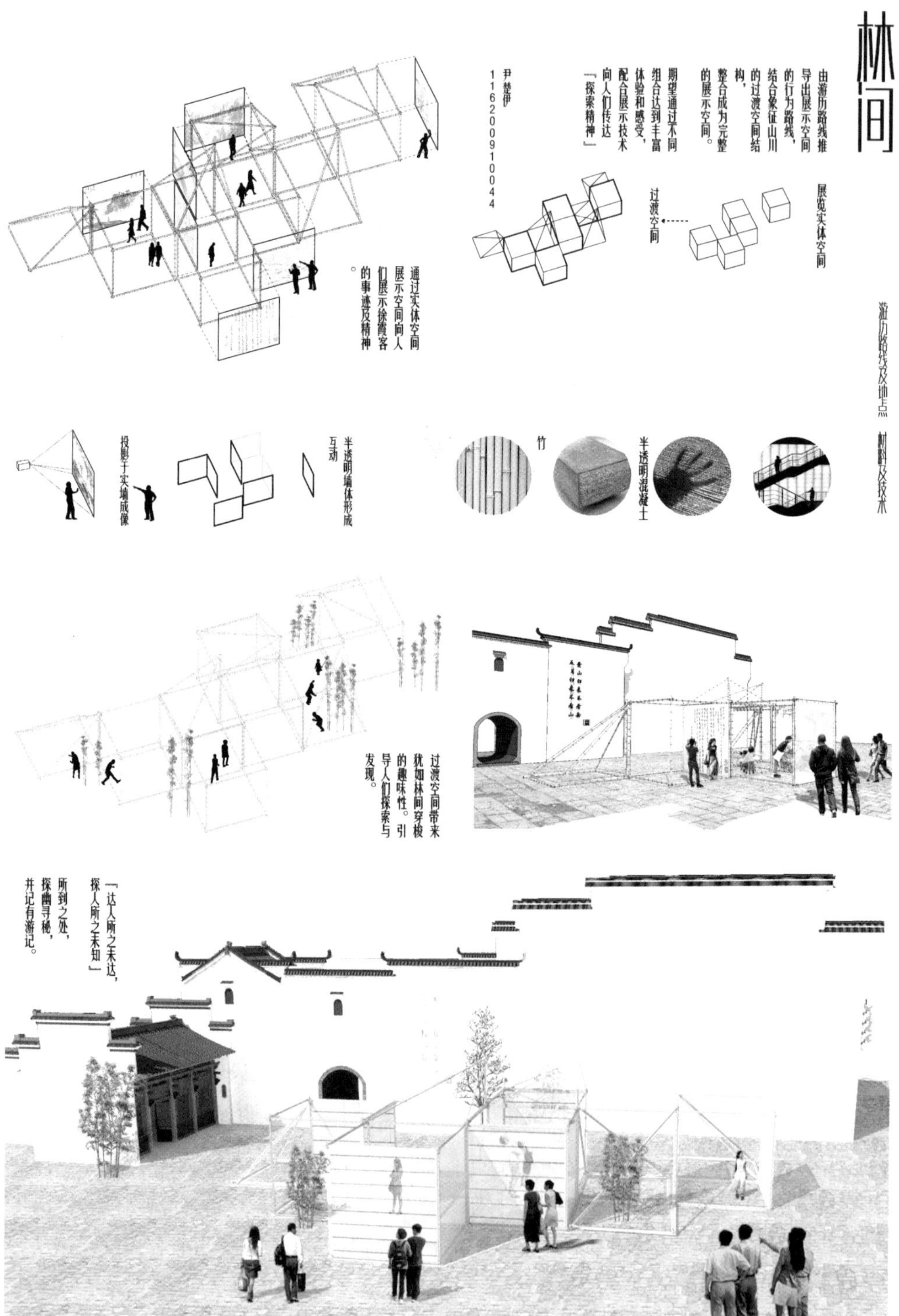

图 8-23 徐霞客主题景观建筑

霞客鐘

12格12個小時對應12個游聖徐霞客到過的名山大川。

隨著時間流動，時針盤呈現的景點也隨之切換，蘊意“重走霞客路”。徐霞客勇于探索的精神也會像時間一樣永恒。

時鐘盤中間的霞客小人會隨時間而轉動，與時針同步，12小時一周，增添趣味。

以紅色箭頭作爲時針標識，醒目而直觀。

施陳輝

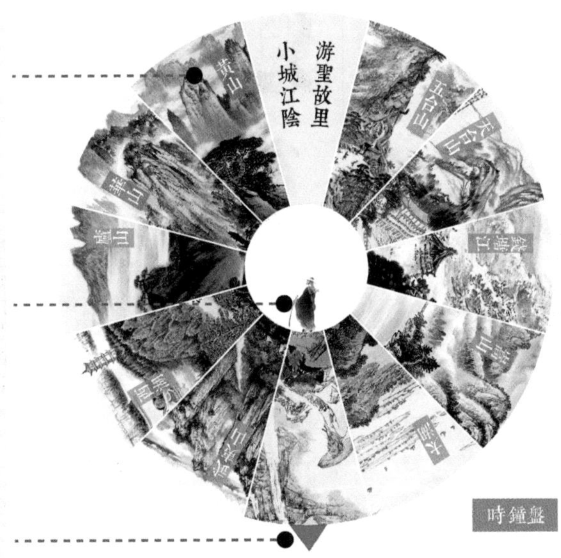

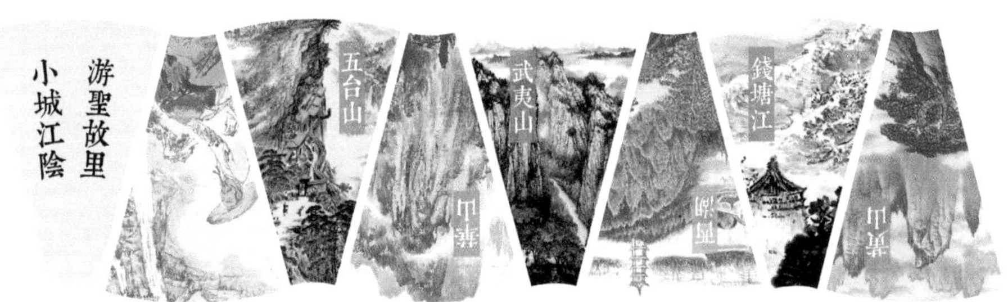

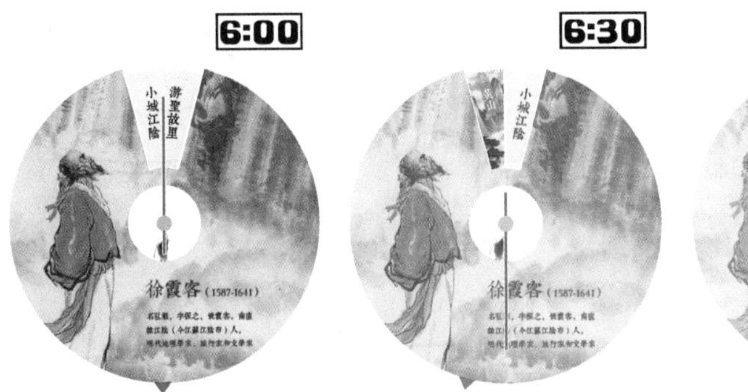

图 8-24　霞客钟设计

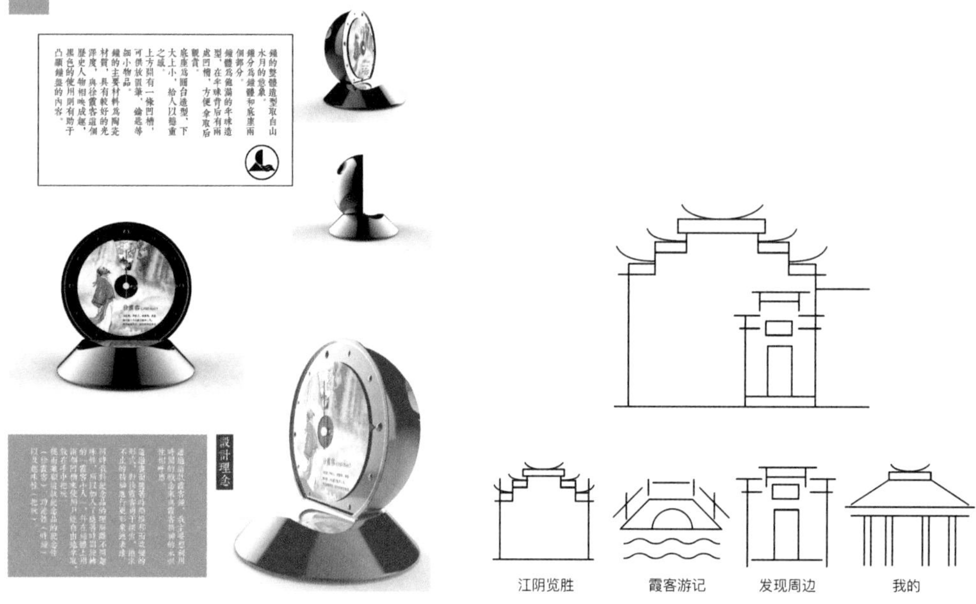

设计说明

根据《徐霞客游记》的前几篇记录绘制出路线图，以江阴为源头。

工艺以传统青瓷白花为主。

圆形盘身，江阴用红色突出，寓意徐霞客源起江阴，一切起源江阴，最终也是在江阴落叶归根。

三足盘身，有借鉴鼎的造型，表达徐霞客一生对地理学，文学等方面的造诣前无古人，对后世影响重大。

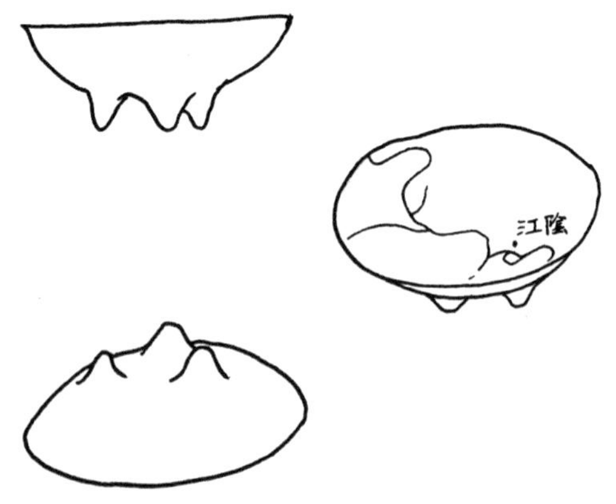

图 8-25　霞客行旅游产品设计说明

图 8-26　徐霞客游记 APP 设计

图 8-27　霞客行旅游产品设计效果图

3.3 广西横县茉莉花旅游产品

全国最大的茉莉花基地位于广西南宁市横县，得天独厚的自然条件、历史悠久的赏花文化使得茉莉花成为全县的支柱产业，茉莉花的种植面积达到10余万亩，每年参与其中的花农33万人，年产茉莉花8万吨，仅仅一县之地，茉莉鲜花的年产量就占全国总产量的80%以上，占世界总量60%以上。该县种植茉莉花历史悠久，相传有六七百年历史，横县茉莉花特点突出，经考证花期早、花期长是横县茉莉的最大特色，此外对比同纬度花源地：花蕾大、产量高、香味浓也是横县茉莉的身份标签。因此横县被原国家林业局、中国花卉协会联合命名为“中国茉莉之乡”。“广西横县茉莉花节”两年举办一次，经过多年的运作，吸引了世界各地的客商到广西横县一起参加。“茉莉花节”期间同时举办“全国茉莉花茶交易会”及“广西横县茉莉花文化旅游节”，在推介茉莉花产品的同时，有效带动了横县旅游、美食、生态等各方面的发展。横县通过举办该节事，向全国宣传其整体形象，打造了“中国茉莉花之乡”的品牌。在多年茉莉花节举办的基础上，横县顺利召开了中国茉莉花产业发展论坛。通过论坛，不仅可以更加便捷广泛地宣传横县的茉莉花产业，同时也标志着横县茉莉花不再单单做花卉产品的初级加工销售，全县产业链也向花卉产业的

图8-28 横县茉莉花田

下游——食品加工、工艺品加工、旅游等多个产业延伸，在宣传横县茉莉花综合产业的同时，也大大提高了横县的城市知名度，为旅游的深度开展奠定了厚实基础。

广西横县发展旅游，首先面临确立核心吸引物。吸引物的确既要结合自身的资源优势，也要考虑市场的兴趣偏好，还要考虑后期开发包装的可行性。经调查，横县旅游资源丰富，类型齐全。但多数重点景区景点在资源特性上表现出高度的相似性，如：大王滩、青狮潭（位于桂林市，现为省级风景名胜区）、澄碧湖（位于百色市，现为省级风景名胜区）、星岛湖（位于合浦县，现为省级旅游度假区）等水库对位于横县境内的西津湖旅游度假区存在着高度替代性，特别是大王滩水库位于南宁市南郊，距南宁市区车程仅 20 分钟，位于都市半小时游憩圈内，成为南宁市民“亲水”旅游的首选目的地。与周边市县山水旅游资源高度相似相比，横县茉莉花资源特色明显，在核心区及邻近边缘地带具有很高的不可替代性。横县种植茉莉花始于明代，距今已有 400 年历史，目前是全国最大的茉莉花生产和茉莉花茶加工基地。2006 年，横县获“茉莉花”地理标志，被原国家林业局、中国花卉协会命名为“中国茉莉花之乡”，被新闻界和茶叶界誉为“中国茉莉花之都”。横县的茉莉花具有花期早且长、花蕾大、花色白、产量高、质量好、香味浓等特点，在生产上实现了规模化种植，产业链延伸开发，种植成本上明显比其他生产地区经济。作为生产茉莉花茶和制作茉莉花香精的重要原料，茉莉花制作时对花蕊新鲜度要求很高，因此具有不易远距离运输的特性，为了及时获得鲜艳的茉莉花，每年 4～10 月间，横县都会吸引来自全国各地的花茶加工制造商，就地加工制作各种茉莉茶及衍生品。期间，县政府举办以茉莉花为媒介的“全国茉莉花茶交易会”和“中国国际茉莉花文化节”等重大节庆活动，进一步吸引了众多海内外游客。目前，在广西境内，尚未出现其他规模化的茉莉花种植基地，在国内，虽然福建、四川、云南等地也有茉莉花种植基地，但其规模均无法与横县媲美。横县茉莉花的资源特色，以及其较强的产业关联，成为横县旅游业摆脱附近中心城市和核心旅游地屏蔽效应和极化作用的突破口。因此横县在实践中确立“茉莉花”为核心产品，依托横县茉莉花产业优势，树立“茉莉花”旅游品牌，应是该县旅游开发创新的重要理念。

设计团队围绕“茉莉花”这一核心，构创了“茉莉花”系列旅游产品，形成有文化内涵与品位的核心品牌。旅游产品的设计从观赏、体验、品尝、携带四个次序入手开发系列产品；在空间场所上，规划思路是依托观赏教育为主的中华茉莉园、万国香花博览园等，贸易为主的茉莉花交易市场、西南茶城、茉莉花产业展示馆等，生产为主的花茶厂等建筑场所开设观光、参与、体验活动。如：以中华茉莉园为核心，构建赏花闻香、参与采摘等体验活动；依托茉莉花交易市场、茉莉花茶加工企业，开展茉莉花交易体验、茉莉花茶加工参观体验等活动，让游客充分了解茉莉花交易、茉莉花茶的生产、加工工艺；借助西南茶城，将茶道、花道、香道统一起来，构建茶道表演，塑造横州“品茶文化”；在宾馆酒店、路旁、广场、车站等关键街区和节点营造茉莉香氛围，如构建香草园、茉莉花盆景园、花食馆、茉莉花休闲馆、茉莉花宾馆以及茉莉花产业展示馆，树立横县茉莉花整体形象。

在旅游线路上设计团队以“茉莉花文化感悟”旅游为重点，着重推出富有文化内涵，以浪漫、温馨、典雅为主打的精品旅游线路。在精品旅游线路中，将茉莉花产品组合构建单独的茉莉花体验精品一日游：茉莉花产业展示馆、万国香花博览园→中华茉莉园→茉莉花交易市场→茉莉花茶加工企业→西南茶城→茉莉花宾馆。该精品旅游线路可以让游客在一天内完成从茉莉花种植、采摘、交易、加工制造、成品交易与品茶等产业链的完整体验。同时，旅游线路将沟通现有景点，以六景、横州为核心，借助湘桂铁路、黎钦铁路、南梧高速公路、郁江水系等入境交通线，与境内 209 国道、101 省道、郁江水系交通对接，实现茉莉花与西津湖、九龙森林公园、宝华山应天寺、伏波庙、六景等山水、人文旅游景点景区的适度整合，完善景区内交通的同时，构建起六景—灵竹—镇龙—云表—伏波庙—生态农业村—中华茉莉园—县城—西津湖—六景的茉莉花山水文化环形旅游大动脉，以及以横州为核心向北、东、南和西部呈放射状的旅游精品线[1]。

1 许树辉，肖海平，左盘石. 城市边缘区旅游开发创新研究——以广西横县为例 [J]. 国土与自然资源研究，2013(01): 61-64.

在开发旅游产品体系的同时，设计团队要考虑到旅游业是一种高投入的行业。这就需要在政府制定中长期计划及年度财政预算时设立旅游项目，专门安排资金和贷款，政策上需对旅游资源和产品开发实行倾斜，认识到旅游产品的开发不是一蹴而就的，十分需要一段相当长的培育期。同时交通基础设施和旅游接待服务设施的改善也是必不可少的，这也是现在提倡全域旅游的原因，因为仅仅靠旅游一个主管部门或者委员会并不能切实顾及旅游发展的方方面面，而旅游带来的收益也绝不仅仅体现在一个部门或地区。在主题营销上以茉莉花为主题，实现全方位营销。在市场竞争日趋激烈的今天，营销显得极为重要。对于边缘区而言，由于营销经费有限，营销应以确定主题、突出差异为前提，将有限的经费用在关键环节上。横县旅游营销应采取以差异性和独特性特征最为明显的茉莉花为主，其他景区景点为辅的原则，所有的旅游宣传促销活动都应围绕横县的主题旅游形象而开展。在营销主体上，改变过去那种只由旅游局、旅游景区景点独自营销、各自为政的做法，整合政府、旅游职能部门、旅游景区景点、旅游代理商和经销商、大众媒体、社会组织等资源，以提升横县茉莉花旅游品牌整体形象为目标，由政府牵头，成立由旅游局、景区景点、旅游公司、茉莉花企业、相关政府职能部门、民间组织等所构成的旅游营销委员会和旅游市场营销队伍，拨给专款，由县旅游局主管，统一组织旅游市场营销活动；实现旅游部门与交通、建设、环保、林业、农业、文化、水利、土地等部门之间的协作联动，与外事、宣传、广播、电视、出版等部门的密切配合，共同推进旅游宣传促销工作；发挥民间组织在旅游市场营销、旅游发展研究、旅游行业监督、旅游信息服务等方面的社会功能；充分利用国内各地名茶生产商、经销商的地域因素，调动他们参与横县旅游产品的推介营销；进一步充实市场宣传促销机构，通过培训宣传营销骨干，落实市场开发的机构和人员，为旅游市场营销提供人才支撑保障。在营销手段和方法上，在利用传统宣传工具进行重点宣传的同时，应考虑利用互联网信息量大、受众群体多、方便快捷等特点，积极开展网络营销，通过构建旅游景区景点公共平台网站，全面介绍横县旅游风景区、旅游商品、旅游企业、旅游线路等情况；建立相应的网上预订服务系统和信息反馈系统，提供更为人性化的服务；实现横县旅游网页与各大网络搜索引擎、热门站点，以及中心城市旅游网站的友情链接等。在自治区，应以南宁、桂林、北部湾经济区等核心区为营销重点，通过设立旅游办事处，进行直接促销；积极寻求与目标市场旅行社、旅游景区景点等利益主体开展营销合作，努力促成茉莉花旅游产品融入大南宁旅游圈、桂林—阳朔旅游圈，实现横县旅游产品与当地知名旅游景点的捆绑营销；在全国甚至是更大区域范围内，应以“全国茉莉花茶交易会”“中国国际茉莉花文化节”、南宁“中国—东盟国际博览会”、香港“国际旅游博览会”等节庆事件为契机，积极组织与茉莉花文化相关的旅游产品宣传营销，通过邀请国内外知名人物、行业代表、重点旅行社和旅游批发商、有重大影响力的广告媒体等出席参加，借机达到宣传和扩大横县旅游形象和旅游产品，拓展港澳、东南亚等海外市场的目的。

1. 中华茉莉园

“好一朵美丽的茉莉花，芬芳美丽满枝丫，又香又白人人夸……”一曲经典的民歌《茉莉花》，将这种洁白无瑕、散发清香小花的动人之美呈现在世人面前。

一朵茉莉已让人心生爱怜，一大片望不到边际的“茉莉海洋”更会让人流连忘返，迷失在沁人心脾的阵阵幽香中。“中华茉莉园”位于横县校椅镇石井村委会，南宁至兴业高速公路横县校椅出口至横县县城二级公路处，规划总面积1万亩，其中核心区面积为4200亩，目前有3000亩茉莉花种植示范基地，引进单瓣、双瓣、多瓣等国内外优良品种及观赏性品种50多个，其中有橡胶茉莉、鸳鸯茉莉、虎头茉莉、尖瓣茉莉等20多个罕见品种。除了白色，这里的茉莉花还有红、紫、黄等不同色彩。按照国家级现代农业科技示范园、国家AAAA级旅游景区、国家级农业旅游示范点等规格规划和建设，分为茉莉花品种展示区、茉莉花游乐区、茉莉湖生态湿地观光区、茉莉花养生休闲度假区、茉莉花产品加工区、茉莉花商贸购物区和茉莉花养生休闲度假区七个区域，集生产、加工、科研、文化、观光和旅游于一体中华茉莉园。

每届茉莉花节期间，均有数十万游客涌入园区。人们不仅可以欣赏茉莉花文化民俗展演，还可以买到不少茉莉花元素的产品，如茉莉花茶、茉莉花饼、茉莉香米、茉莉花盆景、茉莉花精油等。

图8-29　广西横县第二届茉莉花产品创意大赛颁奖仪式

2. 西南茶城

横县被誉为“中国茉莉之乡”。官方数据显示，横县种植茉莉花的花农有33万人，茉莉花种植面积达10万多亩；年产鲜花8万吨，鲜花产值15亿元；茉莉花和茉莉花茶产量均占全国总产量的80%以上，占世界总产量的60%。横县是全国最大的茉莉花生产和茉莉花茶加工基地、国家重点花文化示范基地。

西南茶城位于广西横县县城横州镇城北。由茉莉花交易市场、茶叶交易市场和成品茶批发市场组成。茶城是原国家农业部的定点市场，是中国四大茶市之一，被中国茶叶流通协会授予全国重点茶市称号。茶叶的吞吐量名列全国第四，仅次于安溪全国茶叶批发市场、济南茶叶批发市场、北京马连道茶叶一条街。

茶叶批发市场内有100多间店铺，300多个经营户，云集了福建、浙江、云南等地的茶商。市场主营绿茶交易，为横县的茉莉花茶加工提供原料。茶叶来自全国各地茶叶主产区，年成交量2.6万多吨，成交额将近6亿元。在茉莉花交易市场，每年茉莉鲜花盛产的季节（5～11月），各个茉莉花茶加工企业都来这里收购茉莉鲜花，每天在此进行茉莉鲜花交易的花农多达数万人，热闹非凡，成为“中国茉莉之乡”的一道风景线。

3. 南山圣种茶博园

横县出产茉莉花茶，还盛产南山白毛茶。该县南部的宝华山旅游风景区又称南山，山上有座千年古寺——应天寺。此山白毛茶最为著名，相传此茶为明朝建文帝避难于南山应天寺15年，将自带的七株白毛茶种于此地，故亦名“圣种”，传种至今近六百年。

早在1822年，即清道光二年，横县南山白毛茶在巴拿马国际农产品展览会上荣获银质奖章；1915年美国为庆祝巴拿马运河通航，在巴拿马城举办的万国博览会上，南山白毛茶再次荣获二等银质奖。据《广西通鉴》记载：“南山茶，叶背白茸似雪，萌芽即采。细嫩如银针，饮之清香沁齿，有天然的荷花香”。

2007年和2008年，“圣种”牌南山红茶两次荣膺“中国-东盟博览会唯一指定红茶和国宾礼用茶”；2011年11月，被评为中国-东盟最具影响力茶叶；2012年6月，“圣种”牌南山六堡茶散茶、紧压饼茶分别摘取2012年北京国际茶叶博览会的唯一金奖、银奖。规划中南山茶博园将以南山白毛茶为主题，结合南山应天寺佛教文化，圣种南山白毛茶文化，打造广西第一家茶叶博览园——广西南山白毛茶圣种生态茶博园。这个茶博园占地3000亩，总投资一个亿，远期目标将景区建成集南山白毛茶种植示范基地、现代化生态观光加工厂区、茶文化传播的旅游休闲度假园区。

4. 花文化对全县旅游业影响

随着各大节事的举办，横县的游客数量日趋增多，旅游业蓬勃发展。茉莉花文化是对全县旅游资源最精确的概括，提炼了茉莉花文化，意味着全县旅游发展找到了着力点。在实践过程中，横县政府在国家级4A旅游景区——中华茉莉园的建设基础上，扩建景区面积约1000亩，用作绿色植被的种植和娱乐设施的建设。同时，利用景区周边近1300亩的农田发展横县农业旅游，使游客不仅可以进行观光旅游，还可以体验到别致的田园生活。塘圣山风景区中的茶园度假山庄，在原来的基础上重点发展并完善旅游度假项目；西津湖旅游风景区工作人员加强对景区水库水质的管理，在传统工业旅游的基础上，新增了多样的农家乐项目；中华茉莉园先是种植各种各样的茉莉花，后来在园内增加了具有横县壮家特色的歌舞表演，对园区内的交通及其他设施设备也逐一完善。据横县旅游局统计，2015年横县新增的旅游景区面积约为2300 亩，比2014年增长7%。2015年，全县接待国内外游客人数107万，实现旅游总收入3.68亿元。其中中国（横县）茉莉花文化节期间，横县累计接待游客14.8万人次，同比增长23%；旅游综合收入2664万元，同比增长52%。在自治区县域经济中排名第五，表现出较好的增长势头。由此可见，由茉莉花文化带动下的横县旅游经济取得了显著效果，一定程度上扩大了横县旅游业的规模。此外，花文化的提炼还对县域范围的全产业起到了激发促进的作用。比如在“吃”方面，在旅游旺季茉莉花节，开设横县特色美食一条街。“行”方面，外部大交通方面，省级、市级、县级公路连接了横县与周边县市的旅游线路，形成了无障碍式的旅游快速通道。内部小交通方面，形成疏通各主要旅游景区、热门景点之间的交通环线，形成县内的旅游精品线路[1]。

1 秦艳萍，黄慧兰. 旅游节事与地方旅游互动发展研究——以广西横县茉莉花节为例 [J]. 市场论坛，2016(08): 79-82.

附件：

2009 中国横县茉莉花文化节方案

为在更加广阔的平台上打造茉莉花茶交易会、茉莉花文化节相互依托、相辅相成、相得益彰的全新局面，把全国茉莉花茶交易会、中国茉莉花文化节办成更有效益，更有影响力的盛会，全国茉莉花茶交易会期间，同步举办中国茉莉花文化节，现拟定中国茉莉花文化节方案如下：

一、指导思想

深入学习贯彻科学发展观，围绕“标准化、国际化”的主题，挖掘茉莉花茶文化底蕴，彰显中国茉莉之乡——广西横县和广西首府——绿城南宁的特质，体现国际性，提高群众参与性，注重节会延续性，传承弘扬茉莉花茶文化和传统民族民间文化，把全国茉莉花茶交易会、中国茉莉花文化节打造成为“文化的盛宴、交流的平台、形象的窗口、大众的节日”，通过展示茉莉花茶文化、传统民族民间文化，展示大南宁的文化魅力，努力提高南宁市和横县的知名度和影响力，丰富茉莉花茶文化内涵，让茉莉花茶走向世界，让世界了解南宁，了解中国茉莉之乡——广西横县。

二、主办单位

中国花卉协会

广西南宁市人民政府

三、承办单位

横县人民政府 中国花卉协会花文化专业委员会

四、举办时间

与全国茉莉花茶交易会同步举行。各活动项目举行具体时间与全国茉莉花茶交易会主体活动一起统筹安排。

五、组织机构

成立中国茉莉花文化节横县工作委员会，由横县县委、横县人民政府主要领导担任主任，横县四家班子相关领导担任副主任，县委办公室、县人大常委会办公室、县政府县办公室、县政协办公室负责人，县部、委、办、局负责人以及横县各乡（镇）党委书记、乡（镇）长作为成员，下设办公室和相应的活动项目工作组，在中国花卉协会、南宁市人民政府的领导下开展筹办工作。

六、基本活动内容

所有活动要做到独立而不分散，“突出一个主题，传达一种文化”。

1. 本地民俗文化展示、南宁市各县（城区）特色文化展演

时间：全国茉莉花茶交易会第一天上午、下午、第二天晚上

地点：中国茉莉花茶交易中心、横县茉莉花文化公园、横州镇各社区

承办：横县文化和体育局、横州镇人民政府

活动内容：（1）组织舞狮队、舞龙队、春牛队、凤凰麒麟队、腰鼓队、采茶队、长柄伞山队、太极拳、剑、扇队、柔力球队、

唢呐队、茅山舞队、陶鼓舞、师公队等横县各民间民俗文化门类开展盛大的游行或表演。

（2）组织南宁市各县（城区）的优秀剧（节）目在中国茉莉花文化节期间演出。

（3）宣传横县乃至南宁市的非物质文化遗产名录。

2. 摘茉莉花比赛和无秤估茉莉花重量比赛

时间：全国茉莉花茶交易会第一天

地点：中华茉莉园

承办：横县校椅镇人民政府

横县横州镇人民政府

活动内容：发动花农和游客参加摘茉莉花团体赛、村民个人单项赛、游客个人单项赛、不用秤估茉莉花重量等活动，评出名次给予奖励。

3. 茉莉形象使者选拔大赛

时间：全国茉莉花茶交易会前

承办：中国共青团横县委员会

地点：横县国泰综合楼礼堂

活动内容：发现、选拔、培养出一批热爱横县，关注茉莉花产业，集聪慧、博爱、俊秀于一身，能够担当起横县茉莉花产业宣传、推广重任的茉莉形象使者，并组织她们参加茉莉花文化节相关活动，进一步扩大横县茉莉花文化的影响力和美誉度，激发全社会关注茉莉花茶产业，支持茉莉花茶产业，共同推进茉莉花茶产业大发展。

4. 茉莉花绣球制作及创意比赛

时间：全国茉莉花茶交易会第一天上午

地点：中国茉莉花茶交易中心

承办：横县妇联

活动内容：由参赛选手现场制作茉莉花绣球和现场创意制作茉莉花装饰品，现场教观众制作绣球，展示本地传统民族民间文化工艺。

5. 书画、摄影、盆景作品展出活动

时间：全国茉莉花茶交易会期间（展 2 天）

地点：中国茉莉花茶交易中心、横县图书馆

承办：横县文联

活动内容：组织书画、摄影、盆景作品进行评奖和展出，弘扬民族优秀传统艺术，活跃茉莉花文化艺术活动，增进文化艺术交流。

6. 百名儿童“中国茉莉之乡”主题现场绘画书法活动

时间：全国茉莉花茶交易会第一天上午

地点：中国茉莉花茶交易中心

承办：横县教育局

活动内容：组织 100 名儿童现场举行绘画书法活动。

7. 鱼生制作大赛

时间：全国茉莉花茶交易会第一天下午

地点：横县体育馆

承办：横县旅游局

活动内容：组织举行现场做鱼生制作比赛，评出若干个优胜者给予奖励。

8. 养花窨花能手比赛

时间：全国茉莉花茶交易会第一天晚上 8 时开始

地点：（拟选定在环境整洁的一间茶厂内）

承办：县花茶协会

活动内容：组织发动养花窨花技术骨干参加比赛活动，评出若干个优胜者给予奖励。

七、工作要求

1. 高度重视，加强领导。中国茉莉花文化节是与全国茉莉花茶交易会同步举办、相互依托、相辅相成重大节庆活动，是推陈出新，创新办会的重要举措。各有关单位要在南宁市委、市政府领导下，在中国茉莉花文化节横县工作委员会统一组织指挥下，充分认识举办中国茉莉花文化节的重要意义，统一思想，高度重视，精心组织，确保中国茉莉花文化节的成功举办。

2. 明确分工，狠抓落实。各活动项目承办单位要按照中国茉莉花文化节活动方案的分工和职责，组建相应的工作班子，主要领导负总责，分管领导具体负责，落实责任，根据总体方案的分工和要求，结合承担的工作任务，按时制定高标准、详细具体的实施方案。要采取有效措施，树立以我为主，勇于担责的观念，加强与相关单位的协调配合，确保筹办工作扎实、高效进行。

3. 积极参与，通力合作。参与中国茉莉花文化节筹办工作的各级各有关单位，要树立全县一盘棋思想，顾全大局，积极参与，全力以赴，通力合作，尽职尽责地把各项筹办工作做到位，不留死角。中国茉莉花文化节各项活动实施方案出台后，县公安、交通、规划建设、卫生、消防、气象等部门要据此抓紧起草相应保障方案报组委会审定后组织实施。

4. 加强督查，严肃纪律。各级、各部门和各单位要无条件执行县委、县政府决策，坚决落实组委会下达的各项工作任务，不找理由、不讲价钱。组委会办公室要加强对各项筹办工作的督查，确保中国茉莉花文化节圆满成功。

二〇〇九年八月二十八日

第九章 田园综合体

“令人永远怀恋、向往的景象莫过于愉快的劳动，风调雨顺的田野，明媚的花园，丰收的果园，整洁、甜蜜、宾客盈门的家园和生机盎然的嬉笑之声。甜蜜的气氛不是沉静，而是轻声回荡——婉转的鸟啼，喊喊的虫鸣，成人的低声细语，顽童的尖声叫闹。当你熟悉了生活的艺术，终将领悟一切可爱的事物都是必不可少的——路旁的野花和精耕细作的谷物，林中的飞禽走兽和精心喂养的家畜。因为人类不仅要靠面包生活，而且要靠荒漠中的吗哪，要靠各种动人的语言和上帝的神奇作用。”

——[英]拉斯金《以此告终》

（Unto This Last，1862）

“我能够理解为什么有的人什么都不想要，而只想过一种简单的生活：在云中，在松下，在尘世外，靠着月光、芋头过活。”

——[美]比尔·波特《空谷幽兰》

（Road to Heaven，2006）

自20世纪90年代以来，中国经历了飞速的经济发展与科技变革，不断升级的工业化、商业化、信息化进程使得都市生活愈发繁华、热闹、忙碌。然而，进入后工业化时代的人们，在物质生活水平迅猛提升的同时，也面临着在浮华、光鲜的城市霓虹之下，迷失于机器至上、知识过载以及不断提速的生活节奏之中，堪忧的空气、拥堵的交通、爆炸的人口，不断涌现的城市问题冲击着一部分人群，他们心中持有"归隐田园、返璞归真"的期待与憧憬，试图利用闲暇时间在自然乡野之中找寻一份宁静，消解都市弊端的焦虑。另一方面，在工业化和城市化的初始阶段，农业支持工业，为工业提供积累是一种普遍性的趋向[1]。而绝大多数乡村聚落皆是自然形成，布局规划散乱、无序，已无法与现代农村居民的生活需求相匹配；农业产业受自然和市场双重因素影响，农业附加值有限且低效，乡村低效粗放的经济模式、固化落后的基础设施促使大批乡村年轻人放弃耕作、纷纷流出，造成农田空置、农村空心化、老龄化问题，导致农业衰退、乡村的社会功能逐渐退化和缺失[2]。

1 雷黎明. 广西田园综合体建设的思考与探索[J]. 当代农村财经，2017(8): 48-53.

2 杨柳. 田园综合体理论探索及发展实践[J]. 中外建筑，2017(6): 128-131.

从城乡互动来说，农村人对光怪陆离的都市生活充满向往，都市人对自然诗意的田园生活无比惦念。其实，在人类发展的早期阶段，农业是人的基本生存方式，人与自然的关系从"敌对"逐渐转变为"互相依赖"。人的存在成为一种植物性的存在，人的心灵是一种乡村的心灵，并在乡村的基础上形成了城镇[3]。城乡分异随着历史发展而出现，但城市与乡村自始至终相互依存。城乡关系是最基本的社会关系之一，一旦失衡将成为国家经济和社会最大的结构失衡，因此打破城乡关系的藩篱，重构城乡关系成为治理城乡问题的重中之重。20世纪英国著名的城市学家埃比尼泽·霍华德（Ebenezer Howard）在其著作《明日的田园城市》一书中首次提出"用城乡一体的新社会结构形态来取代城乡分离的旧社会结构形态"，从社会顶层设计的理论高度提出将乡村和城市的改进作为一个统一的问题来处理。其提出的"三磁铁"模型

3 [德]奥斯瓦尔德·斯宾格勒. 西方的没落[M]. 上海：上海三联书店，2006.

图 9-1　英国乡村田园风光考茨沃兹（Cotswolrds）

构建的是一种兼具城市和乡村优点的社会生活形态，以广大人民利益为导向，是能够吸引居民迁居至此的理想空间。

从区域空间来说，空间需求的多样性是人类生产历史发展的显著特征之一。随着社会的发展，不同的空间类型占据空间需求的主导地位不断发生变化，进而引发空间结构的变动。农业社会时期，人们对食物极为需求，生产、生活活动主要以农业为主，乡村作为极为重要的生存与繁衍空间，形成乡村空间（Rural Space，RS）；工业文明的诞生推动城镇发展，人口涌入城市，专业分工促进跨区域合作，此阶段以城镇空间（City Space，CS）和交通空间（Transport Space，TS）需求为主；进入后工业时

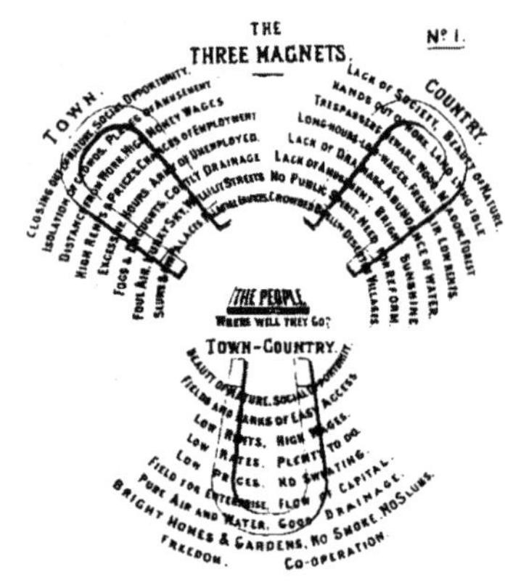

左面的磁铁：城市	远离自然；社会机遇；群众相互隔阂；娱乐场所；远距离上班；高工资；高地租；高物价；就业机会；超时劳动；失业大军；烟雾和缺水；排水昂贵；空气污浊；天空朦胧；街道照明良好；贫民窟和豪华酒店；宏伟大厦
右面的磁铁：乡村	缺乏社会性；自然美；工作不足；土地闲置；提防非法侵入；树木、草地、森林；工作时间长；工资低；空气清新；地租低；缺乏排水设施；水源充足；缺乏娱乐；阳光明媚；没有集体精神；需要改革；住房拥挤；村庄荒芜
下面的磁铁：城市一乡村	自然美；社会机遇；接近田野和公园；地租低；工资高；地方税低；有充裕的工作可做；低物价；无繁重劳动；企业有发展余地；资金周转快；水和空气清新；排水良好；敞亮的住宅和花园；无烟尘；无贫民窟；自由；合作

图 9-2　埃比尼泽·霍华德"三磁铁"模型[1]

1 ［英］埃比尼泽·霍华德. 西方的田园城市 [M]. 北京：商务印书馆，2000.

期和信息化时代，过快的经济发展带来一系列环境问题，"宜居"成为人们的关注焦点，对生态空间（Ecology Space，ES）的需求愈发强烈。

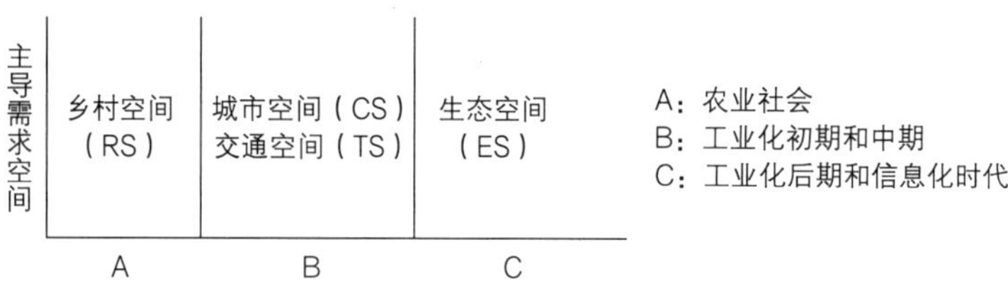

图 9-3　空间需求主导地位的更替规律[2]

2 刘传明，曾菊新. 区域空间供需模型与空间结构优化途径选择 [J]. 经济地理，2009, 29(1): 26-30.

如何破除城乡二元结构，高效地实现城乡融合？如何打造城市、农村居民安居乐业的生态空间？如何逆转乡村人口向城市迁移的潮流，促使他们返回故土？如何让都市人民从想象的精神家园真正走进现实田园？党的十七大以来，坚持走中国特色农业现代化道路，并建立了以工促农、以城带乡的长效机制，而此时"田园综合体"顺势而生，通过考察调研新时代居民的审美偏好、消费需求及生活理念，利用绿色、可持续性的技术手段来进行规划建设，从而打造生产、生活、生态有机融合的新空间；通过创新性的生产方式和运作模式将乡村的"田园优势"塑造成为农村发展的核心竞争力，弥合城市与乡村融合的断层，使"田园"真正成为"城乡命运的共同体"和"诗意栖居的理想地"。

第一节　理想家园的回归——田园综合体概念诠释

2017年中央一号文件中首次提出“田园综合体”这一概念，其目的在于深入推进农业供给侧结构性改革，关键价值在于其“综合性”：实现农村生产、生活、生态的“三生和谐”，一、二、三产业的“三产融合”，农业、文化、旅游的“三位一体”。在“以人为本”的建设思路下，田园综合体的诞生，之于农民，通过将农业和其他产业融合发展，进一步增加农业附加值，推进乡村美丽田园路线设计，使农村的年轻人愿意留在家乡，在收获经济利益的同时，享受现代化、便利的生活环境；之于市民，赋予农业在观光以外的深度消费价值，将田园塑造成为能够寄托城市居民乡村情怀的浪漫主义生活空间，将农村打造成为都市人向往的田园小镇。

图 9-4　无锡阳山镇的田园东方项目其实质是一个带有市民农园性质的房地产项目

1.1 田园综合体的产生沿革

“田园”一词包括“田地”（Fields）和“园圃”（Gardens）。田园首先能够呈现的是人与自然和谐共生的关系：“新环境主义”学派的罗德里克·弗雷泽·纳什（Roderick Fraser Nash）在著作《大自然的权利》中指出，在哲学和法律的特定意义上，大自然具有人类应予以尊重的内在价值[1]，田园体现的正是人类与自然之间的一种合理的伦理关系。“田”字让人联想到“乡”，人文内涵也因此突显出来，田园作为“乡村文化”的物化意向，反映的是生活与人类情感的融合，其作为一个地域性的空间构成，在发展及演变过程中，无不受着传统文化的渗透和影响[2]。中国最古老的诗歌总集——《诗经》作为田园诗的源头，表现了田园作为生于斯、长于斯的场所，令人感到亲切、留恋；而东晋时期之后，大批文人雅士更是从田园朴实无华的清淡之美中体味出闲适自得的处世哲学，并产生中国文学史上的田园诗派，如陶渊明、王维、孟浩然等。在西方研究中，不同于早期对“原野”或者“荒野”（Wilderness）的崇拜和敬畏，16 至 17 世纪“农业推广主义”的出现，将“耕耘土地”作为文明的象征，规整的田园耕作景观逐渐成为令人愉悦的景观[3]；发源于 19 世纪英国的“田园主义”（Arcadianism）反映的正是人与自然的这种合作关系。

“综合体”是能够呈现综合形态、集合多种功用的聚积体，此概念最早应用于建筑领域。“建筑综合体”在《中国大百科全书》中被定义为多个功能、不同空间组合而成的建筑，法国著名建筑大师勒·柯布西耶（Le Corbusier）于 1946 年在法国马赛市建成的马赛公寓被誉为现代建筑综合体的雏形，设计者采用自由、综合、开放的设计理念，为住户提供融合住宿、商店及各种公共设施的居住单元，方便住户在公寓内部延续和发展日常生活。此后，在城市急剧发展、资源逐渐匮乏的现实情况下，“城市综合体”作为建筑综合体的本质升级与空间延伸，成为高效率、综合化、集

1 ［美］罗德里克·弗雷泽·纳什. 大自然的权利 [M]. 山东：青岛出版社，2005.

2 刘丹. 关东田园景观风景美学及景观文化研究 [D]. 长春：东北师范大学，2016.

3 张海霞. 国家公园的旅游规制研究 [D]. 上海：华东师范大学，2010.

约化的城市形态之一，它将“人”的概念纳入其中，集社会生产、商业行为和人的关联性活动于一体；城市综合体在建筑综合体基础上进一步发展而形成的超大规模建筑群落，与外界环境的联系更加紧密，带动区域城市化的发展。之后，随着旅游产业的蓬勃兴起，综合体这一概念被迁移至旅游领域，在2008年杭州市委十届四次全会提出修建100个城市综合体战略规划时，首次提出以旅游为主题的综合体建设，自此，“旅游综合体”逐渐成为旅游规划和城市发展关注的新热点；相较城市综合体，旅游综合体为满足于旅游服务要素的高度复合，其功能是为游客提供旅游休闲的集聚中心。农村的发展强调创新产业和业态，“农村综合体”改变陈旧的农村生产方式，在特定的空间尺度中，在农业基础上增加相关支持产业的拓展，形成以农业为核心、多产业协同发展的运作模式。“田园综合体”仍基于农村这一物理空间，但以意境化的“田园”一词为此空间赋予情感化的精神内核，旨在将其打造成为农村和都市居民提供复合功能的场所。

图9-5 “综合体”的概念迁移

从农村产业的升级变革来说，在传统农业时期，农村以粮食种植、农作物出产为主，以增加生产和市场粮食供给为特征，农业受多种因素影响，经济风险较大。之后农村城镇化的发展引导农业结构从低层次向高层次升级转化，在保证农业规模化、集约化经营的同时，通过创意农业的方式将功能单一的传统农业及农产品转变为新业态的载体。据统计，2016年我国家庭农场、农民专业合作社、农业产业化龙头企业等新型农业经营主体竞相发展，总量达到280万个，其中各类家庭农场达到87.7万家，从家庭农场演化出的自营式休闲农业为游客提供文化体验的活动，是挖掘农村旅游价值的落脚点。田园综合体在建设逻辑上与城市综合体相似，强调多元化、多业态的发展思路；在核心理念上为城市和农村居民提供一种健康、可持续的生活方式。

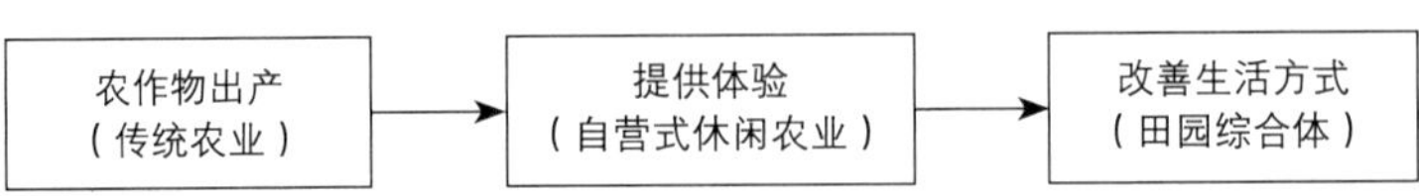

图 9-6　田园综合体的演化过程[1]

1　孙吉浩．“田园综合体”模式下休闲农庄设计研究 [J]．中外建筑，2017, 11: 113-115.

1.2　田园综合体的概念辨析

目前看来，田园综合体作为一个新兴词汇，在国内已经受到政府部门、企业界及学术界的广泛关注，但迄今为止，关于田园综合体的概念本质众说纷纭，还未达成共识，归纳而言主要有以下三种观点：

1．“产业群”说

这种观点将田园综合体看成多个产业集聚的载体，引领乡村区域资源共生、聚合增值，是一种“农业 + 文创 + 新农村”的综合发展模式，在保障乡村与自然和谐发展的基础上，以现代农业为基础，以旅游为驱动，实现农业、加工业、服务业的有机结合，形成以原住民、新住民和游客等几类人群为主的新型社区群落[2]。田园综合体具有极长的产业链，按照层次而言分为：核心产业、支撑产业、配套产业、衍生产业，包括以农为本作为核心产业；支持农产品研发、加工、推介和促销的支撑产业；为创意农业创造服务环境和氛围的配套产业，以特色农产品和农业创意文化成果作为要素投入的衍生产业[3]。按照产业性质分为三类，见表 9-1。

2　陈德好，徐志平．打造新业态，培育新功能——田园综合体综述 [J]．福建农业，2017, (6): 4-7.

3　雷黎明．广西田园综合体建设的思考与探索 [J]．当代农村财经，2017, (8): 48-53.

2．“方法论”说

田园综合体的提出是基于一种商业模式方法论，其出发点是主张以一种可以让企业参与、具备商业模式的顶层设计，将城市

1 王剑非，高智，崔荣宗. 以标准化手段统筹田园综合体，建设发展现代农业促进农民增收[J]. 中国标准化，2017(18): 72-73.

田园综合体的产业群布局[1]

表 9-1

产业	在田园综合体中的作用	产业发展要求
第一产业	田园综合体的基础	始终坚持绿色、循环、可持续的发展底色，着力打造种植业、养殖业、生态渔业等
第二产业	田园综合体的基础	紧紧围绕客户群需求，在特色农产品深加工的基础上注意标准化的安全保障。
第三产业	田园综合体的关键	进一步拉长、加宽休闲旅游、农业采摘、农耕体验、养生养老等产业链条，最大限度满足不同层次的消费需求。

2 弧骛. 田园综合体（上）[J]. 湖南农业，2017(04): 10.

元素与乡村结合、多方共建的开发方式，创新城乡发展、形成产业变革、带来社会发展，重塑中国乡村的美丽田园[2]。该观点是将田园综合体看作一个乡村商业系统，按照“总体设计”的思路探索乡村经济模式、运营结构和战略方向的整合和提升，其本身作为梳理乡村发展逻辑的一种概念性工具，能够通过创造村民和游客价值、建立内部结构，并形成品牌效应来开拓市场、传递价值并获得利润。

3. “一体化”说

田园综合体是城乡一体化发展的历史产物，是城乡融合发展的解决方案之一。在城市化和工业化发展到一定程度后，工业反哺农业、城市支持农村，实现城市与农村的协调发展。对农民来说，田园综合体是接触外界、打开眼界的窗口，体验城市化的生活休闲方式[3]；对市民来说，田园综合体是在喧嚣的世界中所能寻找到避世休憩、亲近自然的居所。因此，田园综合体的建设鼓励开放、共建，最终形成的是一个城乡共享的开放型社区，不同文化得以在此交融互动。

3 邵海鹏. 水蜜桃之乡的“田园综合体”：农家乐和特色小镇合体[N]. 第一财经日报，2017-5-4(A01).

在与其他相关概念的区分辨析方面，“田园综合体”与霍华德提出的“田园城市”概念在核心理念方面是相似的，都是克服城乡对立形成的非人性化弊端，利用人工环境与自然环境相结合的规划手法。前者是以乡村为基础，在乡村田园景观和功能的基础上规划形成能够满足现代人群居住、游憩、消费的空间实体；后者是以城市为基础，以人性化的方法处理城市的各项功能要素，以绿地为空间手段解决因高度工业化和商业化而异化的城市社会病态问题[1]。另有学者对乡村发展范畴下的几个相近概念进行了异同比较，如表 9-2：

1 张捷，赵民. 新城规划的理论与实践：田园城市思想的世纪演绎 [M]. 北京：中国建筑工业出版社，2005.

2 冯建国，张燕，朱文颉. 浅论田园综合体 [J]. 北京农业职业学院学报，2017(5): 5-9.

田园综合体与其他相近概念的异同比较表[2]　　表 9-2

	田园综合体	休闲农业园区	美丽乡村	特色小镇
实施主体	企业	企业、专业合作社	行政村	镇、村搭平台，企业为主体
产业定位	农业、文旅、地产	农业、农产品加工、休闲体验	农民生活为主，兼顾现代农业、休闲体验	发展现代农业、文旅、休闲度假
主要服务对象	市民、农民	市民	农民、市民	农民、市民
目标和路径	生态建设、盈利	生态建设、盈利	生态建设、提高农民生活质量	生态建设、综合发展
规模	无明确规定，一般较大，可跨行政区域	无明确规定，一般较小	一般为行政村区域	规划面积约 $3km^2$

田园综合体与其他相近概念的共同点在于：都是以农业资源作为基础，产业定位于一二三产的融合，助力农村的经济社会发展。田园综合体的突出价值在于其可以成为体现“公共游憩权”的实体空间：公共供给的休闲游憩空间能够成为不同社会阶层汇集的场所，在这个空间人人应当享有均等的游憩“机会”，田园综合体不仅仅服务于城市居民，更可以成为乡村居民的休闲乐园，不仅能够满足城市和乡村居民的游憩需求，而且能在乡村文化的培育和地方社区的稳定团结方面产生重要作用。

1.3　田园综合体的发展评述

2017 年中共中央、国务院公开发布《关于深入推进农业供给侧结构性改革，加快培育农业农村发展新动能的若干意见》，这是改革开放以来第19份以“三农”为主题的一号文件，也是“田园综合体”作为乡村新型发展亮点举措首次被写进中央一号文件。中央指示：当前我国农业发展环境已发生重大变化，农业的主要矛盾由总量不足转变为结构性矛盾，突出表现为阶段性供过于求和供给不足并存，矛盾的主要方面在供给侧，推进农业供给侧结构性改革，是当前和今后一个时期“三农”工作的主线。[1] 2017年5月24日，财政部发布《关于开展田园综合体建设试点工作的通知》(财办［2017］29号)，《通知》中指出，田园综合体的建设指导思想即深入推进农业供给侧结构性改革，积极探索推进农村经济社会全面发展的新模式、新业态、新路径。因此，田园综合体概念的提出，并非单纯考虑农业发展问题，而是国家从战略层面对整体经济社会发展的考虑和布局。按照三年规划、分年实施的方式，财政部确定河北、山西、内蒙古、江苏、浙江、福建、江西、山东、河南、湖南、广东、广西、海南、重庆、四川、云南、陕西、甘肃18个省份开展田园综合体建设试点；中央财政从农村综合改革转移支付资金、现代农业生产发展资金、农业综合开发补助资金中统筹安排，每个试点省份安排试点项目1～2个。2017年6月13日，国家农业综合开发办公室发布《关于开展田园综合体建设试点工作的补充通知》(国农办[2017]18号)，决定国家农业综合开发重点支持河北、山西、福建、山东、广西、海南、重庆、四川、云南、陕西10个省份开展田园综合体建设试点，每个试点省份安排试点项目1个。其中，2017年，河北、山东、四川等粮食主产省安排中央财政资金5000万元，山西、福建、广西、海南、重庆、云南、陕西等非粮食主产省安排中央财政资金4000万元。2017年7月27日，国家农发办组织开展首批农业综合开发支持田园综合体试点项目集中评议，由7位专家组成的专家组对河北等10个试点省份申报的项目实施方案和项目规划进行政策合规性评议[2]。

1 韩俊. 供给侧结构性改革是塑造中国农业未来的关键之举[N]. 人民日报，2017-2-6(10).

2 解希民. 首批田园综合体试点项目进行集中评议[N]. 中国财经报，2017-8-1(002).

田园综合体的产业群布局　　表 9-3

序号	省份	试点项目名称
1	广西	广西壮族自治区南宁市西乡塘区美丽南方田园综合体
2	河北	河北省唐山市迁西县花乡果巷田园综合
3	山西	山西省临汾市襄汾县四季庄园田园综合体
4	福建	福建省武夷山市五夫镇田园综合体
5	山东	山东省临沂市沂南县朱家林田园综合体
6	海南	海南省共享农庄（农垦 – 保国）田园综合体
7	重庆	重庆忠县三峡橘乡・田园综合体
8	四川	重庆忠县三峡橘乡・田园综合体
9	云南	云南省保山市隆阳区田园综合体
10	陕西	陕西省铜川市耀州区田园综合体

第二节　诗意栖居的探索——田园综合体建设理念

田园综合体是乡与城的结合，农与工的结合，传统与现代的结合，生产与生活的结合，以乡村复兴和再造作为目标，通过吸引各种资源及凝聚人心，给日渐萧条的乡村注入新的活力，重新激活价值、信仰、灵感和认同的归属[1]。“新乡村主义”的理念正是基于城市和乡村交互与融合发展的顶层设计思路，旨在从乡村本土文化中挖掘灵感，与现代生活的各种要素相结合，重构一个具有地方特色和田园氛围的开放社区。田园综合体作为“新乡村主义”的现实载体，能够有效连结乡村性和现代化的生活需求，在实际建设中需要尊崇“基础设施城市化、环境景观乡村化”的规划理念[2]，真正使田园综合体成为城市与乡村边界的结合带和融合区。

1　刘奇.“天字一号”的国家命题：田园综合体（上）[J]. 中国发展观察，2017(Z2): 102-104.

2　Zhou Wu-zhong: The Exploration of Rural Landscape in China[C]. XXV International Horticultural Congress, 2-7 August 1998. Brussels, Belgium.

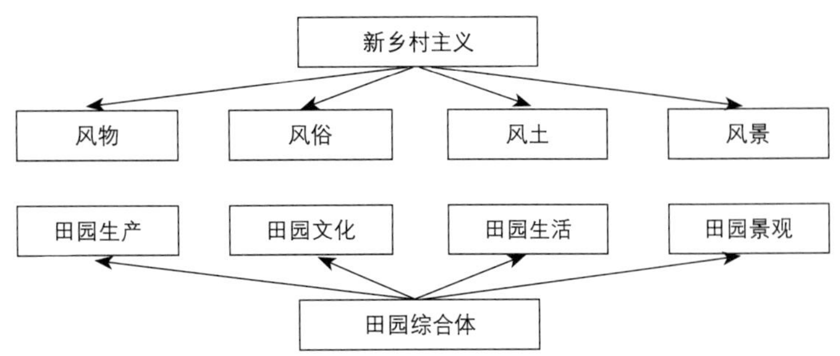

图 9-7　新乡村主义与田园综合体

2.1　尊崇可持续性：循环农业

田园综合体中央文件提出的基本原则之首是“坚持以农为本”，逐步建成以农民合作社为主要载体，让农民充分参与和受益，集循环农业、创意农业、农事体验于一体的田园综合体。农业基本职责是保证粮食安全，农业产业服务必须以农业作为基础，其他产业绝不能代替农业作为主导产业[1]。1991 年，联合国粮农组织（FAO）在荷兰召开的农业与环境会议通过《关于农业和农村发展的丹波宣言和行动纲领》（简称“丹波宣言”），首次将农业的可持续发展与农村发展联系起来，定义“可持续农业”（Sustainable Agriculture）为“采取某种使用和维护自然资源的基础的方式，以及实行技术变革和机制性改革，重点集中解决重大的稀缺农业资源和重大自然资源问题，以确保当代人类及其后代对农产品需求得到满足。这种可持久的发展（包括农业、林业、渔业）要维持土地、水和动植物资源，不会造成环境退化；同时在技术上适当可行、经济上有活力、能够被社会广泛接受”。

1 吴明华. 田园综合体：理想如何照进现实 [J]. 决策，2017(7): 20-23.

回归田园，以农业资源为基础的田园生态成为田园综合体的核心吸引物，而如何高效保护农业生态环境，提高农业物质资源的多级循环利用，优化农业生态系统的内部结构，“循环农业”能够成为实现农业可持续发展战略的一条重要途径。基于循环经

农业可持续概念的提出过程　　表 9-4

时间	人物或组织	事件	说明
1962 年	蕾切尔·卡逊	《寂静的春天》出版	对“征服大自然”理念的质疑，唤起人们的环保意识
1968 年	汤姆·戴尔与弗·卡特	《表土与人类文明》出版	研究土壤与人类文明之间的关系，表明文明衰败与土地资源过度利用有关
1985 年	美国加州议会	通过《可持续农业研究教育法》	提出“可持续农业”概念
1987 年	联合国世界环境与发展委员会（WECD）	《我们共同的未来》报告	表达“环境危机、能源危机和发展危机不能分割”，要以“持续发展”作为行动指南
1991 年	联合国粮农组织（FAO）	《丹波宣言》	完善定义“可持续农业”概念

济论，倡导万物和谐共存发展的伦理观，农业循环经济主要分为4个环节，分别是：农产品生产循环层次、产业内部循环层次、产业间循环层次和农产品消费循环层次[1]。

1　苟在坪．大力发展农业循环经济是实现农业可持续发展的有效途径 [J]．再生资源与循环经济，2008, 1(9): 40-43.

从循环农业的微观范畴来说，可将其定义为：利用物质循环再生原理，在农作系统中推进各种农业资源往复多层与高效流动的活动，实现生产较少的废弃物，提高资源利用效率。“万物并育而不相害，道并行而不相悖”，其实，在中国农业历史的演进中，

图 9-8　大自然生态景观

这种循环共生思想的农业生态智慧就已经不断地在农业实践中显现出来。美国农业部土壤局局长富兰克林·H·金教授在考察东亚三个国家的农耕体系后写下《四千年农夫》(Farmers of Forty Centuries) 一书，记录了东亚农业生产者真实的生活环境，书中记载了中国农民几千年来的耕作方法，如积极种植能够固氮的豆科作物以及收集一切可能的有机物质，包括人畜粪便、枯枝落叶、残羹剩饭、河泥、炕土、老墙土以及农产品加工过程中的废弃物等，采用堆肥和沤肥等多种方式。把它们转变为有机肥料施用到农田中，以保持土壤的肥沃[1]。再如陕西关中平原以苜蓿为中介的"粮草牧"轮作农业，解决了耕地连续多年作业消耗地力的问题；《菱湖镇志》中记载的三国时期的"盼幸塘"，形成水田、鱼塘、桑地多种元素共生的动态生态系统[2]。在现代化的农业发展阶段，利用新型的绿色环保技术和物种多样化微生物科技在农林牧渔等多模块间形成整体生态链的良性循环。以无锡阳山镇的"田园东方"田园综合体为例，它将雨水通过管道收集和处理后用于园林灌溉、道路洒水和消防用水，将地表水处理结合生态景观的打造，通过生态收集和净化之后再利用；田园综合体的水塘系统采用软质驳岸结合水生植物净化水体，打造生态自然的水塘景观；并在园内构建自然复合的植被防护系统，综合阻挡地表径流，防治水土流失，滞留淀积过滤泥沙[3]。

从循环农业的宏观范畴来说，综合体的关键在于综合规划、综合运营，统一配置，有利于将乡村土地、农业资源等各生产要素集中纳入农村的农业系统中，构建一个良性的大循环。我国乡村长期以来有分散居住的习惯，呈现传统乡村规模小、位置分散、距离远、土地等资源使用不节约等现状。田园综合体立足当地区位优势、资源优势和产业优势，在尊重自然、尊重规律、尊重当地民俗的前提下，对当地农村的资源禀赋和乡村传统文化等进行系统梳理、综合利用。引导乡村社区居民集中连片居住，集中建设配套设施，提高生产生活条件的便利，实现资源的有效利用和

1 ［美］富兰克林·H·金. 四千年农夫：中国、朝鲜和日本的永续农业 [M]. 北京：东方出版社，2011.

2 陈阿江. 共生农业：生态智慧的传承与创新 [N]. 中国社会科学报，2017-12-15(006).

3 冯建国，张燕，朱文颉. 浅论田园综合体 [J]. 北京农业职业学院学报，2017(5): 5-9.

生产要素最大利用化的组合分配[1]。此外，可持续性的生产运作离不开科学有序的治理模式。田园综合体的核心是“为农”，以农业作为发展基石，充分利用农田景观、生态环境、农耕文化等特色农业资源，通过农村集体组织、农民合作社等渠道让农民参与乡村建设治理，吸取城市综合体的运营经验实现农村的社区化管理，强化同村社共同体之间的联系纽带。引入市场化机制，通过企业承接农业，可以避免实力弱小的农户的短期导向行为，社会资本也能够为农村带来资金和技术，但在实践中，田园综合体投资大、周期长，必须注意社会资本对农村资源的过度侵占，以及对农民权益的挤出效应，避免脱农情况的发生[2]。

1 杨礼宪. 合作社：田园综合体建设的主要载体 [J]. 中国农民合作社，2017(3): 32-34.

2 乔金亮. 建设田园综合体的核心是“为农” [N]. 经济日报，2017-8-8(013).

2.2 挖掘文化内核：创意农业

城市发展的过程是一个有着丰富内涵的社会化过程，一种文化的价值系统决定着城市空间与土地使用的状态，文化要素是布局形成过程的中心要素[3]，乡村亦如此。美国在农村规划中特别强调融合两种元素以提升价值的理念，其一是景观的生态价值，其二则是文化价值[4]。当多元化的中国传统乡村文化碰撞上现代化的游憩、宜居需求，挖掘本土文化，以“人的尺度”统摄技术进行创新设计，是田园综合体建设的重要理念之一。将世代形成的风土民情、乡规民约、民俗文化，融入田园综合体的创意农业项目，让人们体验农耕活动和乡村生活的苦乐与礼仪，以此引导人们重新思考生产与消费、城市与乡村、工业与农业的关系[5]，进而起到反思自身、教育后代的作用。

3 张捷，赵民. 新城规划的理论与实践：田园城市思想的世纪演绎 [M]. 北京：中国建筑工业出版社，2005.

4 吴安湘. 国外农村景观规划设计经验浅探 [J]，世界农业，2013(1): 32-34.

5 刘奇. “天字一号”的国家命题：田园综合体（上）[J]. 中国发展观察，2017(Z2): 102-104.

创意农业促使农业具备多功能性的特征，与田园综合体的复合性、综合性相契合，是将知识的原创性和变化性融入具有丰富内涵的农业文化之中，在产品产销过程中纳入创造性设计，通过“越界”将不同行业、不同领域的元素进行重组，从而催生新型的产业发展模式。创意思维是基于文化衍生的发散性思维，田园综合体是基于田园文化肌理的多层次、多功能的建设实体，有学者从经济体系视角提出未来生活的七大田园产业标准：

田园综合体的产业群布局[1]　　表 9-5

序号	名称	说明
1	庄园经济	生产专业化、生活休闲化、文化多元化、生态单元化、产业复合化、运营品牌化的精品庄园与规模农场集群
2	农创经济	农业技术与生活艺术的有机创意经济
3	生态经济	生物与能源、自然农法与循环经济
4	归隐经济	禅修养生、书院私塾、宗教宗祠等精神载体
5	户外经济	海、陆、空户外与风景体验经济
6	村市经济	美丽乡村、特色小镇、田园综合体、农业嘉年华等村镇经济体
7	野奢经济	环保、智能、移动、模块集成式野奢化建筑集群与相关景观体系

创意型的田园景观既不同于都市公园，又区别于传统的农业生产场景。田园综合体最终指向的使用者和消费者是村民和游客，为保证可持续地运营，必须考虑田园综合体的建设是否能够满足他们的使用需求。因此在创新设计时可以综合考虑田园综合体所能呈现的“生产性”“地域性”以及“互动性”，从这三种特性出发寻找创意的灵感。

首先，农业本身反映的是人与土地之间一种循环往复的“劳作—收获”互动关系，农业作物的生长需要土壤、气候、阳光以及人的劳动。农场的审美价值本质在于它所传达信息的文化性理解：即获得食物的信息[2]，因此农业的生产性和实用价值成为构建创意农业的基本前提。创意农业通过文化创意创造农业及农产品的高附加值，但有一项坚守的原则不能改变，即维护原汁原味的田园肌理，尊重原始的山水骨架，保护乡土自然植物的特性，最大限度地保留农田的生产特性，确保田园景观资源的多样性[3]。田

1 轰伟. 创意乡村 4.0 视角下的田园综合体建设 [J]. 杭州：党政刊，2017(15): 29-31.

2 张敏. 农业景观中生产性与审美性的统一 [J]. 湖南社会科学，2004(3): 10-12.

3 韩伟宏. 田园综合体乡村景观规划设计发展新模式研究与实践 [J]. 现代农业科技，2017(16): 295-296.

园综合体的生产性可以表现在生产过程和生产结果两方面。从生产过程的创意思维来说，将新型种植技术和现代农业耕作方式植入田园景观之中；一方面推动乡村现代化和多元化的农业生产，另一方面为观者呈现一个不断变迁和发展中的田园空间，例如利用“无土雾化技术”培育出的“空中农园”；而对农民来说，耕作劳动的行为本身在实现生产功能的同时，也成为了创造田园景观的一种空间艺术，因此田园综合体不仅仅呈现的是静态的、物化的田野作物和山水景观，还应该表现出动态的、生活化的乡村劳作场景，这样田园氛围的连续性才能够体现真正意义的村落原风景；对于无法在现实中还原的农耕场景和农耕器具，田园综合体可以利用室内空间，借助现代多媒体技术进行影音体感的多维呈现。从生产成果的创意表现来说，一是农产品加工形式的创新衍生，即延长农业产业链。田园综合体的消费人群不仅想要在田地旁采购未加工、纯天然的初始农产品，还会因游憩、休闲的需求体验更多“就地取材”的农产品加工品，如日本的大王芥末农场就为游客提供了芥末荞麦面、芥末天妇罗、芥末冰淇淋以及芥末啤酒等多种选择，广受欢迎。二是农产品品牌的创新塑造。中国丰富的农业物产资源需要市场和资本力量去整合，如“红米计划”的红米就是来源于云南元阳，将令人瞩目的世界非物质文化遗产——哈尼梯田上种植的无污染、无化肥、无农药的红米通过系统包装和营销推向市场。

其次，创意农业的创意特质决定了它的文化属性，田园综合体的特色化打造需要立足于迥异的地域文化。传统的乡野村落多是积久聚居而成，经过长时期的发展演变，传统的乡村文化经过选择、转换和重新解释后，在社会的变迁下被层层重叠和整合在新文化结构之中。田园景观的意象表现为生活在这一地域的人群所创造出的田园文化的空间形象，在塑造有创意的田园景观时应注重对地域元素的认知和利用，将一个地区的历史文脉、地域条件、社会发展等提炼为独特的场所性格，从而吸引人们进入和感知。例如温州的楠溪江古村落，作为中国耕读社会文化形态的活标本，有着“耕为本务、读可荣身”的传统理念，早期时候“耕”的定义是“经济基础”，“读”的定义是“考取功名”，后来经过历史迭代，“耕读文化”逐渐演变成一种半耕半读、修身养性的生活方式，以“耕读文化”为创意源头的田园综合体可以考虑打造融合“回归自然”和“回归传统文化”的修学旅游类项目[1]。再如从19世纪开始，芬兰人开始对民族景观产生初认知：独特的自然景观——水、森林和起伏的地形成为芬兰乡土艺术和现代设计灵感的来源，以湖泊文化衍生出的各类创意项目塑造出了区别于其他国家的芬兰特色[2]。因此，基于地域性特征挖掘地区文化内核而提取的要素，皆可成为田园、村落、山水改造和设计的创意灵感。

1 肖胜和，方躬勇，李健. “耕读文化”的旅游开发利用研究——以浙江楠溪江流域古村落为例 [J]. 资源开发与市场，2007(04): 366-368.

2 王向荣，林箐，蒙小英. 北欧国家的现代景观 [M]. 北京：中国建筑工业出版社，2007.

再者，田园综合体作为城乡一体化的载体，为有效促进都市与乡村的交流互通，从创意农业的互动性角度出发，结合游客多元化的消费与游览需求，可以考虑增加兼具趣味性、艺术化、创新性的田园景观项目，为游客提供可以参与互动的活动空间，从而提升其旅游体验价值，也同时为农业生产者带来高经济附加值的回报。例如美国的“玉米迷宫”（Maize Maze），就是利用具有遮蔽性的玉米高秆作为迷宫隔挡，根据不同时期玉米作物的生长情况，种植、建造不同主题、方案迥异、适合于人们参与娱乐的“迷宫阵”，使人们在享受田园风光的同时获得“自然探险”的愉悦感，吸引了大量游客。此外，科学技术的升级也为城乡互动带来了新的发展机会。物联网技术的出现，加速了“社区支持农业”（Community Supported Agriculture）模式的应用与推广，这是一项起源于瑞士的农业项目，都市消费者为能够采购到新鲜、天然的食材，与生产有机农产品的农民达成供需协议，并直接由农场送上门，农民和消费者互相支持、风险共担、利益共享，借助物产搭建城乡之间的桥梁。如今美国、日本等国家在农业物联网的建设方面已取得初步成果，因此通过经验借鉴，可以考虑在田园综合体的建设初期将农业物联网应用纳入建设方案之中进行统筹设计。

1 赵晓飞，肖文韬．商业生态系统视角下我国农业物联网发展战略与政策研究 [J]．中南民族大学学报（人文社会科学版），2017, 37(6): 137-141.

美国、日本农业物联网发展模式比较[1]　表 9-6

国别	背景	发展模式	特点	应用主体
美国	土地资源丰富，人口相对稀少	智能化精准农业物联网模式	大农场引领农业物联网应用 + 推进农业数据标准化 + 广泛采用 3S 技术	家庭农场
日本	土地资源短缺，人口密度高	智能化设施农业物联网模式	种植工业化 + 设施农业智能化和自动化 + 大力普及农用机器人	农户 / 农协

2.3 复刻田园生活：体验农业

从农业与乡村的关系来说，农业文明作为村落发展的源头和基石，支撑着区域乡村共同体的活动，农业活动本身根植于自然和乡村共同体之中，使整个乡村保持源源不断的活力。从人类与农业的关系来说，马克思认为，人类进行农业生产不仅仅是为了维持肉体的生存并繁衍种族，还有超出这些最低目标之外的需要，正是这些需要标志着人类的本质。人类不只把农业环境看作是进行劳作的对象，还把它看作是人类本质力量的象征；马拉·米勒认为，对农业的审美欣赏依赖于它们传达出的伦理和关于民族生活的能力[2]；可以说，农田肌理作为文化景观中典型的外在表现，不是先于主观描述而客观存在的事物，而是在漫长岁月中，人类对自然的一种生活感知，呈现出一种人文过程和自然进程之间的关联模式。它不仅仅给人们提供漫步、逗留和视觉审美的空间，而更多的还是一种文化体验和人类生活的经历[3]。人类从土壤、森林、河流等自然环境之中获得衣食，在原野和农田之上建立起乡土生活方式和田园文化，历经千年累积成为中华民族宝贵的农业文明。田园综合体作为复兴农业文明的载体，有必要将乡村原生

2 张敏．农业景观中生产性与审美性的统一 [J]．湖南社会科学，2004(3): 10-12.

3 李利．自然的人化——风景园林中自然生态向人文生态演进理念解析 [M]．东南大学出版社，2012.

图 9-9 海南黎村乡村旅游景区特色景观；海南万嘉果农庄果品销售部免费品尝场景

态、本土的文化和生活方式通过参与、互动的方式真正让都市人群去了解、感知和体验；另一方面，在城市化急剧扩张之下，田园综合体或许可以成为乡村凋敝问题的一种解决方案，农业文明的复兴重新唤起人们对于土地、田野、自然的崇敬意识，让乡村居民真正在乡土之间找到自己的精神根源和文化自信。

返璞归真的休憩空间。保持乡村生态、生活的原真性，是田园综合体营造理想休憩空间的第一准则。或是因为想要摆脱令人烦躁的公务琐事，或是想要逃离吵闹拥堵的物质空间，田园成为都市人群贴近自然、感知大地、体味季节变迁生活的场所，在这一空间中人们返璞归真，体验最原始的劳作乐趣，用双手去触碰自然、感知自然，日出而作、日落而息，在乡野之中追溯生活的本源。例如在田园综合体中设置为年长者服务的“健康疗养农业”项目，采纳“田园疗法”的理念，提供耕种、采摘、垂钓、食疗、瑜伽等综合服务。这种田园养老的方式将以农业田园环境为依托，结合乡村当地的山地、森林、温泉等自然资源，并与农业生态种植、绿色度假居住、传统农耕文化体验相结合，打造集自然养生物质条件和康复身心的人文环境于一体的田园养老模式。

寄托情感的浪漫空间。情感是乡村的重要元素。田园与乡村令人向往的原因之一在于藏于人们心中的乡土情结，这种乡土情

图 9-10　江西明月山梦月山庄

结是个体心灵的回忆美学，所引发的情感共鸣能够表达出人们对于家园、故乡的精神皈依。因此，田园综合体需要根据地域性的民风民俗、乡土艺术、传统饮食为游客提供丰富的体验活动，让他们在实践这些动态化的乡土行为时记忆起最初的精神原点和内在灵魂，寄托乡愁与乡情。除了唤起乡土记忆以外，田园生活之于人们无穷的吸引魅力还在于它往往象征着浪漫与惬意，形成这样的场所情感多是由于文学作品的缘故。例如位于法国东南部的普罗旺斯（Provence），毗邻地中海和意大利，是著名的薰衣草观赏地。普罗旺斯地区最初美丽安静，后来因英国作家彼得·梅尔（Peter Mayle）在此度假后撰写的一本旅游散文集《普罗旺斯-山居岁月》而名声大噪，大批观光客纷至沓来，在迷人的地中海、和煦的阳光下和蔚蓝的天空下流连忘返，更是惊叹于醉人的薰衣草花田。之后关于普罗旺斯的文学作品不断被发掘，普罗旺斯从一个单纯的地名逐渐演化为简单、优雅、轻松、无忧的生活方式的代名词，成为人们向往的天堂，而普罗旺斯的薰衣草也因此被大家广为传颂，成为浪漫之地的绝佳选择。因此，人们在普罗旺斯游历的行为本身就是将自己置身于浪漫的情境之中，这种自我植入式的体验经历得益于目的地在空间情感营造方面的努力。

分享互动的交往空间。田园生活的开放式公共空间，能够有助于消除“陌生人”社会的隔阂，拉近人与人之间的距离，在农业体验的分享活动中营造轻松、积极的交往氛围。例如台湾农场多采用“分享型经济模式”，休闲农业的经营者在经营理念上坚持“分享”原则，以“交友”的方式将农场的美景、美食分享给前来光顾的游客，并鼓励游客共同参与种植、喂养等活动，培育游客之间的互动情感。又比如“亲子农业”的出现，就是以亲子教育为目的的综合型休闲农业新业态，在田园之中设置父母与孩子互动的游戏情境和教育情境，借助农业生产的活动，让彼此在大自然中自由地沟通和交往，获得亲情交流的满足感。

1 王恒．基于供给侧改革的我国亲子农业创新发展研究 [J]. 石家庄学院学报，2017(5): 24-29.

台湾亲子农业的发展模式[1] 表 9-7

模式	内容	功能	代表案例
主题强化型	设置明确的主题，通过创意把主题体现至消费者的体验的每个环节，以主题为核心拓展产业链	通过农耕体验、DIY、民俗、休闲等室外教学课程等形式，将农业扩展至一二三产融合	台南走马濑农场
文化体验型	精品农业和文化体验结合，将农业与教育、休闲、娱乐相结合，多采用天然材料，维持生态环境	为家长和孩子创造能够自由接触大自然的原生态空间，培养儿童审美情趣	南投县台一生态教育休闲农场
情景消费型	通过设置特殊的情景，为亲子家庭打造不同历史时期的乡村生活场景	为消费者提供独特的生活体验，父母体验异域风情，孩子在感受异域生活的同时，进行摸鱼、嬉水等活动	南投县清境农场小瑞士花园

第三节 国家农业公园——田园综合体的高级形态

3.1 国家农业公园解读

何谓国家农业公园？2008 年原农业部制定了农业公园的相关评定标准，经中国村社发展促进会、亚太环境保护协会等 5 家单位根据农业部的评定标准联合制定了《中国农业公园创建指标体系》。在该指标体系中，对中国农业公园的评定有一套总分为 100 分、11 大项的评价指数，包括乡村风景美丽、农耕文化浓郁、民俗风情独特、生态环境优化、规划建设协调等内容，通过申请评价流程，符合标准的村镇、地区就可评为“中国农业公园”。直至 2016 年底，参考中国村社发展促进会官方网站上的数据显示，全国范围参照该指标体系已有 16 个村镇、地区建成“中国农业公园”（并非本书所述的“国家农业公园”），诸如，江苏省常熟市蒋巷村、浙江省奉化区滕头村、河北省邢台市前南峪村等。从目前中国农业公园的发展态势看，因农业公园在地方经济发展、生态保护、人文环境等方面具有的独特优势，使得各地方政府、相关行业及从业人员，甚至是普通民众都对其产生极大的关注和重视。2016 年 7 月原农业部等 14 部委出台的《关于大力发展休闲农业的指导意见》中，明确提出了“探索农业主题公园”的要求。不过，从目前见诸报道的几个“国家农业公园”的发展趋势、规划格局来看，当前国内的农业公园建设还存在一定的不足，人们对国家农业公园的认知还有一定的片面性，用“类国家公园”的标准来衡量显然有较大距离。依照中国村社发展促进会对国家农业公园的界定，农业公园是“一种新型的旅游形态，它既不同于一般概念的城市公园，又区别于一般的农家乐、乡村游览点和农村民俗观赏园，它是中国乡村休闲和农业观光的升级版，是农业旅游的高端形态”[1]。

从以上概念中可见，农业公园的建设和规划着力点在“旅游”，其定位为一种高端的旅游形态。然而，单一地侧重农业公园的“旅游”性质将无法全面凸显农业公园以“农业”为基础，立足农村，造福农民的特质。实际上，从世界范围看，国家农业公园并不是近几年才出现的新鲜产物。虽然，农业公园在中国尚处于起步发展阶段，但是，在欧美国家很早就出现了以国家农业公园的形式发展农业的案例。以英国为例，重视农业的国策使得英

1 http://www.lcvlcv.com/index.php?r=default/column/content&col=100072&id=135 中国村社发展促进会

图 9-11　广西横县以西津国家湿地公园为依托的田园综合体可以看作国家农业公园的范本（规划设计：东方景观）

国的农业，特别是休闲农业得到快速发展。英国政府为了扶持农业发展，特地制定了著名的农村改造计划，其中以改善农村生态环境和建立农村工业区为两项核心内容。改善农村生态环境是农村环境本身的改善，旨在把农村地区有计划地逐步建设成为自然保护区，使越来越多的地区恢复大自然本来的面貌。从国家层面上，英国政府采取政府调控手段，在全国范围内设立 20 多个自然保护区，称为“国家公园”。鼓励农民避免采用过度放牧和载畜量过高的畜牧生产方式，对农民和牧民因改变了传统的经营方式使之有利于农村环境的改善而付出的代价给予补偿。在农场耕地范围内建立回归自然的小型生态环境区，如恢复原始面貌的风景区、植物群、动物群等；恢复被遗弃的农业用地的自然环境和改善农民及非农业人口在农村的居住环境，受到政府支持和鼓励。英国国家农业公园的设立除了大力推动、带活农业经济之外，对于自然环境、人文氛围的保护、恢复也起到了积极的作用。

因此，国家农业公园应当是在农业园区、科技园区、观光园区的基础之上，融合农业产业发展、农耕文化与传统民俗、自然生态环境保护、新农村建设等多种形式发展起来的一种农村一二三产业融合的新模式、休闲旅游发展的新业态。与国家森林公园、国家湿地公园、国家地质公园相类似，国家农业公园可以看作是我国国家公园体系的有机组成部分。“国家农业公园”的定位应当是田园综合体建设的一种特殊和高级形态。

3.2 国家农业公园建设建议

对于国家农业公园的设计和建设标准将有必要围绕这一定位从生产系统、环境要素、品牌培育等方面展开思考。参照国内外“国家农业公园”的建设和规划经验，有几点意见需要着重考量：

1. 农业生产系统的唯一性

农业公园是农业产业与农业观光等的融合，对农业生产系统有着特殊的要求。从现代农业发展体系角度看，农业公园的长效发展，要抓住当地农业生产要素的特殊性与唯一性，进行要素的充分利用与优化，这也将决定农业公园的发展高度，决定农业与一二三产业融合的广度和深度。而作为国家级的农业公园，在农业生产的品种、技术、土壤、农田小气候、收获、贮藏加工等各个产业环节上须有独特性和全国唯一性，才具备设立国家级农业公园的资源条件。

我国悠久灿烂的农耕文化历史，加上不同地区自然与人文的巨大差异，创造了种类繁多、特色明显、经济与生态价值高度统一的重要农业文化遗产。我国劳动人民凭借着独特而多样的自然条件和他们的勤劳与智慧而创造出的农业文化典范，具有较高历史文化价值和旅游开发价值，是我国国家农业公园建设的重要资源。例如：世界最早的栽培稻源头（江西万年稻作文化系统）、大面积山区稻作农业生产体系（云南红河哈尼稻作梯田系统）、浙江杭州西湖龙井茶文化系统、福建安溪铁观音茶文化系统、世界茶树原产地和茶马古道起点（云南普洱古茶园与茶文化系统）、新疆哈密市哈密瓜栽培与贡瓜文化系统、传统漏斗架葡萄栽培体系（河北宣化传统葡萄园）、沼泽洼地土地利用模式（江苏兴化垛田传统农业系统）、传统稻鱼共生农业生产模式（浙江青田稻鱼共生系统）、陡坡山地高效农林生产体系（浙江绍兴会稽山古香榧群）、湿地山地循环农业生产体系（福建福州茉莉花种植与茶文化系统）、浙江湖州桑基鱼塘系统，以及竹林、村庄、田地、水系综合利用模式（福建尤溪联合梯田）等，这些唯一性的农业生产系统使得这些基地都具备建设国家农业公园的资源基础。

2. 农业环境要素的原真性

国家农业公园不同于一般的农家乐、乡村旅游点和农村民俗观赏园，它是将农业种植与农耕文化相结合的一种文化体验型生态休闲旅游模式，因此对于美丽的乡村农业景观、浓郁的农耕文化以及农业生活的展现，都最讲求原汁原味——原真性。

生产环境。农业生产过程作为国家农业公园旅游主要吸引物之一，对于那些不熟悉农村、不了解农业，或者满怀乡愁，渴望在节假日到郊外观光、旅游、度假的人们有着巨大的吸引力。农业生产的农具、生产方式越具有原真性，则体验性越佳。因此把农业中生产过程，如种植、养殖、林业、放牧、捕鱼等原汁原味地展现在游客面前，让他们能充分参与进来，能极大满足他们回归自然、返璞归真的个性需求。有一些国宝级的农业文明遗产，如江苏巴城的卓墩遗址，虽然有迹可循，但由于周边已经没有稻作生产环境，故已无法建设国家级农业公园。

生态环境。农业生态环境及其所塑造的农业景观，是国家农业公园的主要载体，一切旅游及生产活动都在此基础上展开。人们置身其中，农业的氛围一定要浓厚。农业景观不同于园林景观，它只需要用生态学、美学和经济学理论来指导农业生产，通过合理规划布局，自然调节和人工调节相结合，从而使农业生态系统进入良性循环即可，无须刻意造景，这也是国家农业公园建设过程中最值得注意的一点。所有的农业种植，必须严格遵循生态农业和有机农业的要求，农业景观优美，生物多样性在这里得以充分体现，植被的覆盖率也需高于一般的农业区域。

生活环境。中国农业分布广泛、历史悠久，在几千年的农业文明进程中，人们的生活也随着每一次的农业变革，而呈现出不同的时间特征和地域特征。农业公园的建设，需要围绕着乡村生活的方方面面展开，如各具特色的地方民居、风格迥异的民族服饰、与众不同的饮食文化、异彩纷呈的节庆节事等，这些都成为国家农业公园吸引人们的地方。因此展现乡村的农业生活，对原真性要求很高，切忌农业生活的城镇化。让原汁原味的农业生活环境，一览无余地展现在游客面前，再辅以参与性、体验性、娱乐性强的项目策划，是国家农业公园建设最需要做的。

3. 公园品牌培育的世界性

世界眼光。农业公园作为郊区休闲旅游与城乡一体化建设的最好路途，其发展要立足世界，着眼于全球旅游市场，以世界旅游发展趋势和游客需求为满足，充分体现中国特色，展现中国作为千年农业大国的文化资源，结合田园风光和主题农业景观，形成中国特色的高水平农业公园。如作者不久前到原农业部参与论证的红旗渠国家生态农业公园，就可以凭借太行山独一无二的生态环境、优质的小米等作物种类、特殊的富硒土壤，特别是举世闻名的红旗渠精神，创立具有世界影响的红旗渠国家农业公园品牌。结合其产业优势，挖掘太行山悠久的农耕文化资源，开发丰富的体验性生态农业旅游产品，促进地方经济的发展和农业文化遗产的活化。

国际标准。我国目前对国家农业公园的评定标准包括：乡村风景美丽、农耕文化浓郁、民俗风情独特、历史遗产有效传承、产业结构发展合理、生态环境优化、区内经济主体实力较强、区

图 9-12　河南林州红旗渠 - 太行大峡谷深处颇具地域特征的乡土建筑

内居民生活幸福指数较高、服务设施配置完善、品牌形象塑造良好、规划设计协调 11 方面。从长期发展的角度来看，国家农业公园的评价标准，要实行与国际并行的标准体系，不但要注重农业公园的文化性、观光性、产业性等方面，更需要从长期发展的科技创新性、生态性和经济性等数字化指标的评价，建立完善且具有前瞻性的评价体系和指标，特别是在人性化设施、旅游伦理、解说系统等方面与国际接轨，为国家农业公园做强、做大、做成国际品牌提供保障。

精品意识。在旅游市场需求多样化、个性化，注重体验和服务质量的趋势下，国家农业公园作为农旅结合的旅游产品形式，应具备精品化、独特性的特征。国家农业公园要在逐渐走向规模化和正规化的道路上，要求高质量、高标准，以原住民生活区域为核心，涵盖园林化的乡村景观、生态化的郊野田园、景观化的农耕文化、产业化的组织形式、现代化的农业生产，打造现代农业样板区、示范区、经典展示区，创建精品农业公园，也作为中国农业精品化发展的宣传窗口。

图 9-13　江南乡村田园风光（宜兴市西渚镇白塔村）

总而言之，既然把国家农业公园放到国家公园体系的高度来考量，那么，我们在规划建设之初就应该从大局出发，有“国家”意识和社会责任，把握农业生产系统的唯一性、农业环境要素的原真性和农业公园品牌培育的世界性，使我国国家农业公园真正走上健康发展的轨道，并成为又一张靓丽的国家名片。

图 9-14　新西兰奥克兰郊区牧场风光

第十章 农业特色小镇

之所以把农业特色小镇放到最后一章来讲，是因为与田园综合体乃至国家农业公园相比，作者认为特色小镇是最难做好的。而在乡村振兴发展战略中，特色小镇又是最具举足轻重地位的聚落类型之一。现在各地公布的特色小镇建设名单，或许会出现类似于目前主题公园建设的窘境——“721 模式”，即在经济效益上 7 成亏损、2 成持平、1 成盈利。农业特色小镇虽然没有这么悲观，但我们也要谨慎为之，从政策解读、规划设计、建设管理、投资融资、服务运营、文化创意等各个环节，做好全面计划和整体设计。

第一节　特色小镇的概念及其典型案例分析

2011 年，云南省颁发了《省人民政府关于加快推进特色小镇建设的意见》（云政发 [2011]101 号）文件，设立云南省特色小镇建设协调领导小组办公室，支持各族特色小镇的发展。2014 年 7 月，浙江提出创建特色小镇，以“政府引导、企业主体、市场运作”促进转型升级。2016 年 7 月，住房和城乡建设部、国家发改委和财政部联合发布了《关于开展特色小镇培育工作的通知》，目标到 2020 年培育 1000 个特色小镇，占我国建制镇总量的 5%。同年 10 月 14 日，住房与城乡建设部公布了第一批 127 个中国特色小镇名单。

从概念上来说，特色小镇并非特色小城镇，它们截然不同。以传统行政区划为单元，特色产业鲜明、具有一定人口和经济规模的建制镇（或乡），称为特色小城镇。特色小镇则有别于这种惯常所指的行政区划单元（也不是产业园区），而是国家新近颁布的荣誉称号——表达人居理想、表彰新型城镇化进程中趋向于该理

图 10-1　云南大理是一座以“风花雪月”著称的特色城镇

图 10-2 新西兰皇后小镇

想的模范“功能区域”，特别引人注目的是，其边界可以相对模糊。它“非镇非区”，而是一个技术、产业和社区的集聚平台：按照创新、协调、绿色、开放、共享的新发展理念，融产业、文化、旅游、社区功能于一体。它是在几平方公里土地上集聚特色产业、生产生活生态空间相融合、不同于行政建制镇和产业园区的创新创业平台。特色小城镇是拥有几十平方公里以上土地和一定人口经济规模、特色产业鲜明的行政建制镇。特色小镇作为国家供给侧结构性改革的探索，它既不是建制镇、工业园区、经济开发区、旅游区，又不是上述四者功能的简单叠加。从根本上来说，特色小镇是经济转型升级的新形态。近年来，各地区各有关部门认真贯彻落实党中央国务院决策部署，积极稳妥推进特色小镇和小城镇建设，取得了一些进展，积累了一些经验，涌现出一批产业特色鲜明、要素集聚、宜居宜业、富有活力的特色小镇。

1.1 我国特色小镇的发展历程

"镇"这个词最早出现在北魏时期，当时并非行政单元，而是一种军事组织，直到唐代"镇"仍然是一种小型军事据点，在全国各地雄踞要道险关。随着农业、手工业和商品交换的发展，关隘码头、乡村集市等逐步演化成为小市镇，其中不少依托于这些军事据点的安保功能、运输仓储设施、军事校场和生活设施等。军事据点"镇"逐步演变成为税收点、药铺私塾、庙会集市等，最终成为县以下的一级行政建制。到了清代，朝廷规定府、厅、州、县治、城厢为城，城厢以外人口满 5 万者设镇、小于 5 万设乡。现代意义上的我国基层建制沿革需追溯至 1909 年的《城镇乡地方自治章程》的颁布。该文件为实行城乡分治与城镇建制拉开了序幕，使城镇脱开乡村地域而独立建制。一是明确了城镇乡的职能范围，包括本城镇乡的学务、卫生、道路工程、农工商务、善举、公共营业等八大类。二是划定了乡镇的标准。"凡府厅州县治城厢地方为城，其余市镇村庄屯集等各地方，人口满五万以上者为镇，人口不满五万者为乡。"三是明确乡镇建制调整的依据。"镇乡地方嗣后若因人口之增减，镇有人口不足四万五千，乡有多至五万五千者，由该镇董事会或乡董呈由地方官申请督抚，分别改为乡镇"[1]。不难发现，在这一文件中，我国基层建制的性质、规模、层级等要素已有章可循[2]。

1 《城镇乡地方自治章程》（光绪三十四年十二月二十七日分布）

2 申立，陆圆圆．特色小镇发展与我国基层建制改革研究——基于历史的视角 [J]．上海城市管理，2017, 26(06): 48-54.

1949 年后的设镇标准经历了 3 次变化，均要求其镇（或乡）驻地的非农人口需 2000 以上。"特色小镇"一旦与"乡愁"相遇，神秘浪漫油然而生，如湖州丝绸小镇、宜兴紫砂壶小镇、遵义茅台酒小镇等。小镇的神秘浪漫与近现代社会经济结合之后，在英国产生了大学城、公司城（Company Town）、田园城市（Garden City），直至发达国家的郊区化、逆城镇化，小镇有了新的内涵[3]。

3 吴伟，唐晓璇，刘灿．特色小镇的发展历程与展望 [J]．中国园林，2017, 33(09): 52-54.

图 10-3　英国田园风光

历史长河中的小镇，无论政治军事、社会经济如何变化，其生态环境、人文气息、特色产业的和谐共生状态获得了普遍认同，其人居理想成为人类的普遍向往。

转眼间中国改革开放已经激荡了 40 多年，随着城乡经济的新变化与乡镇工业的迅速发展，小城镇战略备受重视，我国也进入了城镇化稳步增长的阶段，城镇发展与基层建制改革的关系也更为密切。回顾特色小镇近现代的发展，在改革开放初期，整体村镇还围绕“三农”服务的期间，小镇是农业产前中后期服务的基础，扮演着农业发展中流砥柱的作用。随后，在乡镇企业阶段，江浙沪等沿海地区由于其先天的地理优势和政策发展支持，其农业产品等进入全球化的产业链；在 2008 年后，受到全球经济影响，不少小镇发展势头缓慢，小镇的产业结构也从单纯的农业转为农业与服务业相互结合的混合产业。

早在 1982 年，我国已经从宪法上废除了人民公社制度的存在，建立人民政府和代表大会。而在第二年颁布了《关于实行政社分开建立乡政府的通知》，明确指出“在建乡中，要重视集镇的建设，对具有一定条件的集镇，可以成立镇政府，以促进农村经济，文化事业的发展”。从那时候开始，综合化职能的乡镇体系逐渐取代了基层建制性质的小镇。在之后的发展历程中，小城镇的发展逐渐被我国重视，它的社会与经济的综合职能一直被强调。在《关于一九八四年农村工作的通知》中，它要求“农村工业适当集中于集镇，使集镇逐步建设成为农村区域性的经济文化中心”。同时当年 10 月份，在《关于调整建镇标准的报告》中又提出：“小城镇应成为农村发展工副业、学习科学文化和开展文化娱乐活动的基地，逐步发展成为农村区域性的经济文化中心。”1982—1984 年的设镇指标相对于之前作了较大调整，建立小镇的制度被迅速完善和增长。到 20 世纪初期，国家 6 部委（国家建设部、原国家计委、国家体改委、国家科委、原农业部和民政部）联合颁布了《关于加强小城镇建设的若干意见》，与之前的小城镇相关标准相比，明确提出了“小城镇在新的历史条件下，已经成为农村经济和社会进步的重要载体，成为带动一定区域农村经济社会发展的中心。要逐步加强小城镇建设，改善和强化小城镇的综合作用，发挥整体功能，增强其对周围地区的辐射力和吸引力”。在 2000 年，中共中央、国务院又颁布了《关于促进小城镇健康发展的若干意见》，提出“力争经过 10 年左右的努力，将一部分基础较好的小城镇建设成为规模适度、规划科学、功能健全、环境整洁、具有较强辐射能力的农村区域性经济文化中心，其中少数具备条件的小城镇要发展成为带动能力更强的小城市，使全国城镇化水平有一个明显的提高”。在此之后，全国一共设立了 1887 个重点镇和发展改革试点小城镇，小城镇的春天已经来临，并且在区域发展中的地位不断提升，成为我国城市发展的重要旗杆[1]。总结从改革开放以来，随着小城镇战略在我国的不断发展和关注，基层建制度的小城镇所承载的定位和功能在不断提升，所承担的社会职能也愈加丰富。

1 田颖，耿慧志，王琦. 小城镇政策的演变特征及发展态势 [J]. 小城镇建设，2014(10): 49-52.

接下来进入到新经济阶段，以浙江为代表的一批特色小镇异军突起，产业转型、业态和运行模式不断创新，如德清特色小镇、西塘古镇和乌镇等，出现了新的产品、产业结构和业态。

1.2 目前特色小镇的发展现状

在新经济阶段的小城镇发展，“特色小镇”一词逐渐浮出水面。它作为我国发展新型城镇化发展策略和新农村建设的举措，成为创新发展的新载体和极其重要的招商引资平台，中央政府大力开展小镇培育工作，而地方政府也争先恐后地推动特色小镇建设。《关于开展特色小镇培育工作的通知》（以下简称《通知》）文件中明确指出我国特色小镇的发展目标：到 2020 年，培育 1000 个左右各具特色、富有活力的休闲旅游、商贸物流、现代制造、教育科技、传统文化、美丽宜居等特色小镇，引领带动全国小城镇建设，不断提高建设水平和发展质量。

1. 发展思路逐渐清晰，政府扶持力度持续加大

党的十八届三中全会在 2013 年召开，期间提出了要坚持走具有中国特色的社会主义道路和新型城镇化方向。这一举措非常重大地推动了中国特色社会主义现代化和全面小康社会的发展。随后，《国家新型城镇化规划（2014—2020 年）》中明确提出了城镇化新的发展路径、主要目标和战略任务，其中明确指出优化城镇化的布局与形态、建立城市群的协调发展机制，不仅要注重增强中心城市的中心带动能力、发展中小城市，更要注重小城镇建设。2016 年 7 月三部委联合颁布《通知》，着力在全国范围内推广特色小镇发展模式。可以看出，特色小镇在我国新时期城镇化发展中占着举足轻重的地位。它不仅仅是农村向城市进化的过程，也是缓解城市人口与资源，推动新型城镇化的一个重要途径。

然而，从目前特色小镇的发展和相关研究来看，对于它的功能定位、运作、运营等缺乏一定的解读，并且对其整体的理解并未形成一个系统性的理论体系。以房地产为代表的大量社会资本

和企业正在积极投入到特色小镇的建设之中，小镇建设已经成为新发展领头羊，许多房企借口特色小镇发展已经开始低价拿地的运作，作为他们投资的新方向。从中折射出的是房地产去库存的巨大压力，三、四线特色小镇的房地产化倾向，如果处理不好，会成为一个较大的隐患。

在国家的政策引导下，特色小镇的建设热潮在各个省市迅速高涨，纷纷出台了一系列有关特色小镇建设的发展政策，从发展目标、建设要求以及保障措施等方面提出了具体的指导意见，见表 10-1[1]。

1 刘国斌，高英杰，王福林. 中国特色小镇发展现状及未来发展路径研究 [J]. 哈尔滨商业大学学报（社会科学版），2017(06): 98-107.

特色小镇建设的发展政策汇总 表 10-1

地区	时间	政策	主要内容
浙江	2015 年 4 月	《浙江省人民政府关于加快特色小镇规划建设的指导意见》	重点培育和规划建设 100 个左右的特色小镇
贵州	2013 年	《贵州省关于加快 100 个示范小城镇改革发展的十条意见》	打造 100 个特色小镇的升级版，并充分发挥其示范作用，带动全省 1000 多个小城镇的快速发展
北京	2016 年 7 月	《北京市“十三五”时期城乡一体化发展规划》	以北京市的 42 个重点小城镇为建设基础，统筹规划建设一批具有功能性特色小城镇
上海	2016 年 6 月	《关于金山区加快特色小镇建设的实施意见》	打造一批具有鲜明产业特色、浓厚人文气息、优美生态环境，同时兼备旅游与社区功能的特色小镇
广东	2016 年 5 月	《关于加快特色小镇规划建设的实施意见》	创建 30 个市级特色小镇
河南	2015 年 8 月	《河南省重点镇建设示范工程实施方案》	在全省选择 68 个建制镇作为特色小镇建设的第一批重点示范镇
江苏	2017 年 2 月	《省政府关于培育创建江苏特色小镇的指导意见》	通过 3~5 年的努力，在全省范围内建设 100 个左右的“特色小镇”
山东	2016 年 9 月	《山东省创建特色小镇实施方案》	到 2020 年，在全省建设 100 个左右的特色小镇
陕西	2016 年	《关于进一步推进全省重点示范镇文化旅游名镇（街区）建设的通知》	为加快陕西省重点示范镇、文化旅游名镇的建设提供政策、资金和土地的支持

续表

地区	时间	政策	主要内容
福建	2016 年 6 月	《福建省人民政府关于开展特色小镇规划建设的指导意见》	为福建省特色小镇的建设提出了总体要求和指导意见，并为资金和人才等方面提供政策支持
四川	2013 年	“百镇建设行动”	每年选取 100 个小城镇进行重点培养，打造特色小镇
辽宁	2016 年 8 月	《辽宁省人民政府关于推进特色乡镇建设的指导意见》	在“十三五”期间建设 50 个左右的特色小镇
湖南	2016 年 11 月	《湖南省住房和城乡建设事业第十三个五年规划纲要》	在“十三五”期间，培育 100 个左右的特色小镇
江西	2016 年 12 月	《江西省特色小镇建设工作方案》	争取在 2020 年之前，在全省范围内分两批培育 60 个左右的特色小镇
湖北	2017 年 1 月	《关于加快特色小（城）镇规划建设的指导意见》	在 3~5 年内，在全省范围内建设 50 个左右的国家和省级特色小镇
海南	2017 年 6 月	《海南省特色产业小镇建设三年行动计划》	全 2019 年底，基本完成 100 个特色产业小镇的建设
重庆	2017 年 4 月	《重庆市人民政府办公厅关于推进特色小（城）镇环境综合整治的实施意见》	到 2020 年，建设 30 个左右的特色小镇
云南	2017 年 4 月	《云南省人民政府关于加快特色小镇发展的意见》	到 2019 年，在全省建设 20 个左右的国家级特色小镇，80 个左右的省级特色小镇，并在 25 个世居少数民族各建成一个以上特色小镇

从表 10-1 我们可以看出，我国的大部分地区都已经将特色小镇发展作为一种新型城镇化建设和促进经济转型的重要手段，特色小镇计划也进入了大部分地区的“十三五”规划中。地区政府不但在政策文件中强调了特色小镇的建设目标、政策指标、建设过程，并且提出了小镇发展的全方位指导意见。从全国的各个省市对比可以看出：在建设目标方面，由于各地区的基础条件以及建设经验的参差不齐，因此各地区特色小镇的培养数量会有所差别；在创建标准上，都是以特色定位、产业兴城、产城融合、宜居宜游、规模聚集、机制创新等为基本要求；在创建的内容方面，由于各地区资源禀赋的不同以及经济水平的差异，因此各地

区鼓励发展的类型、布局的规划以及投资运营等方面都有所不同；在创建程序上，基本流程都是“申报—审核—评估—验收—命名”，各地区相差不大；在政策措施方面，各省市基本是从建设用地、财政、金融以及人才这几方面为其特色小镇的建设提供政策支持；在组织领导方面，从各地区制定的政策来看，基本要求为建立协调机制、推进责任落实、加强动态监测、实施重点扶持以及优化发展环境等。总体来看，我国特色小镇建设的政策支持力度正不断加强，特色小镇建设持续升温。

2. 特色小镇的规划数量过多、同质化严重

但是特色小镇目前发展的缺点也比较明显，许多特色小镇特色不突出，千镇一面，在往日的长期发展中资源支撑不到位，小镇建设的同质化问题严重，尤其是在我国发展落后的区域。近几年来，随着我国关于特色小镇的相关政策出台，特色小镇发展进程也在不断升温，地方政府看到了特色小镇发展的潜力和容易出政绩的特点，一些政府单方面的追求政绩，导致一些形象工程发生在特色小镇的建设过程。具体表现为：首先，盲目跟风地建设特色小镇，在没有对自身产业特色和基础的研究下，就着手开始规划特色小镇建设并申请名额，许多特色小镇的候选名单里面连最基础的基础设施建设都还没有完善，只注重眼前的规划，对未来小镇的发展并没有长远的想法，导致在建设过程中毫无特色可言，揠苗助长，出现许多所谓的“形象工程”。其次，特色小镇建设容易出现任务工程。有些政府为了完成特色小镇的建设任务，不经过特定的设计过程，直接决定特色小镇的建设内容和规划设计方案。这样会造成任务工程，为了完成特色小镇的建设任务，直接通过行政命令来规定特色小镇的建设内容；最后则是政府对特色小镇建设的干预不当。政府过多过少的干预在很大程度上违背了市场的发展规律，妨碍了市场的自我调节和主体发展，从而破坏特色小镇市场的生物链，反而适得其反。综上所述，可见政

图 10-4　浙江杭州市云栖小镇

府为了一味地追求政绩引导下的特色小镇建设实际上是“内虚外实”，特色小镇本身的社会与经济功能难以实现自我调节和有效发挥。

1.3　成功特色小镇案例

1. 浙江杭州市云栖小镇

浙江杭州市云栖小镇是浙江省首批创建的 37 个特色小镇之一。位于美丽幸福的首善之区杭州市西湖区，规划面积 3.5km^2。这是以云计算为核心，云计算大数据和智能硬件产业为产业特点的特色小镇。云栖小镇建设仅仅一年，发展非常迅速。2015 年实现了涉云产值近 30 个亿，完成财政总收入 2.1 个亿，累计引进企业 328 家，其中涉云企业达到 255 家[1]。

云栖小镇名誉镇长王坚博士，是阿里巴巴的首席技术官、阿里云的创始人、中国云计算领域的领军人物，也是云栖小镇主要

1　国内特色小镇案例 [J]. 城市开发，2017(08): 50-51. 产业已经覆盖云计算、大数据、互联网金融、移动互联网等各个领域。

创建者，致力于把云栖小镇打造成中国未来创新的第一镇。云栖小镇很好地把握住了其特色产业，以云计算为代表的未来信息经济产业。它大力发展智能硬件制造，打造云生态的特色产业链。目前已经集聚了一大批云计算、大数据、APP 开发、游戏和智能硬件领域的企业和团队。在运作模式上，云栖小镇采用了“政府主导、民企引领、创业者为主体”的运作方式。政府主导就是通过腾笼换鸟、筑巢引凤打造产业空间，集聚产业要素、做优服务体系。民企引领就是充分发挥民企龙头引领作用，输出核心能力，打造中小微企业创新创业的基础设施，加快创新目标的实现。创业者为主体就是政府和民企共同搭建平台，以创业者的需求和发展为主体，构建产业生态圈。这是云栖小镇最有创新活力的部分。最终，云栖小镇构建了“创新牧场—产业黑土—科技蓝天”的创新生态圈。“创新牧场”是凭借阿里巴巴的云服务能力，淘宝天猫的互联网营销资源和富士康的工业 4.0 制造能力，以及像 Intel、中航工业、洛可可等大企业的核心能力，打造全国独一无二的创新服务基础设施。“产业黑土”是指运用大数据，以“互联网 +”助推传统企业的互联网转型。“科技蓝天”是指创建一所国际一流民办研究型大学，就是西湖大学，现在已经在紧锣密鼓地筹办当中。值得一提的是，云栖小镇创建了服务于草根创新创业的云栖大会，目前是全球规模最大的云计算以及 DT 时代技术分享盛会。“2015 年杭州云栖大会”吸引了来自全球 2 万多名开发者以及 20 多个国家、3000 多家企业参与[1]。

据统计，全国 70% 的云计算数据产业工程师都聚集在云栖小镇，它通过平台吸引人才进驻，始终秉承“人才在哪里，产业就在哪里”的核心观念，将夯实特色产业基础，目前已经成为全球云计算数据产业领军人物的摇篮。

云栖小镇的成功主要分为两个方面，一方面赢在产业。它的发展紧紧围绕着信息经济和智慧经济发展，核心竞争力放在引进以大数据、云计算为主的高端信息产业项目，积极推动特色产业

1　刘国斌，高英杰，王福林. 中国特色小镇发展现状及未来发展路径研究，哈尔滨商业大学学报（社会科学版）. 2017: 11-15.

图 10-5　枫泾古镇人民公社旧址

的集聚化效应，并且围绕阿里云产业生态、卫星云产业生态、物联网芯片产业生态、智能硬件创新生态这四大产业生态链，并且吸引了政采云、数梦工场等一大批云产业生态项目落地。

另一方面胜在运营模式。云栖小镇充分发挥政府、民企、创业者三者的主体作用，各尽所能、各司其职，高效联动、合力推进，以大产业、大平台、大生态赋能创新和创业，激活创新要素，形成集聚效应。特别值得一提的是，云栖小镇还在全国首创了政府和企业“1+1”的政策扶持机制，除了政府的各种扶持，阿里云等龙头企业也纷纷输出要素扶持，让“大企业成为小企业创新创业的平台”。

2. 上海金山枫泾镇

枫泾镇较早就开始了特色小镇探索。目前，枫泾正以现有资源为基础，以“古镇、产业、社区、乡村”四大更新为内涵，推动实现存量资源的改造改善、转型升级、功能完善和环境优化，从而全面实施乡村振兴战略，打造令人向往的江南“美丽小镇”。同时，响应国家“双创”的号召，枫泾提出了“众创 + 小镇”的特色发展之路，充分利用上海大都市科创资源的集聚和辐射效应，

图 10-6　上海金山枫泾镇

图 10-7　无锡荡口古镇

融合“科创、文创、农创”众创于一体，为创业者搭建创新创业服务平台，不断激发小镇创新创业活力。它的重点要建设的是科技时尚小镇。现在，枫泾当地有个“五谷丰登”的说法，比如金领谷、联东 U 谷、莲谷、梦谷等。目前，金领谷科技产业园投入运营，中兴智汇和联东 U 谷等运营团队已引入一批具有较好发展前景的科技和时尚类企业入驻，与交大和清华的科技成果产业化也已达成初步意向。梦谷已基本完成了向文创和体验为主的功能转型……2017 年，科技和时尚服饰两大主导产业税收预计将占全镇税收的 80%，吸收就业人数接近 3 万人。

与云栖小镇发展路径不同的是，云栖小镇更多偏向于一个产业平台的概念，属于“+ 小镇”的模式。而枫泾特色小镇则走的是“全域更新”路子，是一种“小镇 +”模式，可以包括若干个“+ 小镇”的特色产业平台，但首先注重的是基础设施和公共服务的全面更新，注重以人民为中心，最终让百姓有明显的获得感和幸福感。生产、生态、生活有机融合，应该是特色小镇的“底色”。

3. 浙江乌镇

乌镇位于浙江省嘉兴桐乡市，是典型的江南地区汉族水乡古镇，也是江南六大古镇中最具代表性的一个，素有“鱼米之乡，丝绸之府”的美称。乌镇拥有 1300 多年的悠久历史，在这里诞生了诸如茅盾、沈约、梁昭明、鲁迅等名人大家。在建筑风貌和布局结构上，乌镇的风格不仅具有典型的江南水乡的特点，而且还保留了晚清和民国时期的特色，可谓聚古今历史文化和经济重地于一身[1]。

1 王玉莹. 浙江乌镇旅游开发与发展策略 [J]. 中外企业家，2015(29): 26-27.

图 10-8 浙江乌镇

近些年来，乌镇政府和旅游开发企业采用由政府主导的先规划后发展的模式，分别对乌镇的茅盾故居、昭明书院、修真观戏台以及传统街道和商铺等进行了修复和修建，使乌镇景区更为系统化和整体化。目前乌镇主要由东栅和西栅两个景区构成，涵盖了20多处景点、百余所宾馆酒店和可容纳4000多个停车位的6座停车场，现如今乌镇每年接待的游客数量已达到六百多万，成为国内外游客争先向往的国家5A级旅游景区。

从国内目前特色小镇发展的成果来看，它的最根本动力便是产业，这也是决定特色小镇未来发展最重要的因素。所以在规划特色小镇之前，先要策划好产业发展，必须具有一定的独特性和可持续性，通过"找准特色—凸显特色—放大特色"来使小镇产业获得更大的竞争力。发挥特色小镇作为产业空间载体的功能作用，应以产业的发展规划为中心，以创新发展为驱动，集聚相关产业，做大做强特色产业，提高特色小镇发展的产业承载力。即便是发展同一产业，也要进行差异性定位、市场细分以及错位发展。通过这几个方面提升特色小镇产业的区域竞争力，形成区位优势，从而推动特色小镇产业向"特、强、精"的方向发展。

第二节　特色小镇规划建设要点

特色小镇作为一种新的区域经济发展模式，由于处于起步阶段，因此探索特色小镇发展路径是当前的一项重要任务，所以在目前特色小镇的规划要点上，它的发展不仅需要充分发挥政府的引导作用，且不能忽视市场在资源配置中的主导地位，同时还要兼顾人的主体地位。

2.1　特色小镇的"地格"

每个地方都应该有它独特的"地格"，就像人都具有品格一

1 周武忠. 2017，网易房产频道，http:m.house.163.com/sh/xf/web/news_detail.shtml?docid=CT0IAG8B000797VF&from=timeline&isappinstalled=0

样[1]。发展特色小镇需要立足于自身区位特点，挖掘自身文化内涵，杜绝模式照搬。由于我国幅员辽阔、区位特点差异性较大，因此对于不同地区发展重点要有所不同：在东部地区，由于建制镇数量较多，分布比较密集，而且在人口规模、经济水平、公共服务以及居住环境等方面均优于中西部地区，因此发展的重点在于控制特色小镇的规模、提升存量以及避免大规模的拆建；而中部地区特色小镇发展的重点在于以市场为导向，对产业方向进行慎重选择，找准特色小镇发展的根本推动力；对于西部地区来说，则需要充分依据自身资源状况，农业资源禀赋充足则发展农业特色小镇，旅游资源充足则发展旅游小镇，不能脱离自身条件的限制，为“特”而“特”。

2.2 特色小镇的核心是产业

产业是特色小镇发展的支撑，对于特色小镇的发展具有至关重要的作用。而特色产业发展需分“三步走”：首先，在产业选择方面，以市场需求为导向，以创新为驱动，注重产业的独特性、关联性以及是否容易形成规模，同时注重培育战略性新兴产业、改造传统产业，结合“互联网＋”等新兴手段，从研发、营销方面入手，拓宽产业广度，延长产业链；其次，做好产业规划，注重其空间分布以及发展的阶段性，具体包括投资融资规划、建设规划以及顶层策划等，为特色产业发展做好充足的前期准备工作；最后，产业的培育壮大，一方面通过政府提供在税收、土地、财政等方面的优惠政策，鼓励特色产业的发展，形成主导产业，明确特色小镇的核心功能，提升核心竞争力；另一方面，集聚人才和相关产业，构建品牌优势，按照区域化布局、产业化经营、专业化生产、特色化服务的要求，从内容和空间上实现特色产业的集群化发展。

特色是小镇的核心元素，产业定位是特色的重中之重，比如杭州云栖小镇和梦想小镇同为信息经济特色小镇，但云栖小镇以发展大数据、云计算为特色，而梦想小镇主攻“互联网创业＋风险投资”[1]。不仅产业内涵要求“特”，特色化的外在建设形态也是特色小镇建设的重要目标，无论硬件设施，还是软件建设，要“一镇一风格”，多维展示地貌特色、建筑特色和生态特色，建设“高颜值”小镇。位于浙江龙泉市上垟镇的青瓷小镇，项目规划面积 3.21km^2，建设面积 136 万 m^2，总投资 30 亿元。这里不仅瓷土资源丰富，项目所在地上垟镇也是现代龙泉青瓷的发祥地，素有“青瓷之都”的美誉。上垟因此成为龙泉青瓷最主要的生产区域。这为青瓷小镇构建了坚实的特色产业基础。加之这里的建筑风格极具个性，艺术气息浓郁，实现了传统与现代的完美结合，可以说是特色小镇建设的一个成功案例。

1 汤培源．“五特”：特色小镇的特色营造 [A]．中国城市规划学会、沈阳市人民政府．规划 60 年：成就与挑战——2016 中国城市规划年会论文集（16 小城镇规划）[C]．中国城市规划学会、沈阳市人民政府，2016：8.

2.3 特色小镇与卫星城市

特色小镇的起源便是最早的卫星城市理论。卫星城市是地处大城市周边，但同所依托的大城市保持一定距离，且与之有着紧密的经济、社会联系的新兴城市（镇）。卫星城市思想的产生与发展，与世界城市化进程及其理论探索密不可分。英国著名学者 E. 霍华德（1898 年）在其《明天——通过真正改革的和平之路》一书中指出，城市环境的恶化是由于城市膨胀引起的，城市具有吸引人口聚集的“磁性”，只要控制城市的“磁性”就可以控制城市的膨胀。为此，他提出了“田园城市”（Garden City）的城市模式。田园城市是一个有完整社会功能的城市，城市规模足以提供丰富的社会生活，但不应超过这一程度，城市四周要有永久性的农业地带围绕，空间布局合理。田园城市理论被公认为是卫星城市理论的发端。

从国内外卫星城建设的经验看，卫星城与母城的功能关系也经过了“从依附到相对独立，再到反磁力中心”的演变过程。都市圈卫星城市功能布局调整，既要避免城市职能过于单一，过分依赖中心城区，也要警惕城市无序蔓延。新型卫星城应走多元化、多层次、与中心城区平行化发展的道路。对于不同区位特征、不同资源禀赋的城市，在进行职能定位与功能转型时，在建立比较完善的城市基础设施、确保能够满足本区域公共服务水平的前提下，可与中心城区的发展协调配合，突出某一特色功能。

以中心城区和外围卫星城市为支撑，所构成的紧密型都市圈城市空间结构，其协调分工应集中体现为：中心城区作为都市圈的首位中心城市，承担高端的政治、文化、科技等服务功能，卫星城市作为都市圈内具有较大规模的次中心城市，要强化对中心城区的较强“反磁力”作用，从而吸纳产业与人口，中心城区与卫星城市共同形成分工明确、功能完善、协调发展的城市互动体，成为都市圈最为核心的部分。为此，都市圈的中心城区要提升重要、关键、高端城市功能的集聚、辐射能力，卸载过多的城市功能，将次级功能和低端功能有序向周边卫星城市转移，置换发展空间，率先全面建成小康社会，基本实现现代化；卫星城市则要推进新型工业化和城镇化，成为都市圈发展的新引擎。与此同时，都市圈的中心城区和卫星城市还必须着力提升城市文化形象，大力传承历史文脉，彰显城市魅力[1]。

1　彭劲松．都市圈新型卫星城市发展研究 [J]．西部论坛，2011, 21(03): 6-11.

2.4　多重功能叠加

评价一个城市的指标的时候，除了宜居以外，还有宜业、宜商、宜学、宜游。在这五个指标体系里面，宜居是最基本的，宜游是较高端的。宜游的概念就是要对外地来的人有吸引力，这就要求城市有一个完整的吸引力体系。特色小镇的规划，光有“宜居”的标准显然远远不够。除了居住、工作、交通，城市的四大基本功能外还有游憩。比如上海莘庄也发展了那么多年，但现在也应该好好研究下周遭的风土人情，重塑城市地格，把一些历史和文化元素上升到精神价值的高度，创新设计具有标志意义的城市文化景观。这样的文化和景观才会有持久性和生命力。

总结起来目前我国特色小镇是以政府主导、企业主导以及政企联合的综合发展模式，而在特色小镇的未来发展中，应该定位好三者在发展中的主次地位，并且应当充分发挥市场的主导作用，正确的发展路径则是以市场为主体，政府为辅，激发特色小镇内生动力，正确地推动特色小镇的可持续发展。因此，在特色小镇的建设发展中，政府应当积极地进行调整，实现向有限职能的转变，政府不再发挥决定性作用，而是强调在特色小镇建设中的引导作用，完善基础设施建设和正确的政策支持，做到以企业为主体，减少行政干预，充分发挥市场在资源配置中的决定性作用，形成符合市场发展规律的政策和服务体系，进而推动特色小镇发展。

第三节　特色小镇相关政策解读

3.1　政府层面的特色小镇建设

1. 国家相继出台相关政策

特色小镇的如火如荼建设为新常态下的新型城镇化发展带了重大的发展契机，得到了中央和地方政府的重视，国家通过颁布一系列的政策文件来促进特色小镇的建设，对于特色小镇建设起到了积极的政策支持和引导作用。

2016 年 10 月 8 日，国家发改委印发了《加快美丽特色小（城）镇建设的指导意见》（以下简称《指导意见》），明确了特色小（城）镇包括特色小镇、小城镇两种形态。特色小镇主要指聚焦特色产业和新兴产业，集聚发展要素，不同于行政建制镇和产业园区的创新创业平台。特色小城镇是指以传统行政区划为单元，特色产业鲜明、具有一定人口和经济规模的建制镇。

也就是说特色小镇分为两类：一类是承载产业发展背景下的

小镇建设。另一类是完善城镇发展背景下的小城镇建设。特色小镇是承载产业发展背景下的小镇建设（基于块状经济建设：“+ 小镇”模式），《指导意见》明确这类特色小镇是指聚焦特色产业和新兴产业，集聚发展要素，不同于行政建制镇和产业园区的创新创业平台。特色小城镇是完善城镇发展背景下的小城镇建设（基于建制镇建设：“小镇 +”模式），这类特色小镇可以在建制范围内由若干个块状经济区域组成。比如，上海金山枫泾镇是拥有 91.66km^2 的建制镇，该镇正在努力打造若干个基于产业为核心的非建制镇的块状功能区，是以“小镇 + 若干个特色功能区”所组成的“小镇 +”模式，特色小镇与特色小城镇既有交集又有区别。

第一批特色小镇的特色产业形态走向从高到低依次是特色旅游、特色历史文化、特色工业、特色农业、商贸流通和民族聚居几种类型。特色小镇数量最多的华东地区以特色工业型和特色旅游型小镇为主，数量位居第二的西南地区以特色旅游型小镇为主。几种产业形态中旅游型的特色小镇占比达 50.39%；其余 49.61% 的小镇产业主要集中在商贸物流、现代制造、教育科技、传统文化等方面。

从这样的布局看，产业定位于旅游业的特色小镇较多但并不仅仅局限于旅游业，在其他产业方向同样有较多实践案例。

2. 把握特色小镇之初的核心

特色小镇是以产、城、人、文相融合的发展区域，因此，在规划培育阶段要从四个方面着重考虑。

首先要对小镇的发展历程进行全面分析，小镇独特的发展历程决定着培育特色小镇的先天优势。其次是明确小镇发展方向，特色小镇的规划是以土地利用规划为基础、以特色产业导入为灵魂、以创业创新生态圈为空间载体的综合性工作，通过产业导入，创业、创新生态圈的扩展，促进地域人文底蕴的演化与发展，在此基础上促进小镇公共服务、宜居环境、建筑风貌的持续提升。

再次是确定小镇特色产业，特色产业要根据小镇的产业本底和自身实际情况（区位、交通、资源、环境等）进行规划设计，宜农则农、宜工则工、宜游则游；在确定特色小镇的特色产业时强调产业链的全面覆盖，确保小镇的特色产业能够具有各种创新功能、服务功能、社区功能、文化功能等关键性功能。最后要明确小镇文化内核，这一过程强调对传统文化的活化利用，将其发展成为能够感知、体验、带来认同感的文化创意。

3. 特色小镇与 PPP 模式

政府层面对特色小镇的建设，培育特色小镇的关键有两个方面：一是融资问题，特色小镇培育需要大量的资金投入，而乡镇一级政府难以负担巨额资金，这就需要金融支持及金融创新，便利化融资及创新资本退出机制；二是运维、管理问题，特色小镇的建设只是开始，而小镇的运维、管理才是重点，要使特色小镇建立在可持续发展的基础上，这需要进行机制创新，激发社会资本参与的活力，利用社会投资人的技术优势、管理优势盘活小镇资源。

特色小镇的建设需要政策、人才、土地、金融等多方面的支持。政策方面，需要各级政府出台特色小镇指导意见来支持特色小镇建设；人才方面，各地方政府要看重高端人才集聚，完善人才引进制度，推动人才政策、人才服务向特色小镇倾斜；土地方面，在现有的土地奖励及使用制度上，要进一步加强土地流转，简化特色小镇建设用地审批程序，保障特色小镇建设用地；金融方面，除已有政策性、开发性金融支持外，政府、金融机构和非金融机构可以设立专项基金，并积极引导社会资本参与，引入 PPP 模式[1]。

PPP 模式与特色小镇结合对于特色小镇的培育和建设运营是非常有利的，主要体现在：第一，特色小镇的开发、建设、运营需要雄厚的资金支持，PPP 模式通过引入社会资本方，能够有效

1 梁舰，未来中国特色小镇培育的关键 [J]. 国际融资. 2017-10-15.

地缓解地方政府的财政压力；第二，PPP 模式将特色小镇的规划、管理等交给统一的运营商，政府负责总体的监督，有效提升了综合管理的效率，有助于突破治理瓶颈；第三，特色小镇建设强调的是产业、文化、宜居、环境等各种要素的整合，采用 PPP 模式引入社会资本方能够摆脱当地人才短缺、商业运营经验不足等瓶颈，充分进行优质资源的整合。

PPP 模式是调动社会资本参与特色小镇建设的重要方式，也是政企合作模式的创新手段，应该予以积极鼓励。但同时，我们也要看到很多变味的 PPP，本质还是 BT，只是延长了政府还款时间。“特色小镇 + PPP”，应该鼓励社会资本参与运营特色小镇，以中长期盈利来返还贷款，不是变相加重政府负担。

3.2 国际案例对国内特色小镇的影响

法国、日本、美国的几种特色小镇模式值得学习。比如法国，早在 2004 年就开始建设特色小镇，到现在为止一共有 71 个，叫竞争力极点，大致的意思是“小范围、短时间、强投入、细分工、快出效果”。而日本则提出了结构性创新，这当中有重要一点是地方经济活跃化，或者叫地方创生，也就是特色小镇建设的意思，在这个特殊的地方，给它特殊的政策、特别的机制。因此，特色小镇建设也可以理解为是一种制度创新。

美国蒙大拿州的波兹曼模式，最值得我们学习借鉴，这个小城位于黄石国家公园正北 70km，原来属于穷乡僻壤，只有生态景观资源，但后来导入交通和信息化的基础设施，“城市级的公共服务 + 郊野公园级的旅游资源”，把大量的旅游观光人口转化成了创新创业人口，每年导入的科创人口增速都在两位数以上。它的核心要义，就是“有风景的地方兴起新经济”。

格林威治是美国康涅狄格州的一个小镇，只有 174km^2，却集中了五百多家对冲基金。管理的资产总额超过 1500 亿美元。在

图 10-9 英国湖区（Lake District）

全球 350 多只管理着 10 亿美元以上资产的对冲基金中，近半数公司都把总部设在这里。其中包括管理 65 亿美元资产的多战略对冲基金 Front Point、管理超过 100 亿美元资产的 Lone Pine 以及克里夫阿斯内斯掌控的 190 亿美元资产的定量型基金 AQR[1]。

1 静霞. 国外经典特色小镇的"特色"启示 [J]. 房地产导刊，2017(06): 48-51.

格林威治经过几十年的自然发展形成了目前的规模，可以说它是自发形成的，但是也有过政府的因素在里面。首先是它的税收特别优惠，康涅狄格州有利的个人所得税率吸引了很多对冲基金在那里落户；其次则是它的地理位置，对冲基金聚集区要放在沿海地区，因为沿海地区网速快。现在都是拼毫秒级别的，网速差个几秒就是很大的劣势，所以网速是一大关键要素。沿海离海底光缆比较近，地理条件造就了对冲基金小镇。

还有便是它毗邻纽约市，经济发达。因为牵扯到银行的兑换，所以需要离金融中心近。它周边的经济一定要发达，对冲基金的客户希望所投资的基金离他们不要太远。

最后便是它完善的基础配套设施。因为交易员压力非常大，所以对冲基金园区一定要有娱乐设施、健康健身设施，同时最好要有心理诊所。安保系统也是非常严格，进门的地方都有警犬，要是带武器进来一定会被发现。对冲基金聚集的地方物价和房价是非常高的，配套生活设施的建设也需要尽量照顾到小基金或者刚刚起步的基金公司的生存状况。

格林威治作为老的“对冲基金之都”有一个不足的地方，就是部分设施严重老化，例如它的供电，由于老化经常出现问题。突然断电对于基金类的产业是毁灭性的打击。所以如果国内想要打造对冲基金基地一定要配套备用的柴油发电机设施，如果一时做不到这一点，大楼里面一定要有专门的备用电力系统[1]。

1 对冲基金小镇—中国房地产网——房地产产经门户 -《网络（http://www.china-crb）》

3.3 特色小镇的建设体系构建

国家级特色小镇有五大核心特色指标，即特色鲜明的产业形态、和谐宜居的美丽环境、彰显特色的传统文化、便捷完善的设施服务和充满活力的体制机制，每个评价指标按权重配置了不同

图 10-10 宜兴白塔村田园风光

分值，在各省做特色小镇推荐工作时作为标准评价体系进行打分。但此五大指标可能并不全面。特色小镇应该因地制宜，把握“特色”二字，把握典型代表性、系统全面性、相对独立性、共性和个性相结合、以人为核心等原则，从产业、功能、形态和制度四大维度综合考虑，将发展理念和内涵进行交叉构建，得到评估框架。该指标体系按大类可分为特色小镇基本信息、发展绩效和特色水平三部分，形成“1 + 4 + N”的指标结构，分别从总体、分项和特色对特色小镇的发展水平进行评估。基本信息指标主要是统计特色小镇的建设、投资和规划进展；发展绩效指标主要是反映特色小镇在产业、功能、形态和制度四个子维度上的发展效率与成绩；特色水平指标主要考虑特色小镇主导产业的差异[1]。

1 本刊编辑部．访谈我国特色小镇的特色之路 [J]．智能建筑与智慧城市．2017(05): 22-24.

总之，特色小镇的评价标准体系应在标准的基础上进行适当的调节，根据小镇的具体情况进行具体分析，重“特”不重“优”、不落窠臼，从而更科学合理地推进特色小镇的发展。

第四节　农业特色互联网小镇试点

在现有的特色小镇建设热潮中，似乎还很难找到以农业产业为特色而打造成功的特色小镇经典案例。2017 年 10 月 10 日，原农业部办公厅发布了《关于开展农业特色互联网小镇建设试点的指导意见》，指出“力争到 2020 年，在全国范围内试点建设、认定一批产业支撑好、体制机制灵活、人文气息浓厚、生态环境优美、信息化程度高、多种功能叠加、具有持续运营能力的农业特色互联网小镇。”并于当年的 11 月 10 日在苏州召开了推进会，原农业部市场与经济司、中冶集团、上海交通大学创新设计中心等单位的领导和专家同台解读“农业特色互联网小镇”的促进政策、建设理念、实现技术和运营方案等，广受各界关注。

根据《意见》，试点任务主要是以下四点：

4.1 建设一批农业特色互联网小镇

各地要将农业特色互联网小镇建设与特色农产品优势区、全国“一村一品”示范乡镇等相结合，建设一批产业“特而强”、功能“聚而合”、形态“小而美”、机制“新而活”的农业特色互联网小镇，推动设施农业、畜禽水产养殖、农产品流通加工、休闲农业等领域的创业创新。加强资源共建共享和互联互通，全面推进信息进村入户工程，加快水电路、信息通信、物流、污水垃圾处理等基础设施建设，加大农村资源、生态、环境监测和保护力度，建设和完善农村公共服务云平台，提升教育、医疗、文化、体育等公共服务供给能力，推动电信、银行、保险、供销、交通、邮政、医院、水电气等便民服务上线，深度挖掘小镇产业价值、生态价值和文化价值，实现农业特色产业推介、文化历史展示、食宿预订、土特产网购、移动支付等资源和服务的在线化。

4.2 探索一批农业农村数字经济发展的新业态新模式

数字经济是驱动农业特色互联网小镇建设的新引擎。各地要因地制宜运用互联网等现代信息技术，融合生产、生活和生态，结合文化、产业和旅游，探索适合农业特色互联网小镇建设的新产业、新业态和新模式，最大限度挖掘和释放数字经济潜力，实现对传统农业的数字化改造，培育农业农村经济发展新动能。支持返乡下乡人员利用大数据、物联网、云计算、移动互联网等信息技术开展创业创新，培育一批具有互联网思维、能够熟练运用信息技术的新型农业经营主体。构建天空地一体化的农业物联网测控体系，在大田种植、设施农业、畜禽水产养殖等领域加大物联网技术应用。大力发展农业电子商务，加强网络、加工、包装、物流、冷链、仓储、支付等基础设施建设，完善农产品分等分级、包装配送、品牌创建、文创摄影、冷链物流等支撑体系建设，结合农产品电商出村试点，打造农产品电商供应链，加强农产品、农业生产资料和消费品的在线销售。加强农业农村大数据创新应用，完善数据采集、传输、共享基础设施，建立数据采集、处理、应用、服务体系，提升农村社会治理能力和公共服务供给水平。加快发展生产性和生活性信息服务业，与信息进村入户工程统筹推进，构建新型农业信息综合服务体系，加强农业金融、农机作业、田间管理等领域的社会化服务。大力发展社区支持农业、体验经济、分享经济等多种业态，促进一二三产业融合发展。

4.3 培育一批绿色生态优质安全的农业品牌

农业品牌是农业特色互联网小镇建设的重要抓手。依托特色农产品优势区建设，突出农业产业特色，聚焦优势品种，建立农业品牌培育、发展、监管、保护以及诚信管理制度，重点打造一批区域特色明显、产品品质优良、质量安全体系较为健全、生产方式绿色生态、市场竞争力强、适合网络营销的农业品牌，带动传统农业产业结构优化升级，提高质量、效益和竞争力。利用物联网、大数据等信息技术加强农产品质量安全监管，增强农业全产业上下游追溯体系业务协调和信息共建共享，强化产地环境监测、生产资料监控、动物疫病与卫生监督，增加消费者信任度，提升标准化程度。鼓励农业产业化龙头企业充分利用互联网技术、工具，发展农业电子商务，拓展农产品网络销售路径，打造网络品牌，实现优质优价。用互联网打造小镇对外窗口和农产品产销对接平台，利用新媒体等网络传播手段，加大小镇特色产业、产品宣传推介力度，实现生产和消费需求的精准对接。

4.4 建立一套可持续发展机制

可持续发展机制是农业特色互联网小镇建设的重要保障。

完善农业特色互联网小镇建设的政策体系，探索“政府引导、市场主体”的建设模式，构建小镇共建共享的可持续发展机制。创新投融资机制，拓展融资渠道，鼓励利用财政资金撬动社会资本，鼓励银行和其他金融机构加大金融支持力度。深化便利投资、商事仲裁、负面清单管理等改革创新，构建项目选择、项目孵化、资金投入和金融服务的市场化机制。完善利益分享机制，实现政府得民心、企业得效益、农村得发展、农民得实惠的综合效果。

如果按照《意见》要求务实地坚持走下去，把农业产业、特色小镇、互联网乃至 AI 前沿技术有机结合，融合发展，就一定会为乡村振兴提供一种新模式，走出一条新路子。

附录一：2018 年上海市政协提案

创建中国鲜花小镇 引领特色小镇发展

周武忠 王 敏

背景情况：

2016 年，住建部、国家发改委、财政部联合发布《关于开展特色小镇培育工作的通知》，明确提出到 2020 年，在全国范围内培育 1000 个左右各具特色、富有活力的特色小镇，特色小镇成为中国城镇建设与旅游业的焦点和热点。在住建部公布的第一、第二批全国特色小镇名单中，上海有 9 个小镇成功入选。就目前来看，特色小镇发展时间虽短，但已经表现出极强的示范效应和发展潜力，对于区域发展来说，培育特色小镇将成为集时代性、创造性、前瞻性于一身的战略布局与举措。但在发展过程中，也存在概念不清、定位不准、急于求成、盲目发展、市场化不足、政府债务风险加剧、房地产化苗头等七大问题。为此，

2017年12月4日，国家发展改革委、原国土资源部、原环境保护部、住房城乡建设部联合发布《关于规范推进特色小镇和特色小城镇建设的若干意见》，明确提出特色小镇建设要“因地制宜、改革创新”。

如何在新时代、新政策、新形势下，走上海区域特色内涵建设道路，创建中国鲜花城镇不失为切合上海特点的上好选择。“鲜花城镇”是“高品质生活的标志”，在区域竞争日益激烈的背景下，获得“鲜花城镇”标志的市镇通过建立美好的形象和宜居的环境增强其在旅游、经济、居民生活等方面的竞争力；充分体现了为保证、协调、提升居民整体生活质量的市镇发展战略。率先在全国推行鲜花小镇建设体系，探索具有鲜明特色、富有活力的特色小镇培育模式，可以为全国的小城镇建设提供示范性指导意义与经验借鉴，引领上海乃至全国的美丽城乡建设，为美丽中国作贡献。

问题及分析：

“五违四必”区域环境整治在上海市如火如荼地进行，市民们也在治理中感受到了整治的必要性、强制性、有效性。“五违四必”整治和“两个美丽”建设的成效突出，面貌焕然一新，大大提升了城乡居民的“获得感”和“满意度”。尽管如此，从目前完成的一些示范村镇街道和小区看，主要是完成了道路硬化、河道净化、全域亮化、建筑出新、环境绿化、设施完善等基本的大环境整治工作，在文化景观个性化、休闲设施人性化、植物景观乡土化、整体风貌地域性等方面还有较大的提升空间。特别是针对外来人口比例高、居住情况复杂等街道社区的特殊性，对两个美丽工程的美丽水准要求放松、认识不足，这与上海“世界级城市群核心城市”的定位有一定差距。上海可以在整治“五违四必”基础上，切实利用好实施“两个美丽”工程的契机，借鉴欧洲因地制宜建设美丽乡镇，特别是法国鲜花城镇的做法，创建中国鲜花小镇，为“两个美丽”锦上添花，为长三角乡村振兴引入新元素、提供新经验。

花卉是自然界存在最广、色彩最为鲜艳、形态最为娇丽的植物，以其独特的形体美、色彩美、音韵美、结构美，对人们的审美意识、道德情操起到了潜移默化的作用。受限于城市中快节奏的生活状态，人们愈发向往自然惬意的花意生活，花文化逐渐成为现代生活的润滑剂。

特色小镇不是一个行政建制的概念，其范围一般在1～3km^2左右；在空间上可以是一个镇或街道、一个社区、一个自然村，与上海一些区正在创建的“两个美丽”的空间范围贴合。用花卉装点整治“五违四必”后的镇（街道）、村和社区，花小钱，出亮点，育品牌，是为“两个美丽工程”所做而且也是应该做的锦上添花之举。

建议：

1. 借鉴法国鲜花城镇建设经验

20世纪50年代初期，当时法国的旅游俱乐部与园艺协会共同举办了一场名为“鲜花之路”的活动并取得巨大成功。受此启发，当时的交通、公共事务及旅游部部长Robert Buron先生决定在1959年举办一场全国性质的城镇评选活动，以小红花的数量表示等级上的差异，1至4朵鲜花，四朵花为最高荣誉，获得此荣誉的城镇皆会立下“鲜花小城”（Ville Fleuri）或是“鲜花小镇”（Village Fleuri）的标志，并附以小红花的数量。近50年来，“鲜花城镇”的标志在法国大众心目中已经成为一种名副其实的社会现象，年复一年，这种现象慢慢发展壮大，到现在为止，法国总市镇的三分之一，大约12000个城市和乡镇递交参加鲜花城市竞争的申请材料。截至目前，共有4757个城镇获得“鲜花城镇”标志，其中“4朵花城镇”236个，“3朵花城镇”1063个，“2朵花城镇”1674个，“1朵花城镇”1784个，较为著名的小镇有埃吉桑（Eguisheim）、吉维尼（Giverny）、伊瓦尔（Yvoire）、科尔马（Colmar）等。

2. 政府组织引导 社会积极参与

由市委精神文明办公室和政府的旅游、城建、农委等部门一起联合成立中国鲜花城镇评定委员会，也可政府支持、委托相关的行业协会来制定标准、组织评定工作。选择有条件的村、镇、社区、街道，应用花卉及其文化内涵推动城镇旅游环境和文化建设、提升城镇旅游吸引力和竞争优势，创建中国鲜花小镇。

在具体做法上，并不是由政府大包大揽去实施花卉工程，而是政府宣传、引导，向全体居民普及花卉园艺知识，提高全民花与绿的意识，充分利用两个美丽工程创新的“共建共治共享”治理模式，宣传鲜花小镇理念，激励社区居民参与鲜花小镇建设活动，调动和激发居民心中对于美的向往，培育居民花文化消费理念，营造花文化氛围。鼓励居民自己种花、赏花并形成一个循环的、可持续发展的日常性活动，将花卉盆栽呈现于阳台庭院、分享给左邻右舍，使其成为社区乡镇花文化景观别致的亮点。

图10-11　法国鲁西永小镇Roussillon，又称为红土城

图 10-12 “天下客家”（成都洛带古镇）

图 10-13 花神咖啡（成都洛带古镇）

图 10-14 供销社客栈（成都洛带古镇）

附录二：中国花卉协会关于推进中国特色花卉小镇建设的指导意见

关于印发《中国花卉协会关于推进中国特色花卉小镇建设的指导意见》的通知

各省（区、市）花卉协会，中国花卉协会各分支机构：

近年来，各地特色花卉小镇建设蓬勃发展，成为乡村振兴的新亮点。但在特色花卉小镇建设过程中，也存在概念不清、定位不准、规划不到位、急于求成、盲目发展等问题，急需规范指导。为发挥中国花卉协会的行业指导作用，推动各地规范有序开展中国特色花卉小镇建设，中国花卉协会组织编制了《关于推进中国特色花卉小镇建设的指导意见》，并提交1月26日召开的中国花卉协会会长工作座谈会审议通过。

现将《指导意见》印发你们，请大力宣传，抓好落实，指导做好特色花卉小镇建设工作。

附件：中国花卉协会关于推进中国特色花卉小镇建设的指导意见

中国花卉协会

2019 年 3 月 14 日

中国花卉协会关于推进中国特色花卉小镇建设的指导意见

在党中央、国务院关于推进特色小镇、小城镇建设的指示精神鼓舞下，近年来，各地特色小镇建设蓬勃发展，成为乡村振兴的新亮点，花卉小镇建设蓬勃兴起，热情高涨。但在特色花卉小镇建设过程中，也存在概念不清、定位不准、规划不到位、急于求成、盲目发展等问题，急需规范指导。为发挥中国花卉协会的行业指导作用，推动各地规范有序开展中国特色花卉小镇建设，现提出以下指导意见。

一、总体要求

（一）指导思想

全面贯彻落实党的十九大精神，以习近平新时代中国特色社会主义思想为指导，坚持以人民为中心，坚持新发展理念，满足人民日益增长的美好生活需要。立足特色花卉资源禀赋、区位条件、产业积淀和地域特征，发展特色花卉产业，弘扬特色花卉文化，促进一二三产业融合，推进中国特色花卉小镇建设高质量发展。

（二）基本要求

具有特色花卉资源优势和花文化传统、良好的产业发展基础和区位优势，交通便利，靠近城镇，生态环境优美，乡风文明。特色花卉小镇有别于行政建制镇和产业园区，范围在 $2km^2$ 左右。兼具特色文化，特色生态，特色建筑等鲜明魅力。打造高效产业圈、宜居生活圈，繁荣商业圈，美丽生态圈。形成产业特而强、功能聚而合、形态小而美、机制新而活的创新发展平台。

（三）基本原则

——坚持突出特色。立足特色花卉要素禀赋，从当地经济社会发展实际出发，充分运用花卉自然资源和历史文化积淀，因地制宜，突出发展特色花卉产业。本着实事求是，量力而行，创新发展的理念，打造独特的花卉魅力小镇。

——坚持产业兴镇。以特色花卉产业发展为重点，依托现有花卉产业优势和特色资源，引导企业投资经营，打造特色花卉小镇。合理布局，产镇融合，做精做强主导特色花卉产业，打造具有核心竞争力和可持续发展能力的特色花卉产业。

——坚持生态效益、经济效益、社会效益并重。贯彻落实习近平生态文明思想，把生态环境保护放在首要位置，严禁以建设特色小镇为名开发房地产，破坏生态环境，严禁挖山填湖，防止环境污染。培育特色鲜明、产业发展、绿色生态、环境优美的特色小镇。实现生态效益、经济效益、社会效益融合发展。

——坚持创新发展。创新发展理念、工作思路、发展模式和机制，着力培育小镇经济，打造创业创新平台，努力探索一条产业发展之路、乡村振兴之路、文化传承之路。

——坚持文化支撑。充分挖掘中国花文化内涵，弘扬中国优秀传统花文化，培育浓厚的花文化气息，实现文化支撑产业发展。

——坚持以人为本。围绕人的城镇化，统筹生产生活生态空间布局，提升服务功能、环境质量、文化内涵和发展品质，提高人民的获得感和幸福感。

（四）主要目标

到2020年，培育一批特色花卉产业凸显、花卉景观优美、花文化底蕴深厚、花卉一二三产融合发展、宜业宜居宜旅的中国特色花卉小镇。通过特色花卉产业发展，吸纳周边农村剩余劳动力就业的能力明显增强，带动农村发展和农民增收的效果明显。

二、重点建设任务

（五）做大做强特色花卉产业

突出发展以中国传统花卉为特色的花卉产业，注重特色花卉产业的研发、种植和加工有机结合，支持花卉龙头企业发展。建设高标准生产基地，种质资源库，研发中心，精心培育特色花卉。推广先进生产技术，提高栽培管理水平，提高产品质量效益。推进花卉初加工和精深加工业发展，增加产品附加值。建设花园中心、花卉超市、花店等展示销售窗口，推进一二三产业融合发展。积极发展以花卉为依托的种植、旅游、休闲、康养等生态产业，充分发挥花卉的多种功能，做大做强特色花卉产业。

（六）营造和谐宜居的美丽环境

同步协调推进小镇建设与产业发展，营造小镇美丽景观。保护小镇区域内的特色景观资源，有机协调小镇内外森林、绿地、河湖、耕地等资源，构建自然生态网络。科学合理布设路网，建筑物高度和密度适宜，空间布局与周边自然环境相协调，整体格局和风貌突出地域特色和特色花卉典型特征。在小镇的公园、广场、街头绿地、小区游园等地合理配置特色花卉景观，突出特色花卉元素。小镇空气清新，干净整洁，布局合理，具有乡土气息，环境优美。

（七）彰显特色花文化

充分挖掘特色花文化内涵，弘扬中国传统花文化，培育浓厚的小镇特色花文化气息。将文化基因植入产业发展全过程，与产业融合发展。建立花卉科普教育基地、花文化长廊，设立参与式、体验式的花卉园艺课堂，举办特色花卉展览节庆活动，建立花卉文化创作空间，鼓励开发花卉文创产品。有条件的小镇应当建设特色花卉博物馆，充分挖掘、整理、记录历史文化，保护、利用、弘扬传统花文化。提炼特色花卉文化经典元素和标志性符号，合理应用于建筑、公共服务、商业经营等场所。

（八）完善小镇基础设施

按照适度超前、综合配套、集约利用的原则，加强小镇道路、供水、供电、通信、消防、污水、垃圾处理、物流等基础设施建设。基础设施建设要达到国家规定的标准。

（九）健全小镇公共服务

配备产镇一体服务配套区，建设游客服务中心、宾馆、美食街、购物街、休闲街、花卉超市、停车场、加油站、医院等设施，为游客提供吃住行等一条龙服务。创新服务管理模式，提供便捷温馨服务。发挥互联网等现代信息技术优势，提升服务技术水平。

三、保障措施

（十）加强组织领导。各级花卉主管部门要把特色花卉小镇建设作为推进国家乡村振兴战略、美丽中国建设的重要抓手，把特色花卉小镇建设纳入当地经济社会发展规划，摆上地方党委、政府的重要议事日程。在理念引导、规划制定、平台搭建和政策创新方面发挥作用，加强对特色花卉小镇建设人力、物力、财力支持。

（十一）科学编制规划。要依据国家关于特色小镇建设的要求，科学制定特色花卉小镇发展规划。明确今后一个时期花卉小镇建设的目标任务。按照以人为本的原则，科学规划特色小镇的生产、生活、生态空间，促进产镇人文融合发展，营造宜业宜居宜旅环境，确保发挥规划的引领作用。

（十二）强化科技支撑。加强花卉产学研合作，促进科研院校与小镇联结，设立工作室，开展特色花卉科技攻关，组织新品种培育、新产品开发，研发特色花卉精深加工技术和开发应用。加强花卉标准体系建设，积极推广应用新技术、新成果。加强科技培训，提高从业人员科技水平。

（十三）扎实有序推进。坚持政府引导、市场主导的原则，扎实有序推进小镇建设。坚持务求实效，不搞形象工程。坚持勤俭节约，反对铺张浪费。指导建设一批产业特色鲜明、服务便捷高效、文化浓郁深厚、环境美丽宜人、富有活力的特色花卉小镇。在适当时机，按少而精原则选择典型案例，以有效方式在全国范围树立推广，发挥引领示范带动作用。

附录一

读《新乡村主义》："菜肥麦熟养蚕忙"[1]

秋禾 芸台

自世界开启工业化发展模式以来，都市还是乡村，哪个更适宜人类栖居便成为了一个问题，而且随着全球各地城乡建设的加速度发展，这个问题越来越成为了一个严重的现实问题。我国拥有辽阔的南、北方地域，在中、西、东部不同城乡发生的种种差别，更是长期困扰着发展中的中国。那么，出路在哪里，愿景又如何？这不免成为有关学者主动献计献策，乃至积极参政议政的热点课题。

正是在这一背景下，上海交通大学博士生导师，兼上海市政协委员的周武忠教授，基于其儿童少年时期在江阴农村的生活经验，尤其是风景园林、乡村旅游景观与休闲农业领域的学理，在诸多乡村景观规划建设实践基础上，创意性地提出了"新乡村主义"（Neo-Ruralism）这一具有前瞻性和可操作性的人文设计观，并结合中外有关案例，推出了《新乡村主义——乡村振兴理论与实践》（中国建筑工业出版社2018年版）一书。

全书在"引言"和"后记"之外，共计十章，共三十余万字，插图百余幅，可谓图文并茂。从内容架构上来看，这十章的内容又可分为三大部分。第一部分是对有关理论和理念的阐述，第二部分是对国外和境外乡村建设的介绍，同时也进一步溯源了"新乡村主义"理论，第三部分则是"新乡村主义"的具体实践。而在这三段式的框架之下，又可提取出一条作者对"新乡村主义"概念不断完善的过程。

周教授的"新乡村主义"，是一种介于城市和乡村之间，体现

1　原载2018年09月13日《新华网》（参见上海交通大学新闻学术网 https://news.sjtu.edu.cn/mtjj/20180914/83165.html）、2018年09月18日《光明网》（参见上海交通大学新闻学术网 https://news.sjtu.edu.cn/mtjj/20180918/83479.html）。作者：南京大学徐雁教授（笔名"秋禾"）、南京财经大学图书馆张思瑶馆员（笔名"芸台"）。

着区域经济发展和基础设施城市化、产业发展特色化、环境景观乡村化的综合规划理念。这一理念的核心竞争力在于“乡村性”，即在尽量保持乡村特质基础上的生产、生活及生态三者的和谐共存。“三生和谐论”，对于当今填补城乡差别的鸿沟，推进新农村建设这一和谐社会大目标，具有非常重要的现实意义。

多年来，以农业、农村和农民为核心内容的“三农”问题，吸引了越来越多的专家学者关注，并进行了各显神通的研究。目前已经历了从重点关注政策、经济研究，到结合社会学、人类学、文化学、设计学等进行跨学科研究，再到从理论研究转向理论与实践并重的阶段。

但作者在本书引言中清醒地认识到：“在国家高速现代化发展的道路上，中国传统的乡村经济，只能无奈地服从于工业化和城市化发展的需要……农村人口中，大量青壮年劳动力流入城市，其他剩余的农村人口。则因种种原因沦为社会中的弱势群体。在此情境下，传统的‘三农’问题关注点，从农业促进国民经济发展，迅速演化为以保护农民权益为核心的‘新三农’话语”，如何不断缩小、拉近城市与农村之间的差距，让农村人口享受到国家现代化发展的红利，才是当前‘新三农’的关注点”，为此，如何保障并发展占据我国最大人口比例的农民生计，如何修复“因快速工业化和城镇化所制造成的农村经济、文化、环境的破坏”，使得幅员和广袤地域的乡村，能够重构成为生活便利、环境优美、作息舒适的国民宜居家园，如何通过及时关切进而大力保障农民权益，获得乡村可持续发展的内在动力，也就成为当务之急。

就客观事实而言，当今城乡差别的鸿沟，表现在两个方面：一是我国内地各级各类城市仍有众多劳作机会吸引着农村人口前往加入，但越来越高的租、购房价，以及工作、生活压力使得其中一部分人决定回返自己的家乡，寻找新的经营方向；二是在城市中长久接受了新高科技、时尚生活和城市文化的影响的极少数民众，在收入有余、时间有闲、身体有力的前提下，回应来自内心深处“晨兴理荒秽，带月荷锄归”（晋陶渊明《归园田居·其三》）的田园生活呼唤，或农宿休假，或山村养老，甚至租借上一块田地尝试耕种和劳作。

1994年，作者在对其家乡江苏江阴所做的乡村景观改造和自然生态的修复实验中，首次提出了“新乡村主义”的景观设计理念，该理念提倡的是“在规划过程中对城市和乡村的取舍，区域经济发展和基础设施需要向城市化靠近，而环境景观则需要保持乡村化的独特性”。与哲学、文学上的意义，或是旅游产品、房产促销中出现的类似提法不同，在“新乡村主义”的设计理念中，“乡村振兴”不仅仅指经济发展和农村人口生活水平的提高，而是要注重城市和乡村的和谐发展，关注生态环境、社会效益和经济效益之间的和谐统一。可见，“新乡村主义”设计理念的提出，是为了应对逐步加快的“城市化”进程下，乡村的发展和突围问题，意在从城市和乡村两个角度分别谋划新农村建设，进而推广生态农业和乡村旅游业的发展，孕育出新时代环境下的中国乡村风貌。

那么，从何入手呢？从理论和实践的层面上解决这两者之间的二元对立，构建出和谐而又整体的生活图景，是周武忠教授所致力研究的课题，因而这部《新乡村主义——乡村振兴理论与实践》也就成为其一份阶段性成果。

全书正文的内容分为十章。第一章，总述了“新乡村主义”理论，并简要介绍了国内外的具体实践，提出了“新乡村主义”的核心理念和发展模式。第二章至第四章，介绍了英国乡村的“自然主义元素”、美国的“浪漫郊区运动”，以及德、法、英国、意大利、加拿大、北美、日本、韩国、新加坡、澳大利亚等国的休闲农业发展概况及其趋势。第五章到第十章，则是对我国内地“新乡村主义”建设实践的介绍，其内容依次是“乡土中国”、“美丽乡村建设”愿景、农业遗产保护、乡村旅游景观及旅游产品设计、田园综合体以及“农业特色小镇”。

大致说来，“新乡村主义”的建设内涵分为四个部分。概述如下：

首先，“新乡村主义”谋求的是乡村与城市的和谐协调发展。

乡村与城市是两大截然不同的居住共同体，其间的运行逻辑大不相同。乡村与城市的协调发展，必不会是城市发展什么，乡村也发展什么，而是应该共享二者的劳动成果。乡村的农产品、自然风光及新鲜的水和空气供给着城市、吸引着城市人；反之，城市先进的生活设施和技术也可以反哺乡村，达到资源和人员上的流动，而这往往需要政府从中调控，通过政策和立法等方法保证乡村和城市的有序发展。在德国的案例中，乡村旅游的经营业者必须达到拥有住宿型农场等政府规定的详细要求，可以使游客在这里住宿、度假的同时，享受到田园的乐趣，而这样的例子正如同现在国内的“农家乐”（吃在农家、住在农家、乡村生活体验）。

不仅如此，在传统的“农家乐”基础上，为缓解城市居民巨大的生活压力，同时食品安全问题越来越引起人们的重视，新型的农场开始出现，如江苏的归来兮生态农业开发有限公司建立的“归来兮有机庄园”，位于南京市高淳区椏溪镇国际慢城境内，不仅可以提供大米、蔬菜等有机食品，更是推出了“地主计划”，允许客户租借 0.5 亩的土地，可以自己耕种，获得的收成全部归自己所有，圆了不少人的田园梦。但如何使这些新型农场更好地发展，则需要政府部门实施有效监督（经济、食品安全、生态保护等方面）。

第二，“新乡村主义”的宗旨是最大限度保有“农业遗产”。

乡村“区域经济发展和基础设施需要向城市化靠近”，是为了让乡村生活更加舒适和便利，同时尽量赶上时代发展的步伐，但这并不能以牺牲乡村的特色景观和农业遗产为代价，而要达到“三生”和谐发展。所谓“三生”即生产和谐、生态和谐与生活和谐，作者认为，只有从经济、自然和人三者方面都强调和谐发展，才能实现真正的社会主义新农村。

在第六章“中国最美乡村与农业遗产”中，作者强调农业遗产应成为打造美丽乡村景观的文化内核。联合国粮农组织（FAO）对农业遗产的定义是："是农村与其所处环境长期协同进化和动态适应下所形成的、独特的土地利用系统和农业景观，这种系统与景观具有丰富的生物多样性，而且可以满足当地社会经济与文化发展的需要，有利于促进区域可持续发展。"

我国城市建设的钢筋水泥与千篇一律已经饱受诟病，"新乡村主义"建设中要着力保护不同地区的农业遗产，一方面这些系统与景观可以维护乡村内部生态系统的稳定，另一方面也是乡村原貌的保障，可以避免发展模式单一、表里发展不平衡等问题。书中以浙江青田稻鱼共生系统和江苏兴化的垛田传统农业系统为例，介绍了农业遗产保护是如何有效促进美丽乡村建设的。

第三，"新乡村主义"应追求与华夏地域文化相融合。

一个地区之所以有长久的生命力，除了与它的自然环境和资源有密切联系外，更重要的是在当地发展变化的过程中，生活在这里的人们所形成的固有的、彼此认可的文化氛围。正是这种地方文化及其背后的传统，才使得人与人之间产生纽带。说到底，人们对乡土的温情，不仅仅是来自于对当地草木虫鱼、山脉水系的温情，更是来自于对那里的人以及之间的交往产生的怀恋之情。

作者在第二章"自然主义风景与英国乡村"中，用大量的篇幅介绍了英国的造园传统和绘画作品中自然主义的倾向，意在说明文化与乡村自然景观的互相融合与影响。去年暑假时，陪家人去欧洲旅行的过程中，坐着大巴在欧洲大陆上的数个国家之间穿行，常感叹地形的多变：德国多山，尤其是巴伐利亚地区，显得非常冷峻；而法国国土面积的 2/3 都是平原，分布着有大片大片的广阔草场，使得它虽然国土面积不大，但却成为世界上著名的农业大国。看着蓝天下的绿草地，眼前不时掠过欧洲特有的草卷，心中不禁浮现起许多经典的西方文学、艺术作品的人物和场景，说起西方的乡村生活，这或许就是许多人心目中的想象吧。

而我国作为一个具有长期农业传统的国家，自然也不乏这类的文学和艺术作品，唐诗中更是有“山水田园诗”的分类。源自南北朝谢灵运的“山水诗派”，和源自东晋陶渊明的“田园诗派”，到盛唐时又以王维、孟浩然为代表形成“盛唐山水田园诗派”，均以描写自然风光、农村景物以及安逸恬淡的隐居生活为特色，写下了“故人具鸡黍，邀我至田家”（孟浩然《过故人庄》）、“屋上春鸠鸣，村边杏花白”（王维《春中田园》）、“梅子金黄杏子肥，麦花雪白菜花稀”（范成大《四时田园杂兴·其一》）等生动展现田园风光和乡村生活的佳句。

中国古典文学名著《红楼梦》中的大观园内，有“稻香村”一处，它与其他各处建筑的富丽华贵不同，此处的田园农舍，自成一派郊野气色，引得贾政有“归农之意”，足可见我国传统文化中的文人墨客，虽身居都市朝堂，仍心系乡村田野之美。但在当下的“新乡村”建设中，较少看见与地方文化和中国“耕读传家，诗书继世”的传统文化相结合，因此作者认为应注重传统技艺、挖掘地方名人、活化地方文化，“将一个地区的历史文脉、地域条件、社会发展等提炼为独特的场所性格，从而吸引人们进入和感知”，并以温州的楠溪江古村落为例，介绍了该地是如何以“耕读文化”为创意源头打造田园综合体。

第四，“新乡村主义”的愿景是特色乡村建设。

在新乡村建设的实践中，要注意结合当地的自然和人文条件推出具有地方特色的产品，建立和维护地方品牌，正所谓“人无我有，人有我优”。但并非“有”和“优”就是解决一切问题、构建特色的万能药，更重要的是差异性，要将本地区的发展和产品同别的地区，尤其是有相同种类产品的地区区分开来，突出自己的特色。大家一定或多或少都有这样的体验，假期时同朋友和家人出门游玩，走到不同的景点，能够买到的纪念品和土特产却都大同小异，一下子就对正在游览的地方丧失了大部分兴趣。而邻国日本在这方面的经验很值得我们借鉴，每个地方都有当地的特色，“白色恋人”巧克力饼干的例子已经广为流传。实际上，不止

“白色恋人”，就连日本各铁路沿线的便当都独具特色，大部分的铁路站点都有自己的特色便当料理，甚至专门成立有全国范围内的便当协会，对料理的品质进行要求，并举办比赛进行评选，促进各地的良性竞争。国内的休闲农业和乡村旅游在发展中也应重视这点。

但对特色的渴求不能仅仅停留在产品和品牌的微观层面上，还应从宏观的层面上进行特色小镇的构建。书中就如何避免小镇建设同质化提出了建议，并介绍了浙江杭州云栖小镇、上海金山枫泾镇等成功案例。

“人，诗意地栖居”，最初来自于德国 19 世纪浪漫派诗人荷尔德林（1770—1843 年）的一首诗，后由德国哲学家马丁·海德格尔（Martin Heidegger，1889—1976 年）进行引用和哲学阐述，意在通过将艺术和诗意注入人生来抵制科学技术所带来的，人的个性泯灭和生活的碎片化、刻板化。

如果将这种艺术和诗意具象化，那么田园和乡村无疑是最好的载体。要使乡村能够建设成为使人诗意栖居的地方，需要多方面的共同努力，除政府的重视、商业的资助、合理的规划以外，最为重要的是人们有想要将乡村建设成为真正家园的强烈意志，并寻求自然与科技和谐发展的道路。

“梅子青，梅子黄，菜肥麦熟养蚕忙。山僧过岭看茶老，村女当垆煮酒香。”这是祝允明（1460—1527 年）漫步在苏州西山所见的江南秀色之一。我们必须理性地意识到，在当今中国各地方兴未艾的“新乡村”建设过程中，须得对华夏文化传统有真诚的温情和敬意，推陈出新、洋为中用的“新乡村主义”，才能在大江南北转化为推动“新三农”关切的生产力。

附录二

交大名师 | 周武忠："新乡村主义"的开拓者[1]

1 原文发表于上海交通大学新闻学术网 https://news.sjtu.edu.cn/ztzl_jdms/20200409/122429.html，学习强国 2020 年 4 月 28 日发布。作者：黄琚，供稿单位：设计学院。

2020 年 1 月 12 日，由农业农村部市场与信息化司、乡村产业发展司和农产品质量安全监管司指导，中国优质农产品开发服务协会联合多家单位主办的 2019 品牌农业影响力年度盛典在京举行。上海交通大学设计学院教授、博士生导师，上海交通大学创新设计中心主任周武忠作为乡村振兴综合设计的专业设计师荣获"2019 品牌农业影响力人物"。颁奖词中说："他是留得住青山绿水，记得住乡愁，新乡村主义设计理念的开创者、实践者。"这贴切地表达了周武忠在乡村振兴之路上近 40 年的不懈追求。

《新乡村主义——乡村振兴理论与实践》新书首发式（2018 年 8 月 12 日，北京会议中心）

缘起“花文化”弘扬发展

说起周武忠的乡建渊源，还得从“花”说起，在众多身份之中，周武忠最先为人所知是因为他爱花、讲花并研究花树，人称“花教授”。而他鲜为人知的另一个身份，是儒家理学思想的鼻祖濂溪先生周敦颐的二十九世孙，创有“濂溪乡居”品牌。他是爱花之人，30 年潜心研究中国传统的花文化不间断，作为中国花卉协会花文化分会的会长，他遍访名花名园名景，普及“中国 365 天生日花”，唤醒民众花与绿的意识，发展花文化创意产业，将不受关注的“花文化”推到“国家重点花文化示范基地”的宝座。

他心怀社会责任，认为作为自然一分子的人类，应当热爱自然，呵护家园。“花文化”在英语里可以理解为 People-Plant Relationship，即人与植物之关系。正确理解花文化，妥善处理好人与植物、人与自然的关系，可以使我们的环境、我们的生活无限美好。在从事环境设计时，应该尊重自然，尊重文化，也尊重人类自己。在周武忠的理想中，“世界应是一座大花园”。他的博士学位论文就是《理想家园》。他出版的专著《中国花文化史》，获得 2016 年度中华优秀出版物奖图书奖，是名副其实的“花教授”。

“发展花文化产业，助力地域经济振兴”是他一直坚持去做的事。2019 年 12 月 21 日，云南农业大学中国花文化研究院成立，周武忠担任研究院学术委员会主任委员。该研究院是我国首个花文化专门研究机构，面向国内外学者开放合作研究，致力于立足云南花卉产业基础和丰富的花卉和民族文化资源，弘扬、发展中国花文化，以文化创意提升花卉产品附加价值，助推花卉产业提档升级和健康可持续发展。

作为一名旅游学教授，周武忠不光有丰富的理论知识，他更强调旅游学发展的实践意义离不开“市场意识”。“世界应是一座大花园!”如何将“花文化”应用到旅游发展中去，是周武忠教授一直潜心研究的方向。他提出可以将中国古老的食花文化传统开发成系列鲜花食品，形成一个以花为天然食材的特色鲜花产业。在他出版的专著《中国花文化史》一书中，就有一章专门讲中国传统花卉食品并附上了菜谱，包括清炒杜鹃花、油炸玉兰片和红烧玉兰片等。

周武忠对将“花文化”融入乡村旅游，打造“鲜花特色小镇”和鲜花主题公园，有创新的见解。他提出打造旅游型城市，在城市旅游开发中融入花元素，也更容易增添自然风光，凸显景区特色。例如，上海正在着力开发金山区的乡村资源和海滨资源就可以和“花文化”结合，习近平总书记在上海做市委书记视察金山时就讲过，“在金山建设百里花园、百里果园、百里菜园，把金山打造成上海的后花园”。为了推进花文化与城市公园和特色小镇的结合，周武忠在主持编制深圳、常州等城市公园花文化建设规划和鲜花小镇规划的基础上，又在中国花卉协会的直接领导下主持编制了《国家重点花文化基地认定办法》和《中国特色花卉小镇建设指导意见》，并在全国范围内施行。

缘系“创新设计”教育传承

周武忠是爱设计之人，其研究领域涉及园艺学、园林学、艺术设计学、旅游学和景观学等多个学科，从“花园设计”到“艺术设计”再到“建筑设计”，周武忠先后在南京农学院、南京林学院、南京艺术学院和东南大学建筑学院学习过，都是“科班出身”，在他的教学、科研和设计实践中融会贯通，交叉创新，在各相关研究领域均具有较高的造诣。

在景观艺术研究方面，周武忠作为核心成员之一参与创办了扬州大学观赏园艺（园林与花卉）专业，发起策划并成功召开了中国首届风景园林美学学术研讨会（1991，扬州）。他还提出了

"3A 哲学"指导下的农学（Agriculture）、建筑学（Architecture）和艺术学（Arts）三位一体的景观学哲学思想。他指出，景观学的发展过程正是"3A"不断融合，从而形成崭新的景观哲学观的过程，当代景观学的发展更需要这三者的共同驱动。周武忠教授提出的"3A 哲学观"为景观评价标准提供了一种新的选择思路。

2017 年 4 月 8 日，由他担任中心主任的上海交通大学创新设计中心作为校级研究机构正式成立。作为全国首批国家双创示范基地重点建设项目之一，依托上海交通大学优质学科资源，凝聚全校创新与设计力量，联合政府部门、相关高校、科研院所和实力企业，用整体设计思维，加速"设计"与"产品 + 环境 + 服务"的融合创新，为科技创新、文化传承、地域振兴和人居环境改善提供国家级、世界性、全方位的高品质服务。

在国家发改委、上海市闵虹集团、闵行区各级政府和学校的全力支持下，ICID 于 2017 年 9 月 18 日进驻零号湾，有了 2000 余平方米宽敞明亮、设备先进的工作环境；并于当年主持编制完成《上海交通大学创新设计中心建设方案》和《上海交通大学创新设计学科群世界双一流学科建设方案》，把创新设计定位为"设计"融合"产业 + 环境（含服务）"的双轮驱动模式。2018 年 1 月 24 日，在李强书记出席的上海市政协十三届一次会议"发挥世界级城市群核心城市作用，推动长三角地区一体化发展"审议现场，周武忠结合他主持的国家社科基金全国艺术学课题成果作"挖掘红色基因，设计红都上海，红色引领长三角一体化"的发言，受到市领导的重视，并被相关部门采纳。同年，中心全力以赴服务国家重大，参与雄安新区规划设计咨询服务并胜利完成雄安新区管委会委托的光荣任务，实现了中心开门红。

作为一名设计学院的教授，在学术教育方面，他不仅为大学生开设相应课程，还努力将实践中的经验总结，将最先进和优秀的思想传播给学生。他新开设了一门"地域振兴设计"课程。这门课主要以项目实战的方式来完成，每轮一个设计主题，如设计金山、设计月浦、设计濂溪，等。首次开课的主题是“设计（徐）霞客”，他鼓励学生思考如何把徐霞客这个品牌做大，甚至于做成一个产业。他亲自带学生到江阴做现场调研，深挖带有徐霞客印记的资源，然后提炼其中的设计元素，通过现代设计的手段、创新设计的思维并结合学生个人的特长来创造以徐霞客为主题的系列产品，包括工业产品、旅游商品、创意农产品、智能交互包装、特色景观、建筑风格等。以这种体验性模式来调动学生的积极性，不仅让学生在调研过程中得到全方位的训练，也深受地方欢迎。

如果说教书育人是为了培养高质量的人才，那么发展学科、完善理论体系、研究设计学发展道路，则对培育国家未来栋梁之材和创新行业发展趋势具有重要的意义。

在交大这几年，周武忠一直在思考设计学的发展道路，并提出要塑造符合交大特色的设计学学术传统。在现代崇尚西方设计的氛围下，周武忠想做的不仅仅是让世界知道“东方制造”，更是要让世界知道“东方设计”，让真正的“创新设计”走向世界，为此而提出了“东方设计学”的概念和理论体系。周武忠认为科学与艺术结合不仅是交大设计的传统，也是未来的发展趋势。“东方设计学”就是要把以中国优秀传统文化为核心的东方文化与整合现代科技成果的创新设计手段相结合，形成东方设计的理论体系、实践体系和评价体系。这与中央提出的“中华优秀传统文化传承发展工程”是一致的。实践证明，以中国为代表的东方设计正在崛起，如今西方的设计中经常融入中国元素，而且这样的设计作品也越来越受到更多人的关注和喜爱。他完成了《基于文化遗传理论的文化景观设计研究》和《东方设计学》等著作，将宝贵的思想分享给更多的学者。

肩负传播“东方设计”的使命是源于对东方文化的热爱，周武忠希望东方文化可以一直传承下去，希望其走向更高的国际化平台。早在 2006 年，周武忠以文化遗产保护与旅游发展国际学术研讨会组委会主席身份写信给时任联合国教科文组织执行局主席的章新胜先生，希望通过文旅融合的方式保护和发展文化遗产；时任教育部副部长的章新胜迅即回信大力支持，不仅要求由UNESCO与东南大学联合主办，还亲自到南京出席研讨会开幕式并致辞。在党的十九大开幕后的第三天，上海交大举办了第三届东方设计论坛暨2017“一带一路与东方设计”国际学术研讨会。周武忠担任论坛组委会主席和大会主席。他说解决“一带一路”合作伙伴间的文化沟通问题，就如同将中国文化元素熔铸到瓷器里，以有形之物可视可感地传播中国文化，使其流通于世界，会起到润物细无声的效果。设计可以成为不同国家、不同民族之间跨文化传通的桥梁。

作为国际设计科学学会主席、上海交通大学创新设计中心主任，周武忠主张以世界眼光、国际标准搭建设计学科交流的大平台。为此，自2018第四届东方设计论坛开始，专门设立了“东方设计大奖”；2019年第五届东方设计论坛又增设了国际设计教育成就奖，创刊《国际设计科学学报》，并按照国家重点实验室的标准，启动建设了服务于创新设计的通用型实验室：the DSA Lab。2019年9月21日，在第五届东方设计论坛暨东方设计国际学术研讨会上，《D9联盟上海宣言》(又称《设计科学上海宣言》)发表，号召全世界设计学人团结协同起来，从对设计学科的认知、发展和未来使命出发，合力研究设计趋势，积极探索设计科学，让设计成为人类社会发展的推动力，为美好生活作贡献。

2019年全年，周武忠应邀到山东大学、河南农大、复旦大学、云南农大、湖南工业大学、浙江大学、浙江工业大学、江西师范大学、北方民族大学、上海戏剧学院、南京艺术学院等地进行东方设计学、新乡村主义、地域振兴设计等规划设计理念宣讲与设计思维培训；听讲者多达千余人次，产生广泛影响。他一心向设计，一心为教育，为努力推动地域振兴与整体设计，为传播传承东方设计学理念，一直在坚持奋斗。

缘落“新乡村主义”改革开拓

周武忠有着浓厚的恋农情结，自 20 世纪 90 年代初期就致力于投身乡村振兴，在大量的实践中逐渐形成了“新乡村主义（Neo-Ruralism）”规划设计理念，并不遗余力地在全国各地推广。乡村振兴上升为国家战略后，他在第一时间把积累了 40 年的学术研究和乡建设计规划经验撰写成《新乡村主义——乡村振兴理论与实践》专著，开启其专业生涯的“新乡村主义”时期。

在 2019 品牌农业影响力盛典颁奖现场，中国农业电影电视中心主持人问他：您身在国际大都市上海，也不在交大农学院，为什么还这样热衷于品牌农业和乡村振兴实践呢？周武忠不假思索地作了以下回答：“我出生在鱼米之乡的江南，所在的自然村三面环山，春天里山花烂漫，秋日里硕果累累，田野里一年两季水稻和冬天绿油油的麦田，还有山坡上一望无际的桃园和玫瑰花。虽然没有工业，但这样的乡村产业让村民们很富足。高考时我以第一专业报考了南京农学院园艺系，立志有朝一日能够回到家乡经营这片美好。”

1993 年，周武忠刚刚从美国访学归来。江阴市委、市政府邀请他担任江阴市环城公园建设的总设计师和施工总指挥，圆满完成任务后他又接受委托进行江阴全市的农村园林化改造。当他带领团队对江阴乡村进行全面调研时，简直不敢相信这里还是他童年记忆中的那个家乡：环境杂乱，垃圾遍地，河港被填，污水横流，特别是当他看见村民在同一个死水塘里淘米洗菜消马桶时，他惊呆了——“这还是我初中那篇语文课作业《展望二〇〇〇年的家乡》中的场景吗？”从这一刻起，周武忠带领他的环境设计团队对家乡的每一个庄台、每一处角落进行调研、整治，美化提升，终于迎来了“国家卫生城市”的曙光。

2003 年，周武忠加入了沿江开发考察组的行列，从太仓浏河港到马鞍山采石矶，整整 10 天的沿江考察又给他极大的震撼，江苏沿江岸线居然大多布局了重化工业。在接受《新华日报》记者采访时，他说，“沿江开发应当尊重自然、尊重文化、尊重人，遵循这一规律，江苏省沿江开发就可以在打造具有国际影响力的沿江经济走廊的同时，把五百里长江岸线建设成一个充满魅力的生态旅游带；违反这一规律，我们将很有可能酿成无法弥补的历史遗憾，那将愧对后人，愧对沿江五百里山水。”如何在保护生态、美化环境的同时，能够发展生产，富足生活，整体考虑城乡社会和谐发展？借鉴美国浪漫城乡运动经验，面对我国乡村特别是长三角发达地区因乡镇工业发展带来的严重环境问题，周武忠提出了“新乡村主义论”。

在他看来，乡村规划设计、建设与治理应关注“1234”四个方面：“一个核心”即乡村性、城乡“二元”交互、“三生”和谐发展和“四风”整体设计。

“一个核心”，乡村性是指要保护好乡村自然环境的生态性和历史文化的原真性，留住乡愁和“地格”；城乡“二元”，是指要谋求乡村与城市的融合发展，形成有利于城乡互补的“交互产业”；“三生”和谐发展是指导要从经济、自然和人三者方面实现生产和谐、生态和谐与生活和谐；“四风”整体设计，即强调要从“风土－风物－风俗－风景”四个方面进行顶层设计，整体推进。“新乡村主义”设计理念虽然距离周武忠提出已经10余年了，但该理念哪怕放到现在看来也是相当具有“全面性”和“先进性”的。

为了推广这一理念，目前，江阴朝阳山庄、宜兴西渚白塔村、上海宝山月浦镇、山东邹城上九山都已授牌成为“新乡村主义研究与实践基地”。

当下，打造休闲农业特色小镇，建设美丽乡村已成为国家的战略方针，而周武忠提出的“新乡村主义”，特别是其内涵生产、生活、生态“三生和谐”的环境设计观，如今已被广泛采纳并应用于乡村振兴实践中，具有着重要的实践指导意义。

他提出，休闲农业特色小镇的建设不能脱离“乡村性”，即无论是农业生产、农村生活还是乡村旅游，都应该尽量保持适合乡村实际的、原汁原味的风貌，而不是追求统一的欧式建筑、工业化的生活方式或者其他的完全脱离农村实际的所谓的现代化风格。保持乡村性的关键是小规模经营、本地人所有、社区参与、文化与环境可持续。他提出乡村规划要囊括风土、风物、风俗、风景等四个方面，“风土就是特有的地理环境，风物就是地方特有的特产，风俗就是地方民俗，风景就是可供欣赏的景象。一定要保持、促进、提升与大城市的差异，文化差异、景观差异越大，购买欲望愈强。”

“新乡村主义”理念中强调要发展休闲农业特色小镇，应立足资源禀赋、区位优势，突出文化内涵、民居特色、旅游景观，形成“一镇一品”的发展格局。多年前，他在主持盐城海通镇规划时，曾提出“海通通海，风光无限”的形象口号；在主持常州薛家镇规划时，明确提出了“中国鲜花小镇”的理念，并不遗余力地向全国推广；在连云港，他认为应该利用李汝珍的故乡打造镜花缘小镇，深挖地脉、文脉、人脉，将《镜花缘》文化融入小镇建设中。而周武忠一直称道的是广西横县茉莉花，通过近十年的策划推广，硬是把一朵小花发展成为当地的一个大产业。这些都成为各地地域振兴规划设计的经验之谈。就在前不久，周武忠通过策划济宁邹城市“上九古村文旅融合乡村振兴综合体”项目申报入选为“现代服务业及社会民生产业创新类”泰山产业领军人才。周武忠教授及其团队利用目前承担的国家级和省部级课题如：文化景观遗产的文化“DNA”提取及其景观艺术表达方法研究、中国当代旅游商品设计研究、中国休闲农业与乡村旅游创新创意评价、地域文化多样性与创意农业推进政策研究等，通过多方合作与协同创新，最终打造中国乡村振兴的齐鲁样板，实现产业扶贫，带动农民致富，形成北方的“新乡村主义实践和培训基地”和“东方设计文旅产品创新基地”。

周武忠在“新乡村主义”理念中表示，特色小镇规划建设的关键是如何寻找“特色”。它是相对独立于市区，具有明确产业定位、文化内涵、旅游功能、社区特征的发展空间载体。它被赋予了全新的时代内涵和区域特色，不是行政区划单元的“镇”，而是产业发展载体；也不是传统工业园区或旅游功能区的“区”，而是同企业协同创新、合作共赢的企业社区；更不是政府大包大揽的行政平台，而是企业为主体、市场化运作、空间边界明确的创新创业空间。

在城乡接合部建“小而精”的特色小镇，在有限的空间里充分融合特色小镇的产业功能、旅游功能、文化功能、社区功能，在构筑产业生态圈的同时，形成令人向往的优美风景、宜居环境和创业氛围。特色小镇的创建，在紧扣历史产业的同时，要主攻最有优势的产业。小镇的创建，最终仍然是需要实现它的社会价值，它必须是独特的，有生活气息的，但同时也必须是有造血功能的。

作为新乡村主义理念的开创者和传播者，周武忠为中央部委培训，受农业农村部、文化和旅游部、中国花卉协会等中央部门和单位邀请，为全国县市农业农村部门负责人、全国乡村文化和旅游能人、中央机关扶贫点干部群众和乡村技术人员授课，加上各地高校组织的各种干部培训班，近三年中累计听众达 3000 余人次。

发扬“新乡村主义”实践应用

周武忠是一个学者，他兢兢业业几十年教书育人，发展创新设计学科，开创新乡村主义理念，但他更是一个建设者，有着服务国家和人类的伟大抱负。

作为新乡村主义理念的实践者，周武忠积极响应服务于乡村振兴的发展，他参与了江阴、宜兴、邗江、月浦等不少地方的乡村振兴规划，组织完成 2019 首届中国乡村文化振兴高层论坛。同时，发起成立了中国乡村振兴服务联盟，希望集结更广泛的力量，共同大力推进质量兴农、科教兴农、绿色兴农、品牌强农，提高农业发展质量效益和竞争力，投身服务到农村产业升级进步的行列中去。

2020 年 1 月 17 日上海市政协十三届三次会议举行了专题会议——“深入推进三项新的重大任务，不断提高社会主义现代化国际大都市治理能力和治理水平”。周武忠作为市政协委员，在会议上提议设立国家稻作文化公园，为我们的子孙后代守住鱼米之乡。“稻作文化是江南文化的根基，它可以唤起全民共同的乡愁记忆。”他建议，在苏浙沪选择一个区域建设国家稻作文化公园，作为长三角绿色一体化发展示范区建设的重大项目和重大平台，在充分调研的基础上，科学划定国家公园范围，合理应用国家公园体系，保护乡村文化和景观。向海外学习，借鉴英国经验、划定自然景观区。对于国家公园内的基础设施建设给予必要资金支持，制定相应的评价监督检查和评估标准，促进区域内生态环境和乡村建设的可持续发展。

2019 年是周武忠努力实践“新乡村主义”理念的一年，他荣获“2019 品牌农业影响力人物”和“2019 山东省泰山产业领军人才”。这两项荣誉，不仅肯定了他在推动农业农村进步、引领乡村产业升级中贡献的力量，也肯定了新乡村主义设计理念的实践创新意义。为设计教育事业，为服务国家的乡村建设事业，周武忠一直在奉献自己的力量。

后记

都市里的村庄

2001 年，我在南京艺术学院设计系（设计学院）博士毕业时的学位论文题目是“理想家园——中西古典园林艺术比较研究”；其实在论文开题时，是没有“理想家园”四个字的，因为当时只想去寻找中西方园林艺术的不一样的地方。可就在临提交论文的前几天，发现中西方园林艺术在起源、意境、布局、技艺等方方面面存在着惊人的相似性，特别是在造园目的上，都是为了弥补现实生活中的不足，营造属于自己的理想家园，寻求伊甸园。

纵观古今造园史，大凡造得起园子的人，要么帝王将相，要么达官贵人，而且都是在城里造园。老百姓是很难造得起园子的。当然，理想的家园也不一定非得是园林；那么，对于没有园子的城里人和住在农村的“乡下人”，究竟什么才是我们美好的生活、理想的家？党的十九大明确提出的“乡村振兴”计划不仅可以从根本上解决“三农”问题，也可以为远离自然的城里人提供满意的乡村产品，是彻底解决城乡不平衡的良方妙药。如果说乡村振兴战略为农民带去了福音，那么，没有花园的城里人就只能靠自己的双手来经营“都市里的村庄”了。

大家都知道有一部影片就叫《都市里的村庄》，其中有这样的描述：在中国，很多城市或多或少都有这样的村庄，它们被称作“城中村”。这里没有传统的田园风光，没有广袤的土地，只有成片的房屋和拥挤的人群。这里虽有一些土生土长的当地人，更多的是来自全国各地的外来工。这里虽然和小城镇别无二样，却仍然保留了村的建制，土地属于集体，房屋属于家庭。这些村庄被现代化的高楼大厦所包围，与周边的环境似乎格格不入，这是城市吞噬农村的过程，是城市化、现代化中不可避免的现象。成千上万的外来者，在这里找到了条件简陋但价格合理的栖身之所，找到了进城的第一份工作。这里承载了他们走出农村、摆脱贫困、融入城市、逐步富裕的梦想。

像这种外来人口比例高、居住情况复杂的街道社区即“都市里的村庄”，在各大城市均有存在。往往成了城市建设和美丽乡村建设“两不管”的死角，就连上海这样的国际大都市都没引起足够重视。其实，对于这样的区域，只要略加设计，正确引导，尽最大可能为社区居民增添图书馆、园艺中心、体育设施、游泳池等文体设施，就不仅能为社区居民打造一处处美好的精神家园，还可以成为城乡交流的纽带，甚至是造福居民的“市民菜园”，还可以为这些外来的农民提供不少工作岗位和发挥他们农艺园艺特长的机会，为都市社会带来更多的安宁和服务，成为名副其实的都市里的村庄。

诚然，我在这里本想讲的都市里的村庄并非仅仅指这些外来人口集聚的城中村，而是指我们全体市民居住的所有社区。居民们都可以怀揣“乡村梦”“花园梦”“菜园梦”，充分利用社区里的边角地、废弃地和各种露台，乃至利用不合理栽培的社区绿地，从事都市园艺，引入乡村气息，提供安全食品，激发生活情趣。在具体做法上，并不是由政府大包大揽去实施什么花卉园艺工程，而是政府宣传、引导，向全体居民普及花卉园艺知识，提高全民花与绿的意识，发展“共建共治共享”社区治理模式，宣传都市园艺和法国鲜花城镇理念，激励社区居民参与建设和管理活动，调动和激发居民心中对于美的向往，培育居民花文化消费理念，营造花文化氛围。使城市也成为“新乡村主义”的延展区、“三生”和谐的都市乐园。

就在我完成《新乡村主义》书稿来到可爱的家乡时，被吉麦隆超市的富丽多样、整洁卫生、价廉物美惊呆了，这至少就是我们所需要的美丽乡村应有的物质保障设施之一！3km 内有江苏省南菁中学、山观高级中学和各类学校，医院、敬老院、公园、风

江苏连云港杏花山村

景区、文化场所等各类公共服务设施一应俱全。通往市区的公交车每隔十分钟一班。陪我年迈的父母在小区和超市散步，随处可遇见亲友的问候，他们生活居住在这样的乡村环境里是幸福的。我在想，这里或许就是美丽中国乡村振兴的范本！

感谢上海交通大学创新设计中心乡村振兴研究与规划设计团队的蒋晖、闻晓菁两位博士后和郃杰副教授，以及周之澄、徐媛媛、华章、David Shan、张羽清、周予希六位博士研究生；如果没有出版社的限时组稿和这九位博士团队帮我突击整理文稿，是不可能赶在2018新年到来之际完成书稿的。当然，也要感谢我在东南大学工作期间招收的88名弟子和在全国各地考察调研规划设计时给予我帮助的各位领导和朋友，是他们与我一起实践、探索而最终形成了新乡村主义——她是时代的产物、集体智慧的结晶。

周武忠

2018年1月1日23：33于江阴南苑

作者在四川稻城（2013年6月24日）

图书在版编目（CIP）数据

新乡村主义：乡村振兴理论与实践 = The Neo-Ruralism A Theory and Practice of Rural Revitalization / 周武忠著. -- 2版. -- 北京：中国建筑工业出版社，2024. 10. -- ISBN 978-7-112-30471-4

Ⅰ. TU982.29

中国国家版本馆CIP数据核字第2024RY3812号

责任编辑：滕云飞　徐明怡
责任校对：姜小莲

新乡村主义——乡村振兴理论与实践（第二版）
The Neo-Ruralism A Theory and Practice of Rural Revitalization
周武忠　著

*

中国建筑工业出版社出版、发行（北京海淀三里河路9号）
各地新华书店、建筑书店经销
北京锋尚制版有限公司制版
临西县阅读时光印刷有限公司印刷

*

开本：787毫米×1092毫米　1/16　印张：24¾　字数：331千字
2024年10月第二版　2024年10月第一次印刷
定价：**258.00**元
ISBN 978-7-112-30471-4
（43823）

如有内容及印装质量问题，请与本社读者服务中心联系
电话：（010）58337283　QQ：2885381756
（地址：北京海淀三里河路9号中国建筑工业出版社604室　邮政编码：100037）